混凝土面板堆石坝施工技术及应用

——公伯峡大坝施工理论与实践

小浪底工程咨询有限公司　李海潮　编著

黄河水利出版社

内 容 提 要

本书共分11章，以黄河上游公伯峡水电站大坝施工实践经验为基础，系统论述了混凝土面板堆石坝施工技术及应用，突出介绍了围堰基础施工沥青灌浆防渗、大坝填筑技术、坝体填筑分区优化、坝料开采加工、挤压式混凝土边墙施工工艺、面板表层止水机械化施工、长面板钢筋混凝土一次性施工及裂缝处理等新技术。可供从事水利工程建设的科技人员参阅借鉴，也可作为大专院校相关专业的参考书。

图书在版编目(CIP)数据

混凝土面板堆石坝施工技术及应用：公伯峡大坝施工理论与实践 / 李海潮编著.—郑州：黄河水利出版社，2008.3
ISBN 978-7-80734-406-3

Ⅰ.混… Ⅱ.李… Ⅲ.混凝土面板堆石坝–施工技术 Ⅳ.TV641.4

中国版本图书馆CIP数据核字(2008)第032945号

策划组稿：马广州　　电话：13849108008　　E-mail：magz@yahoo.cn

出 版 社：黄河水利出版社

地址：河南省郑州市金水路11号　　邮政编码：450003

发行单位：黄河水利出版社

发行部电话：0371-66026940、66020550、66028024、66022620(传真)

E-mail：hhslcbs@126.com

承印单位：河南省瑞光印务股份有限公司

开本：787 mm × 1 092 mm　1 / 16

印张：11.75

字数：271千字　　印数：1—1 500

版次：2008年3月第1版　　印次：2008年3月第1次印刷

定价：39.00元

序

黄河公伯峡水电站是国家“十五”规划的重点工程，也是我国实施西部大开发西电东送的启动项目。公伯峡水电站自 2001 年 8 月 8 日正式开工建设，到 2004 年 9 月 23 日首台 30 万千瓦机组并网发电，创造了国内百万千瓦级水电建设速度的新记录。

公伯峡水电站由拦河大坝、引水发电系统和泄洪系统三部分组成。拦河大坝为混凝土面板堆石坝，在建设中成功应用了多项新技术，工程质量达到了设计要求，2007 年度荣获国家优质工程奖——鲁班奖。

本书作者长期从事水利水电建设监理工作，先后在小浪底水利枢纽、公伯峡水电站、南水北调中线穿黄工程等大型水利水电工程中担任监理工程师，具有丰富的专业知识和实践经验，书中大部分内容都来自施工现场的第一手资料，体现了作者勤于积累、善于总结的工作特点。

本书以现场施工技术为基础，详细地论述了公伯峡大坝新技术、新工艺的技术特点和优点，对水利水电施工和建设监理工作具有很好的参考作用和借鉴意义。

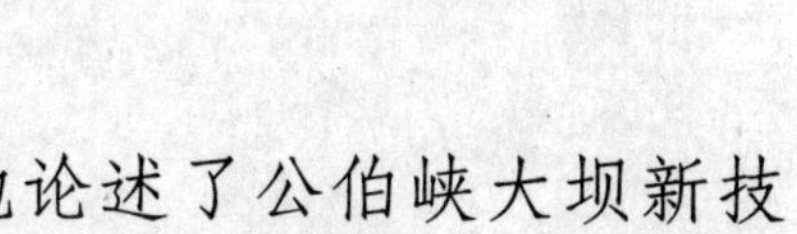

二〇〇八年二月

前　言

混凝土面板堆石坝是19世纪末20世纪初发展起来的一种筑坝技术。我国在20世纪80年代开始引进这一筑坝技术，并先后修建了柯柯亚、关门山、西北口、株树桥、天生桥、乌鲁瓦提等面板堆石坝。正在建设中的水布垭面板堆石坝坝高233 m，是目前世界上最高的面板堆石坝。这些大坝的成功修建及当前良好的运行情况，标志着我国面板堆石坝的建设达到了世界先进水平。

黄河公伯峡水电站位于青海省循化县与化隆县交界处的黄河干流上，坝址距上游已建成的李家峡水电站76 km，下游148 km是已建成的刘家峡水电站；坝址距西宁市153 km，距平安驿转运站118 km，交通便利。水库库容6.2亿m^3，为日调节水库，电站装机5台，单机容量为300 MW，总装机容量为1 500 MW，保证出力492 MW，年发电量为51.4亿kW·h。枢纽工程可改善下游1.067万hm^2土地灌溉条件。工程总工期为9年，总投资62.5亿元，每千瓦投资4 172元。

公伯峡大坝为混凝土面板堆石坝，坝顶长度429.0 m，坝顶宽度为10.0 m，最大坝高132.2 m，上游坡比1∶1.4，下游坡比1∶1.3～1∶1.5，综合坡比为1∶1.79。坝后设有“之”字形上坝公路，路面宽度为10.0 m。坝顶设有高度为5.8 m的“L”墙与面板相接，坝顶高程2 010 m。设计大坝填筑总量为476万m^3。大坝左岸和右岸分别设有混凝土高趾墙与趾板连接。

公伯峡大坝工程建设过程中成功应用了多项新技术、新工艺和新材料，并对传统的技术工艺进行了大胆改造和创新。这些技术创新对工程建设的意义重大，具体表现在：提高了施工质量，加快了施工进度，节约了工程投资，促进了安全文明施工。归纳起来，公伯峡大坝工程技术创新主要有以下几个方面：上游围堰工程施工中，沥青灌浆技术的应用；大坝基础处理技术；坝料开采加工新技术的应用；大坝体形优化，软岩筑坝技术，设置“L”形排水体；大坝填筑技术；挤压式混凝土边墙；218 m超长面板施工技术；面板接缝止水施工新技术；裂缝成因分析及处理技术；观测仪器安装及应用。

公伯峡混凝土面板堆石坝工程采用的新技术、新工艺，在一定程度上代表了当代面板堆石坝技术发展的最新趋势。本书阐述的内容立足于公伯峡工程，但不限于该工程，对于某一技术的探讨，综合对比了国内、国外不同的实践，分析研究其优缺点，较为全面地介绍了相关技术的发展过程。

本书以实际施工为基础，融合了部分设计咨询意见，详细地论述了公伯峡大坝新技术、新工艺的技术特点，并对产生这些技术的背景进行了说明。通过对比说明新技术的优点，并不掩饰新技术的不足，为进一步完善相关技术指出了需要努力的方向。

本书在成书过程中得到了小浪底水利枢纽建设管理局(简称“小浪底建管局”)和小浪底工程咨询有限公司领导的大力支持。小浪底建管局殷保合局长、董德中副局长，多次询问写作进展情况，咨询公司常务副总经理张汉青、副总经理杨涛十分关心本书写作，并对有关章节提出了宝贵意见。在此表示诚挚的感谢。

本书还得到了二滩建设公司武选正、水电四局尹红东、水电十五局李宜田、杜维山和黄河上游水电公司建设分公司、西北设计院有关同志的大力支持，在此一并表示感谢。

由于本人水平有限，书中观点和见解难免有错误和不当之处，欢迎批评指正。

小浪底工程咨询有限公司　李海潮

2007 年 12 月

目 录

绪 论

什么是混凝土面板堆石坝？用堆石或砂砾石分层碾压填筑成坝，并用混凝土面板作为防渗体的坝型，统称为面板堆石坝。主要材料是砂砾石填筑的面板坝也称为混凝土面板砂砾石坝。

世界范围内，混凝土面板坝最早建成于美国，1895 年美国修建了 54 m 高的 Morena 坝，至今混凝土面板坝的建设和发展经历了一个多世纪的发展历程。面板堆石坝属于堆石坝的一种特殊形式。

堆石坝的发展可以划分为三个阶段：1850 ~ 1940 年是堆石坝发展的早期阶段，其技术特点是以抛填堆石筑坝，无须进行碾压；1940 ~ 1965 年为第二个发展阶段，其技术特点是改变原来的抛石为碾压堆石施工；1965 年后为推广碾压堆石的现代阶段。

早期的面板堆石坝由于采用抛石填筑，坝体填筑密实度不高，坝体的沉降变形较大，混凝土面板难以适应和承受较大的变形，因而导致水库运行过程中面板开裂和渗水现象，但坝体的运行是安全的。由于抛填面板坝存在的上述问题，使得这一坝型的发展在 20 世纪 40 ~ 50 年代基本处于停滞状态。随着技术的发展和大型机械设备在工程上的应用，20 世纪 60 年代逐渐发展起来了薄层碾压堆石坝技术。这一技术的发展完成了从抛石向碾压堆石的过渡。

值得说明的是，1971 年澳大利亚建成的 Cethena 面板堆石坝，奠定了现代混凝土面板堆石坝的技术基础，该坝高为 110 m。此后，世界范围内修建了多座现代意义的混凝土面板堆石坝，1980 年建成巴西的 Foz do Areia 坝；1985 年建成的哥伦比亚的 Salvajina 坝、巴西的 Segredo 坝和 Xingo 坝；1993 年墨西哥建成的 Aguamilpa 坝。经过多年的发展和技术改进，面板堆石坝的设计和施工技术日趋成熟，在世界范围内的应用也日趋广泛。从当前已建成坝的运行状况来看，大多数坝的运行形状良好，因而面板堆石坝正逐渐成为一种富有竞争力的土石坝坝型。

我国最早的混凝土面板堆石坝是猫跳河二级白花水电站大坝，坝高 48.7 m，坝顶长 320 m，大坝填筑体积为 45.6 万 m^3。大坝主体为抛填堆石，上游部分设置为干砌石垫层，上游边坡为 1∶0.6，并设置有钢筋混凝土面板。

我国以现代技术修建混凝土面板堆石坝始于 1985 年。最早开工建设的是湖北省西北口水库大坝，坝高为 95 m，而第一座完工的面板堆石坝是辽宁省关门山大坝，大坝高为 58.5 m。随后修建了柯柯亚、株树桥、天生桥、乌鲁瓦提等面板堆石坝。国内部分已建面板堆石坝情况如表 0-1 所示。

我国为推广混凝土面板堆石坝筑坝技术，1997 年 4 月由水利部水利水电规划设计总院等单位共同发起成立了混凝土面板堆石坝专业委员会，并于 2002 年 8 月换届后正式纳入中国水利学会管理。成立的中国水利学会混凝土面板堆石坝专业委员会挂靠在水利部水利水电规划设计总院。

表 0-1 国内部分已建面板堆石坝情况

序号	坝名	地点	河流	坝高(m)	坝长(m)	体积(万 m^3)
1	柯柯亚	新疆鄯善	柯柯亚河	41.5	120	44
2	关门山	辽宁本溪	小汤河	58.5	184	44
3	西北口	湖北宜昌	黄伯河	95	222	162
4	株树桥	湖南浏阳	小溪河	78	245	82
5	小干沟	青海格尔木	格尔木河	55	104	24
6	铜街子副坝	四川乐山	大渡河	48	409	70
7	十三陵上库	北京昌平	上寺沟	75	550	270
8	万安溪	福建龙岩	万安溪	93.5	212	129
9	天荒坪下库	浙江安吉	溪头溪	87.2	230	124
10	莲花	黑龙江海林	牡丹江	71.8	902	423
11	溪口下库	浙江奉化	菟山溪	44.2	314	44
12	天生桥一级	广西贵州	南盘江	178	1 137	1 769
13	乌鲁瓦提	新疆和田	喀拉喀什河	138	486	680
14	珊溪	浙江文成	飞云江	130.8	418	500
15	黑泉	青海大通	宝库河	123.5	433	550
16	白溪	浙江宁海	白溪	123.5	416	370
17	大桥	四川冕宁	安宁河	91	300	209
18	大坳	江西上饶	石溪水	90	408	145

我国混凝土面板坝虽然起步较晚，但起点高，发展快，经过二十多年的发展，其数量和规模已居世界前列。在工程建设过程中积累了许多实践经验，还结合工程实际，进行了大量科学试验，在趾板基础处理、筑坝材料选择、面板混凝土配合比设计、接缝止水结构和材料、结构抗震、施工技术、原形观测、挤压墙施工、长面板一次性施工、表面止水机械化施工等方面都取得了丰硕成果。

已建成的天生桥一级电站面板堆石坝在当时是世界上最高的面板堆石坝，正在建设中的水布垭面板堆石坝坝高 233 m，是目前世界上最高的面板堆石坝。这些大坝的成功修建和当前良好的运行情况，以及目前我国 200 m 级以上面板堆石坝的修建，标志着我国面板堆石坝的施工技术已经达到了世界先进水平。我国面板堆石坝的工程实践和理论技术研究虽然取得了一定的成功经验，但也有一些失败的教训。沟后砂砾石面板堆石坝的垮坝事件，株树桥面板堆石坝面板的塌陷，以及天生桥面板堆石坝发生的大量结构性裂缝等问题，都时刻提醒我们更加关注面板坝施工技术，从大坝基础处理工作开始，大坝填筑，面板混凝土施工，任何失误都将造成不可挽回的损失。

Cooke 先生在当代面板堆石坝工程技术的发展史上占有举足轻重的位置。Cooke 先生是国际著名的坝工专家，他对堆石坝特别是面板堆石坝的发展作出过杰出的贡献，其贡献表现在面板堆石坝的设计、施工及运行的各个方面。Cooke 先生于 1915 年出生在英国，后移民到美国。他曾经发表过一系列有价值的论文，参加和主持过许多重要的国际专业学术会议，并与谢腊德共同主编被称为面板堆石坝“第一本绿皮书”的论文集，他的这些论文、论著和工程实践，对面板坝的发展产生了深远的影响。Cooke 先生是我国坝工界的老朋友，曾多次来我国指导工程建设。他曾经是天生桥一级水电站顾问组组长，为天生桥一级混凝土面板堆石坝提出过许多有益的建议，并到清江水布垭混凝土面板坝工地，对工程的设计和施工作指导。

面板堆石坝是在不断总结工程实践经验的基础上发展起来了。从某种意义上讲，面板堆石坝技术的实践性大于理论性，是一门实践性技术。迄今为止，世界上没有公认的设计理论，而几乎所有的面板堆石坝设计，都是参照已建工程的成功经验，再结合当地具体的坝址地形、地质等实际条件而确定。但近些年来情况发生了变化，随着面板坝技术的发展，巴西、墨西哥、澳大利亚等国根据其工程建设的需要，在坝料试验、变形分析和止水结构等方面展开了一系列科研工作，面板堆石坝的设计正逐渐从经验判断转向理论分析和试验研究为指导的阶段。

混凝土面板堆石坝具有安全性、经济性和适应性等特点：在各类土石坝坝型中其断面面积最小；各部件之间可独立施工，互不干扰；施工中受气候影响最小，导流度汛灵活性大，便于快速施工，提前受益，在实践中证明是一种富有竞争力的新坝型。

与其他坝型相比，面板堆石坝的技术特点是：

(1)防渗的特殊性。以上游面浇筑的混凝土面板、混凝土趾板和基础帷幕灌浆作为完整的防渗体系。

(2)面板堆石坝和堆石坝类似，以振动碾分层压实的堆石料作为坝的主体。堆石坝体进行分区，按各区功能配置不同材料。对于垫层料、过渡料和主堆石料需做专门设计。

(3)鉴于面板在大坝防渗中占有极其重要的位置，防裂设计是混凝土配合比设计的核心问题，多使用复合外加剂和粉煤灰等掺合料提高混凝土抗裂、抗冻、抗渗及耐久性，提高混凝土施工和易性，适应各种工程情况和自然条件。

(4)适应高水头和大变形的周边缝止水结构新型式及新材料、各种复合止水材料的应用。

(5)因地制宜的施工导流度汛计划及坝体的分期施工方案，以及相应的施工总进度安排，采用各种施工新技术及新设备以保证施工质量，适应快速施工和提前蓄水受益的要求。

(6)通过试验确定设计和施工参数。需要试验确定的参数主要有坝料开采爆破参数、大坝坝料填筑参数、趾板基础固结灌浆和帷幕灌浆参数等。

(7)新技术的开发与应用，如挤压边墙施工技术、喷混凝土面板、喷纤维混凝土面板、将趾板建置于砂砾石层或其他覆盖层上的面板坝等。

面板堆石坝是一种安全经济的坝型，对地形、地质和气候条件有广泛的适用性，近几十年来得到迅速发展。早期建成的现代面板堆石坝高度多在 100 m 左右，国外几座高坝也大致在 150 m 左右。随着筑坝技术的提高和发展，目前面板堆石坝已从 100 m 级发展到 200 m 级，甚至达到 250 m 左右。

混凝土面板堆石坝设计正经历由经验和判断为主向试验和分析过渡的过程，对面板的科学试验和原型分析正起着越来越重要的作用。中国用现代技术修建面板堆石坝已有几十年的历史，在外国先进经验的基础上，创造性地对传统的施工技术进行了改进。根据目前面板堆石坝技术发展的成果，笔者认为，今后的发展方向主要集中在以下几个方面：

(1)拓宽筑坝材料的使用范围；

(2)对面板混凝土原材料和配合比的系统研究；

(3)高面板堆石坝沉降的研究；
(4)高面板堆石坝流变技术；
(5)强地震区面板堆石坝的研究；
(6)垫层料挤压墙施工工艺的研究；
(7)高寒干燥地区面板堆石坝施工技术；
(8)超长面板一次性施工技术。

第1章 公伯峡枢纽工程概述

国家重点水电建设工程公伯峡水电站是西部大开发西电东送北部通道的启动工程，是黄河上游龙羊峡至青铜峡河段梯级规划中的第四座百万千瓦以上的水电站。黄河公伯峡水电站位于青海省循化县与化隆县交界处的黄河干流上，坝址距上游已建成的李家峡水电站 76 km，下游 148 km 是已建成的刘家峡水电站。坝址距西宁市 153 km，距平安驿转运站 118 km，交通便利。坝址区海拔为 1 900 ~ 2 100 m。

枢纽的主要任务是发电，兼顾灌溉和供水，是一等大(1)型工程。工程挡水建筑物及泄洪建筑物采用 500 年一遇洪水设计(5 440 m^3/s)，10 000 年一遇洪水校核(7 860 m^3/s)，并满足可能最大洪水不漫坝的要求；发电建筑物采用 200 年一遇洪水设计，1 000 年一遇洪水校核。水库正常蓄水位 2 005.0 m，设计和校核洪水位分别是 2 005.0 m 和 2 008.28 m。水库库容 6.2 亿 m^3，为日调节水库，调节容量为 0.75 亿 m^3。电站装机 5 台，单机容量为 300 MW，总装机容量为 1 500 MW，保证出力 492 MW，年发电量为 51.4 亿 kW·h。电站以 330 kV 一级电压出线，联入西北电网。枢纽工程可改善下游 1.067 万 hm^2 土地灌溉条件。工程总投资 62.5 亿元，每千瓦投资 4 172 元。

电站枢纽工程建筑物由大坝、引水发电系统和泄洪系统三部分组成。枢纽布置有：河床混凝土面板堆石坝、右岸引水发电系统(由引渠、混凝土坝式进水口、压力钢管、地面厂房及 330 kV 开关站组成)、右副坝、左右岸泄洪洞及左岸溢洪道、左右岸灌溉取水口、右岸混凝土面板防渗系统。

原设计施工期采用导流洞导流，枯水期围堰挡水，汛期坝体临时断面拦洪；实际施工中根据上游龙羊峡水库蓄水情况进行分析，汛期采用围堰拦洪，并对围堰进行了加高处理。

枢纽工程于 2000 年 7 月 1 日导流洞开始施工，2001 年 8 月 8 日主体工程正式开工，2002 年 3 月实现截流，2004 年 8 月 8 日下闸蓄水，2004 年 8 月 24 日首台机组发电。2006 年 6 月 4 日第 5 台机组发电，2006 年 6 月竣工。公伯峡首台机组投产发电，使国内水电装机容量达到 1 亿 kW。

大坝为混凝土面板堆石坝，最大坝高 132.2 m，坝顶长 429.0 m，坝顶宽度 10 m。

引水发电系统位于大坝右侧，进水口为混凝土重力坝，其后接 5 条直径 8 m 的外包混凝土明钢管直通厂房。厂房布置在右岸坝脚下游，厂房内安装了 5 台单机容量为 300 MW 的 HL230–LJ–570 型水轮发电机组。

泄洪建筑物由左右岸泄洪洞和表孔溢洪道组成，表孔泄洪道位于大坝左侧，为岸边开敞式溢洪道。右岸泄洪洞是由前期导流洞改建而成的，和传统改造导流洞技术不同的是，该项目采用了垂直旋流效能技术，填补了国内工程界在该领域的空白。

1.1 大坝工程概况

公伯峡大坝为混凝土面板堆石坝，坝顶长度 429.0 m，坝顶宽度为 10.0 m，最大坝高 132.2 m，上游坡比 1∶1.4，下游坡比 1∶1.3～1∶1.5，综合坡比为 1∶1.79，为砌石护坡。坝后设有“之”字形上坝公路，路面宽度为 10.0 m。坝顶设有高度为 5.8 m 的“L”墙与面板相接，坝顶高程 2 010 m。大坝设计填筑总量为 476 万 m^3。

由于河谷狭窄，面板坝与电站进水口衔接处及左坝头溢洪道衔接处分别设有高趾墙与大坝面板连接。左岸高趾墙建基面高程为 1 972～1 995 m，墙顶高程为 2 010 m，最大墙高 38 m，长 50 m，底宽 15.1 m，设有两条横缝。右岸高趾墙位于大坝的右侧，左侧与坝体相接，墙顶高程为 1 952～2 010 m，开挖建基面高程为 1 950~1 960 m，墙体最大高度 50 m，顶宽 4.0～22.27 m，底宽 13.06～31.62 m，设有三条横缝。公伯峡大坝平面布置见图 1-1，大坝标准剖面见图 1-2，枢纽模型见图 1-3。

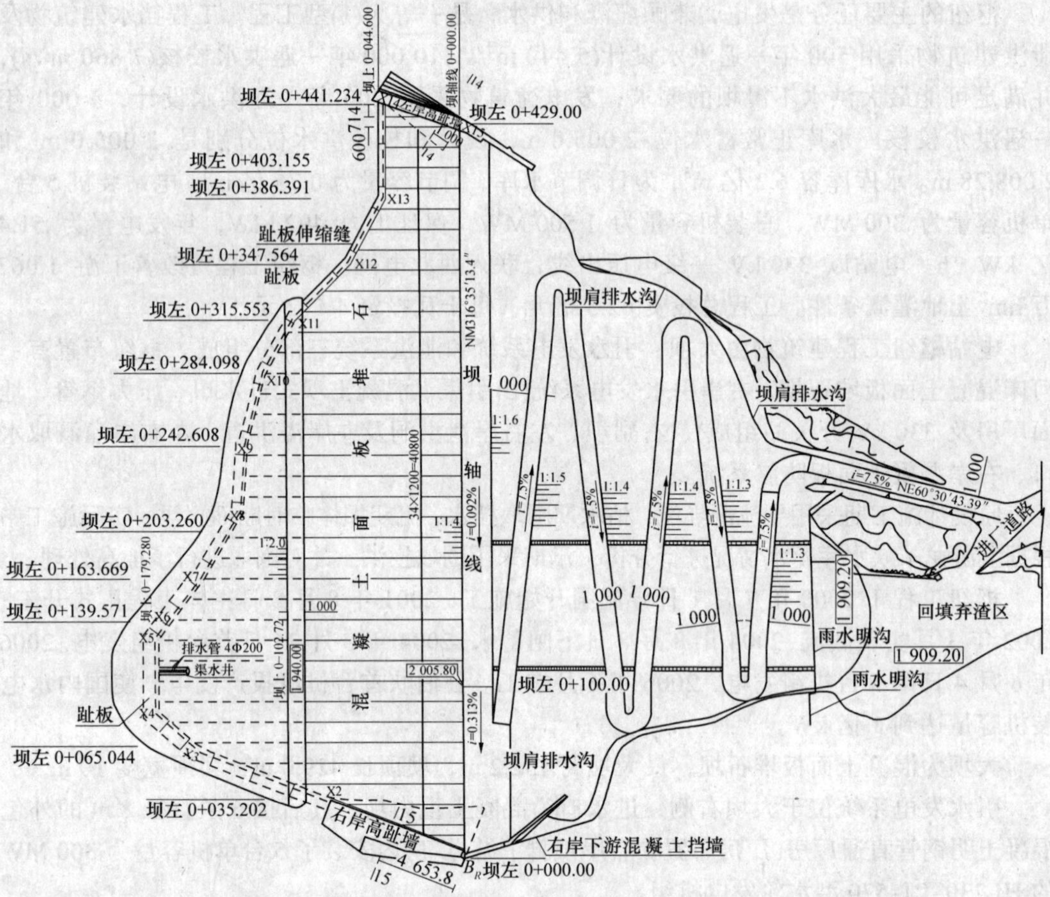

图 1-1　公伯峡大坝平面布置图　（单位: m）

公伯峡水电站大坝工程混凝土面板为不等厚薄壁结构，顶部厚度 30 cm，底部最大厚度为 70 cm。面板分块宽度为 12 m 和 6 m，共计 38 块，其中宽度 12 m 的有 34 块，宽度 6 m 的有 4 块，垂直缝长度 4 810.4 延米，周边缝长度 701 延米，面板最大单块长度 218 m，面板表面积 5.8 万 m^2。面板混凝土设计标号为 C25W12F200，二级配混凝土，工程量 2.6 万 m^3。面板基础为挤压式边墙混凝土。

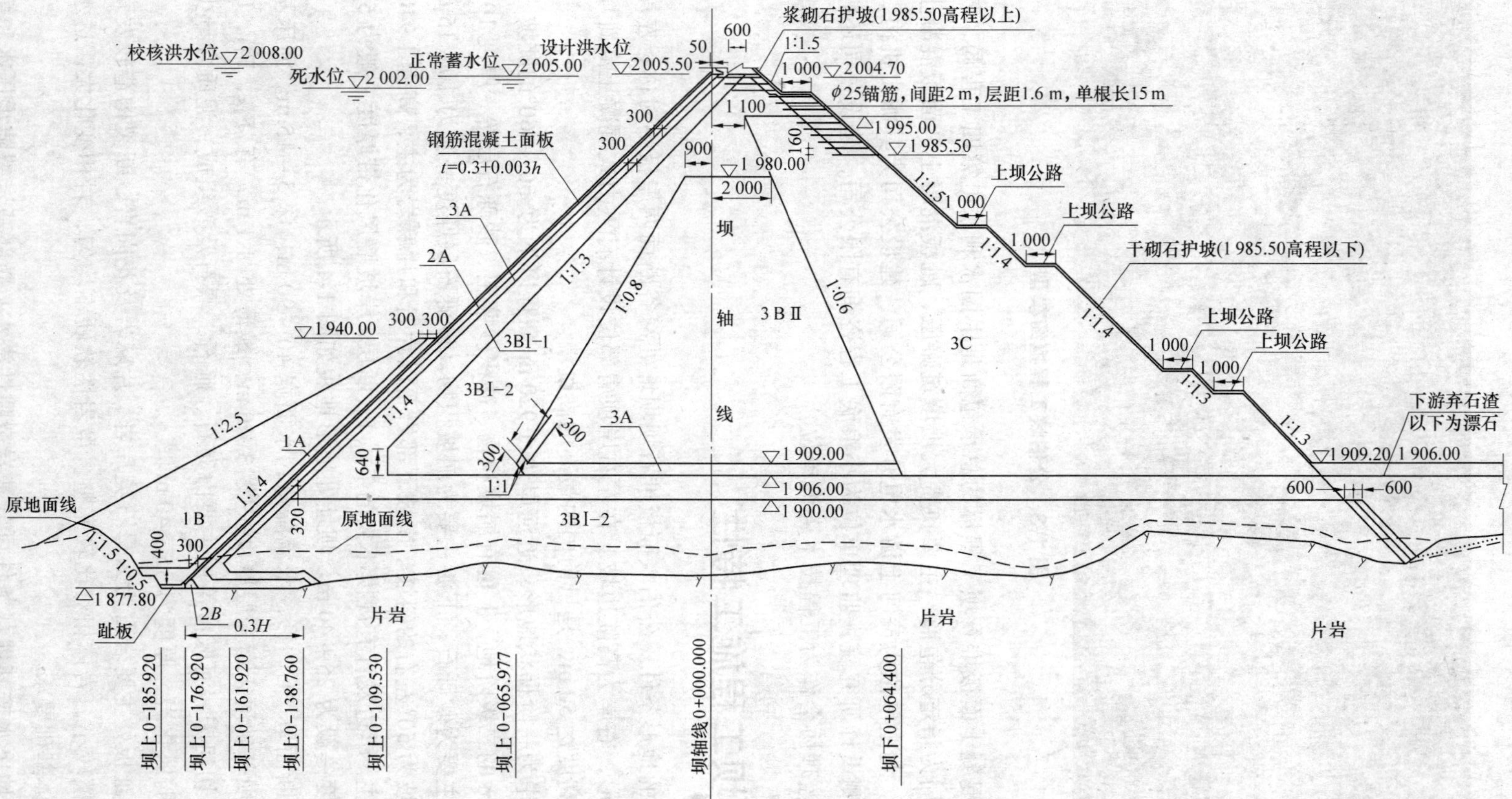

图 1-2　公伯峡大坝标准剖面图　（尺寸单位：cm；高程单位：m）

图 1-3 公伯峡工程枢纽模型

公伯峡混凝土面板堆石坝工程标的总承包商是中国水利水电第四工程局，陕西省水利水电工程局为指定分包商，主要负责大坝填筑碾压、趾板混凝土、面板混凝土、仪器埋设等工作。业主单位为黄河上游水电开发有限公司，建设公司为其派出机构，设计单位为西北勘测设计研究院，监理单位为小浪底工程咨询有限公司，建设公司还聘请了中国水电建设监理协会作为工程技术咨询单位。

1.2 大坝工程施工特性

(1)特殊的地形条件。公伯峡面板堆石坝坝址处河谷断面两岸极不对称，左岸为一阶梯状缓坡地形，右岸为高陡边坡。在左右岸坝肩部位设计有重力式混凝土高趾墙，右岸高趾墙最大高度达 50 m，是目前国内最高的高趾墙。

坝区左岸为一阶梯状地形，近河岸边 1 920 m 高程以下为 50° ~ 60°的陡坡，以上为宽度近 100 m 的二级阶地，上覆有崩坡积物、冲积砂壤土、砂砾石层等，厚度 10 ~ 20 m，坝轴线以上主要为砂砾石，下游主要为崩坡积物。砂砾石层厚度一般为 10 ~ 15 m。二级阶地以上岸坡为 50º 左右的斜坡。岸坡下部岩石以片岩和片麻岩为主，高程 1 940 m 以上以花岗岩为主。岸边发育有规模不大的 F_{15}、F_{18} 断层。岸坡墙风化带厚度一般为 5 ~ 20 m，弱风化带厚度一般为 25 ~ 40 m。坝址处地形地貌如图 1-4 所示。

(2)河床断面呈“U”形，水流湍急，水面宽 40 ~ 90 m，深 5 ~ 15 m。河床基岩面略有起伏，大坝基础河床覆盖层厚度一般 3 ~ 6 m，最薄处 1.1 m，有 F_{15}、F_{13}、F_{22}、F_{146} 和 F_7 断层斜切河床。河床覆盖层主要由卵石、砾石、漂石及砂组成，泥质含量少。河床段岩石多为弱风化岩，厚度为 35 ~ 40 m。

(3)大坝趾板处主要岩石为云母石英片岩、片麻岩及花岗岩，断裂构造较发育，但延伸不大，规模较小，岩体相对比较完整。虽岩性软硬不均匀，岩相变化大，透水性差，但能满足坝体基础要求。

(4)坝区地下水按其埋藏条件可分基岩裂隙性潜水、局部基岩裂隙承压水和第四系孔隙潜水。钻孔试验表明，片岩、片麻岩透水性较弱，相对隔水层埋深左岸为 30 ~ 60 m，河床为 10 ~ 30 m，右岸为 40 ~ 60 m，局部达到 70 ~ 90 m。地下水主要含氯化物和硫酸化合物，pH 值为 7.3 ~ 8.4，属弱碱性，对普通水泥具有硫酸盐型强侵蚀性。

图 1-4　坝址处地形地貌

(5)坝址以上流域位于青藏高原东北部，地处中纬度内陆高原，属寒湿类高山气候，坝址处多年平均气温为 8.66 ℃，一年之中寒潮出现频繁，平均为 13.6 次，最大温降 14.2℃，年冻融循环为 77.2 次，最大冻土深度为 0.7 m。温度特征值见表 1-1 和表 1-2。冬季漫长，夏季凉爽，昼夜温差大，无霜期短，空气干燥。通过对 1919 ~ 2000 年径流系列分析，多年平均流量为 703 m^3/s，1990 ~ 2000 年之间黄河来水较少，属于枯水年份。来水多年平均含沙量为 0.32 kg/m^3，汛期(6 ~ 9 月)平均含沙量为 0.456 kg/m^3。库坝区处于相对稳定地段，地震基本烈度为Ⅶ度，对应的基岩峰值加速度值为 0.11 g，用于大坝设计的 100 年超越概率 2%的基岩峰值加速度值为 0.2 g。

(6)筑坝材料复杂，采用部分软岩筑坝。

表 1-1　气温特征值　（单位：℃）

统计年数	项目	1月	2月	3月	4月	5月	6月	7月	8月	9月	10月	11月	12月	年
40年	平均值	-5.00	-1.16	4.80	10.83	14.71	17.57	19.81	19.52	15.01	9.34	2.13	-3.56	8.66
	极端最高	12.70	18.40	26.10	32.80	32.10	34.10	38.20	34.40	32.00	26.60	20.00	14.80	38.20
	极端最低	-19.90	-18.80	-12.40	-9.40	-1.50	3.00	6.80	6.30	0.60	-8.30	-15.00	-18.40	-19.90

表 1-2 地面温度特征值 (单位：℃)

统计年数	项目	1月	2月	3月	4月	5月	6月	7月	8月	9月	10月	11月	12月	年
40年	平均值	-4.71	0.24	7.48	15.10	20.14	23.32	24.58	23.07	17.60	11.30	2.84	-3.89	10.90
	极端最高	31.20	41.50	50.90	63.40	66.50	70.50	67.50	63.90	61.10	51.00	38.00	28.30	70.50
	极端最低	-26.80	-23.40	-19.90	-13.60	-6.10	0.30	4.30	3.30	-2.80	-14.30	-20.00	-26.00	-26.80

(7)填筑坝体全断面平起上升，不分期填筑到顶。

(8)垫层上游坡面采用了挤压式混凝土边墙施工新技术。将垫层料斜坡碾压变成了垂直碾压，用挤压式混凝土边墙代替了传统的垫层料超填、坡面碾压砂浆，提高了垫层料的施工质量，减少了施工环节，加快了施工进度，对安全生产也十分有利。

(9)超长混凝土面板一次性施工，面板最大单块长度达 218 m。工期紧，施工强度高。

1.3 新技术新工艺在大坝工程中的应用

公伯峡大坝工程于 2001 年 8 月 8 日正式开工， 2002 年 3 月 18 日实现大河截流，2002 年 8 月 1 日开始大坝填筑，并于 2003 年 10 月 22 日填筑到顶，2004 年 3 月 15 日混凝土面板开始浇筑，至 2004 年 6 月 3 日面板混凝土浇筑已全部完成，2004 年 8 月 8 日开始下闸蓄水，比计划工期提前了近一年时间，创造了良好的经济效益。工程质量方面，截至 2004 年 10 月大坝累计沉降量为 66 cm，仅相当于坝高的 0.5%，属于同类型高坝中沉降量较小的。大坝蓄水后 3 个月坝后无渗水流出，目前渗水量仅为 3~5 L/min，且已稳定。在投资控制方面，尽管因地质问题增加了部分料场，但总费用基本控制在工程概算以内。工程建设期间未发生机械事故和人员伤亡事故。现场文明施工管理被列为电力系统样板工程。2007 年 1 月 23 日，公伯峡水电站枢纽工程获得 2006 年度“江河源”杯奖(青海省省级优质工程)；2007 年 5 月 14 日，公伯峡水电站工程获得中国电力企业协会 2007 年度“中国电力优质工程奖”，2008 年 1 月获得 2007 年“鲁班奖”，即“国家优质工程奖”。

总而言之，公伯峡大坝工程施工质量良好、进度提前、投资控制合理，一方面说明建设各方认真履行了合同规定的义务，另一方面公伯峡大坝建设取得的成绩与施工过程中技术创新是分不开的。在公伯峡大坝参建各方的共同努力下，在大坝专家组的指导下，公伯峡大坝工程建设过程中成功应用了多项新技术、新工艺和新材料，并对传统的技术工艺进行了大胆创新。这些创新型技术的积极意义表现在：提高了施工质量，加快了施工进度，节约了工程投资，对安全文明施工也有很大的帮助。公伯峡大坝工程技术创新主要有以下几个方面：

(1)沥青灌浆技术；

(2)大坝基础处理技术；

(3)坝料开采加工新技术的应用；

(4)大坝体形优化，软岩筑坝技术，设置“L”形排水体；

(5)大坝填筑技术；
(6)挤压式混凝土边墙新技术；
(7)超长面板施工技术；
(8)面板表面止水施工新技术；
(9)面板裂缝及处理措施；
(10)观测仪器安装及应用。

第 2 章　上游围堰工程施工中沥青灌浆技术的应用

公伯峡水电站上游围堰设计最大高度为 31.5 m，堰顶高程为 1 919 m。大河截流后在闭气过程中采用了细砂和黄土等反滤和封闭材料，但闭气效果较差，渗漏量高达 4 000 m^3/h。经初步分析认为渗漏通道位于河床覆盖层，决定在戗体顶部进行灌浆，首先采用了传统灌浆方式，进行水泥砂浆灌浆，但灌浆效果不理想。因渗漏通道较大，传统灌浆方法已不能满足工程需要，参照其他类似地质条件处理经验，决定进行沥青灌浆。实践证明沥青灌浆效果明显，达到了预期的效果。

2.1　概　述

公伯峡水电站上游围堰布置在导流洞进口左侧的“V”形河谷中。2002 年 3 月 18 日开始进行截流工作，3 月 20 日实现戗堤合龙。截流采取自左向右的单戗堤进占方式进行，截流流量为 120 m^3/s，合龙形成截流戗堤，顶部高程为 1 907 m，对应堤宽 22 m。随后将戗堤加宽加高至 1 914 m 高程。戗堤合龙后立即进行了戗堤闭气施工，由于戗堤距导流洞进口较近，大量抛填的黄土被河水冲走。根据现场的具体情况，决定在戗堤上游增加一道顶宽 4 m 的子围堰，以防闭气料受河水冲刷。尽管采取了上述措施，但闭气效果仍然不佳，戗体底部及左岸岩体漏水严重。

分析认为戗堤渗漏是因为截流部位地质条件复杂，主要表现在以下几个方面：①覆盖层深厚且多为大体积孤石，根据钻孔资料分析，部分孤石达 2 ~ 3 m^3。②左岸岩体存在水平裂缝贯穿上下游，形成渗漏通道。③前期导流洞施工和左岸截流道路施工时部分弃料未完全清理，致使部分石渣沉积河道。虽在截流前对上述问题采取了相应措施，进行了一定程度的处理，但因河道深、清理工作面狭窄，施工非常困难，加之在该部位施工安全隐患突出，无法完全处理到位。另一方面，受导流洞进口位置及大坝体型尺寸的限制，截流位置已无法进行大的调整，无法错开该部位不利的地质条件。

在上述因素的共同作用下，该部位形成了较大的渗水通道，造成后期戗堤渗水量很大，给围堰主体工程混凝土防渗墙的施工造成极大困难。经建设各方认真研究后决定在戗堤 1 912 m 高程采取灌浆防渗措施，最初计划采用水泥砂浆灌注，但是效果不佳，未能达到预期目的；后又试验采用了水泥黏土灌浆，效果仍不理想，最终决定采用沥青灌浆，取得了明显的防渗效果。

2.2 沥青灌浆方案产生的背景

2.2.1 施工概述

最初该部位防渗采用了传统灌浆方式，具体灌浆形式有水泥砂浆灌浆和水泥黏土灌浆。灌浆施工平台的高程为 1 914 m，从堰顶向下的地质条件依次为黄土层、混合石渣层、河床覆盖层、岩石。闭气灌浆的施工范围是石渣层和河床覆盖层。闭气灌浆的目的是将渗漏通道及孔隙全部堵死，阻止上游来水进入大坝基坑。具体方案是在该部位顺戗轴线方向布设一排灌浆孔，以封闭河床原始覆盖层的渗漏途径。

2.2.2 施工方法

灌浆孔的布置方式是每隔 1 m 布设 1 孔，共计布设 5 孔，孔深入岩 20 cm。钻孔时采用 QDG–2 型液压钻机，孔径ϕ130 mm，考虑到戗堤回填料以开挖弃渣为主，河床原始覆盖层以砂砾石为主，因此采用“跟管钻进”法施工。造孔结束后，将灌浆管下至孔底，河床原始覆盖层以下采用花管。待灌浆管下设完毕后，起拔套管，然后用水泥砂浆封堵孔口待凝。水泥砂浆灌注采用 BW–100/100 灌浆泵进行灌浆，配比为水泥：砂：水=1：1.5：0.5，水泥采用 32.5 号普硅水泥，细砂经过 2 mm 筛网，灌浆用水从黄河提取。为防止灌浆材料被渗漏流水带走，加快砂浆的胶凝速度，浆液中掺加了水玻璃，水玻璃的掺量为砂浆重量的 15%。

2.2.3 沥青灌浆方案的确定

在砂浆灌注过程中，监理工程师和施工单位技术人员对灌浆区域一定范围进行了观察，观察发现部分浆液从围堰下游侧渗出，而渗漏量并未显著减少，灌浆压力也未明显升高，说明砂浆灌浆效果不理想。随后也尝试使用水泥黏土灌浆方法，但效果仍不理想。根据渗漏情况，考虑到现场实际地质条件，参建各方认真分析后认为渗漏通道太大，传统的水泥砂浆灌浆和水泥黏土灌浆已无法满足需要，在各种灌浆方案比选后，最终确定采用沥青灌浆。

2.3 沥青灌浆原理

沥青灌浆的原理是：将沥青加热为高温液体，通过保温灌浆管路将沥青迅速灌入渗漏部位，沥青进入渗流通道，在此过程中高温热沥青与冷水相遇先形成体积较小的球状体，而后凝聚粘附在渗漏通道表面，随着沥青的继续灌入，迫使沥青紧密粘附在渗漏通道表面，层层加厚，最终阻塞了水流的通道，沥青灌浆适用于渗漏通道较大的灌浆。

沥青灌浆是沥青在到达孔底后依靠具有一定流速和流量的水，带入较大的裂隙中，但不能渗入微细缝隙，且已凝聚的较大体积的沥青在水头作用下还有变形的可能，需要和其他灌浆形式联合运用。该工程前期采用了沥青灌浆，后期则采用了水泥砂浆灌浆。沥青灌浆不是传统意义上的灌浆，沥青灌浆只能起到临时堵塞较大渗流通道的作用，对于长期防渗要求以及细小缝隙的防渗，仍需使用传统灌浆方法，如水泥灌浆和化学材料灌浆等。

2.4 沥青灌浆施工工艺

2.4.1 沥青加热及输浆系统装置

加热系统由沥青加热锅、柴油加热锅、沥青过滤锅三部分组成。加热锅采用 8 mm 厚铁板加工制作而成，最初施工单位制作了 3 个加热锅，施灌 3 孔后发现容量太小，不能满足连续施工的需要，又加工了 2 个加热锅。沥青及柴油的加热均采用鼓风机泥砌石锅台形式。沥青采用标号大于 60 号的道路沥青。沥青加热现场如图 2-1 所示。

图 2-1 沥青加热现场

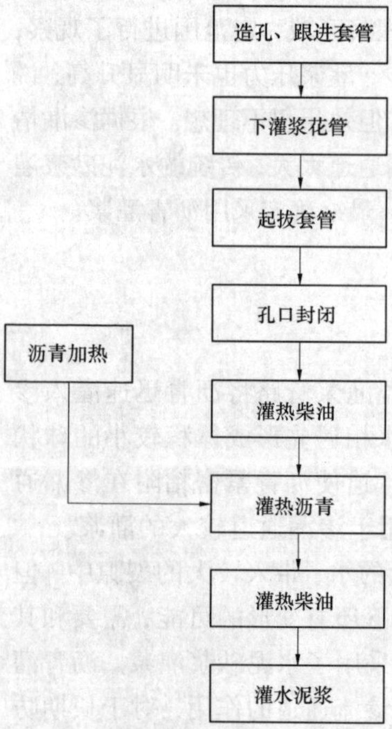

图 2-2 沥青灌浆施工程序图

输浆系统由两台 LCB–200 型齿轮泵并联组成。加热锅至过滤锅间由 50 mm 钢管连接，输浆钢管与加热锅之间采用阀门控制，齿轮泵到孔底采用 25 mm 钢管，丝扣连接。输送浆液的钢管应具有良好的保温性能，保证沥青灌浆材料在输送到施灌部位前不会凝固。

2.4.2 施工工艺

沥青灌浆的具体布置形式是：从左岸向右岸河床全断面布置一排灌浆孔，孔距 2 m，形成帷线，钻孔深入岩石 0.2 m。灌后根据其效果再考虑是否进行加密，由于右岸坡角渗漏量大，对该部位进行了加密灌浆。

沥青灌浆的施工程序如图 2-2 所示，主要施工内容是：造孔、下灌浆花管、加热沥青、灌注沥青和灌水泥浆。

具体工艺是：采用“跟管钻进”法，孔径 ϕ130 mm，单孔入岩 20 cm；造孔结束经验收合格后，下灌浆管，灌浆管采用 25 mm 钢管，石渣层和河床覆盖层部位下入花管；将钻孔中的跟管从孔中起拔取出；用纤维袋、细砂等材料将孔口 2 m 范围内封闭；沥青灌注前先用一定量的热柴油(150 ℃以上)通试及预热管路，保证沥青灌注的顺利进行；将道路沥青加热至 160 ~ 180 ℃,使其充分熔化，加热数量每次 9 ~ 10 m^3,采用纯压式单孔灌浆,最高压力按 0.3 MPa 控制；灌完后立即用热柴油冲洗管路；灌注完沥青后立即进行水泥灌浆(0.5 ∶ 1)，当灌浆压力达到 0.3 MPa 时结束，以保证小孔隙充填密实。

沥青灌浆过程要求连续，不得中断，如果中断，应立即用热柴油冲洗管路至干净，以防沥青凝固堵塞管路。灌浆结束标准满足下列条件之一：以量控制，将所熔化的沥青全部灌注完为准；按压力控制，灌浆压力升至 0.3 MPa 即可结束灌浆。

2.5 沥青灌浆效果分析

沥青灌浆施工分为三个阶段进行。第一阶段根据灌浆孔布置的先后顺序分为Ⅰ序孔灌浆和Ⅱ序孔灌浆。Ⅰ序孔在钻到水面以下时，戗堤下游侧有土状物冲出，Ⅱ序孔造孔时也有土状物流出，但数量略多；Ⅰ序孔见水时的地下水深 12 m，Ⅱ序孔见水时的地下水深 15 m；Ⅰ序孔见水时，水被风吹出孔外较少，而Ⅱ序孔则较多；Ⅰ序孔造孔时，孔内未见沥青，Ⅱ序孔造孔时，不同程度地遇见沥青；Ⅰ序孔灌入量大约 200 L/min，且无压力，基本达到泵排量，Ⅱ序孔灌注入量小(约 80 L/min)，且局部有升压现象。第一阶段灌注水泥砂浆时，有灌注浆液从下游侧渗出。第二阶段的工作是，在分析第一阶段灌浆效果的基础上，重点处理第一阶段施工后仍然存在的渗漏通道。第三阶段的工作是，在分析前两个阶段资料的基础上，重点处理前两阶段漏灌的集中渗漏部位，以最大程度地减少渗漏量。

灌后效果分析：根据灌浆的布置方案，第一阶段是大面积减少渗漏通道，将灌浆范围高约 12 m、长约 50 m 面积上的渗水通道逐步减少；第二阶段是将已减少的集中渗漏通道再减少；第三阶段则是将很小、很集中的渗漏通道尽可能找准，并集中封闭，尽可能减少渗水量。根据下游侧渗水量分析，第一阶段灌浆对减少渗水量起不到很大作用，第二阶段灌浆则略有效果，第三阶段灌浆成效明显，渗流水量已从最初的 4 000 m^3/h 减少到约 1 500 m^3/h。沥青是否灌注到水面以上，应根据灌注情况进行具体分析。在 SW 左 2 号试灌时，造孔时上游水位高，孔内有 1.5 m 的地下水，但灌浆时，孔内水位比上游水位低，无法灌入，注入量约 1 000 L 时，地表冒浆，结合其他冒浆孔，证明沥青具有“有水跟水跑，无水向上跑”的特性。

沥青灌浆不属于传统的灌浆范畴，水利工程建设中不常使用，但对渗漏通道较大的基础处理效果明显。沥青灌浆和其他传统灌浆方式结合在一起，在地基处理中具有特殊的应用价值。

第 3 章　大坝基础处理技术

混凝土面板堆石坝具有一些公认的优点，与其他坝型相比，施工进度和投资控制更有保证，与混凝土重力坝和拱坝相比，大坝基础处理要求不是很高。面板堆石坝基础处理工作主要包括两个方面的内容，即趾板基础处理和大坝基础处理，其中面板坝对趾板基础处理要求较高，对大坝基础的处理要求不是很高。对面板堆石坝而言，基础处理的主要任务是控制渗漏，并把渗漏限制在可接受的范围内。

趾板在面板堆石坝防渗系统中处于十分关键的位置，它将面板和帷幕灌浆连接在一起，起到承上启下的作用。因此，在面板坝工程中，对趾板基础处理要求严格，早期的面板堆石坝要求趾板基础为坚固的、弱风化和可灌浆的岩石。随着坝工技术的发展，在这方面也有较大的突破，目前已经有些面板坝趾板基础坐落在强风化岩石或砂砾石上，当然在实际施工中需要对这类基础进行特别的处理。对于坚固的微弱风化岩石，开挖时要注意避免过度超挖，通常是采用水平预裂孔进行开挖，如果超挖过大，趾板的结构形式需做专门应力计算。公伯峡坝址处河床覆盖层较薄，强风化岩石埋藏不深，有条件开挖到弱风化岩石。基于这种比较理想的地质条件，设计要求趾板及趾板下游 15 m 范围内的基础挖至弱风化岩石；基础开挖面大致平坦，不允许有高度大于 1.0 m 的陡坡和反坡。

对于大坝坝体的上游部分基础，包括过渡区、反滤层和主堆石区的一定范围因承受水荷载的作用，要求有较好的地质条件。其他区域仅要求清除掉突出的岩石、软岩、土质和杂物即可。基于上述认识，对于公伯峡大坝，设计要求趾板下游 15 m 范围以外至坝轴线范围的基础，将表面覆盖及冲积层挖除至强风化岩石顶板下 1.5～2.0 m，在此范围内基础开挖大致平坦，不允许有高度大于 1.0 m 的陡坡和反坡；趾板下游 15 m 范围内坝基与其后坝基的连接坡度不陡于 1∶1.4；坝轴线下游部分的基础，要求将表面覆盖及冲积层挖除，露出基岩面即可；坝轴线上游范围两岸要求削成平顺岸坡，两岸边坡开挖不陡于 1∶0.5；坝轴线下游范围两岸边坡开挖不陡于 1∶0.3。

公伯峡大坝基础地质条件十分复杂，河床有砂砾石覆盖层、有多条断层穿过趾板、裂隙比较发育、岸坡有勘探洞。为确保大坝施工质量，按设计要求对大坝和趾板基础进行了严格的处理，基础处理的主要措施有帷幕灌浆和固结灌浆、勘探洞处理、断层带处理、陡坡处理、削坡处理、坝基裂缝处理、坝基冲沟处理、覆盖层开挖等措施，实际工作中采用了物探检测技术，为基础处理工作提供了科学的依据，在灌浆中首次采用了智能集中制浆站技术，根据实际情况对右岸边坡开挖坡度进行了优化。

3.1　基础地质条件

3.1.1　趾板及左右岸高趾墙地基地质条件

河谷左侧趾板及左岸高趾墙基础地形下缓上陡。右岸岸坡陡峻，高程 1 980 m 以上为Ⅱ级阶地堆积层。主要岩性为片岩、片麻岩，其间夹有脉状花岗岩，岸坡大部地段基岩裸露。

左岸发育有 F_{22}、F_{250} 等小规模断层，断层破碎带宽度一般小于 1 m。河床处发育有 F_{15} 等较大断层，右岸发育有 F_7、F_{13} 等大断层(两断层间距仅 30 m)。这些断层的走向与趾板纵向大角度相交或直交。

为准确摸清趾板基础地质条件，大坝工程开工后，设计要求对趾板进行物探测试。设计提出了趾板岩体质量检测标准，以纵波波速表示，并进一步明确左、右岸弱风化片岩波速为 2 300 ~ 2 500 m/s，弱风化花岗岩及片麻岩波速为 2 500 ~ 3 000 m/s，强风化下限花岗岩及片麻岩波速大于 2 500 m/s；河床部位弱风化片岩波速大于 3 000 m/s，弱风化花岗岩及片麻岩波速大于 3 500 m/s。

趾板地基沿线开挖后揭露的岩性主要为弱风化片麻岩及片岩，其间夹少量花岗岩脉。左、右两岸高趾墙地基主要岩性为弱风化花岗岩夹片岩及片麻岩捕虏体，右岸高趾墙地基强风化片岩捕虏体较发育。通过检测趾板地基大部地段均满足岩体质量检测标准，局部断层破碎带、影响带及爆破振动强烈影响区、强风化片岩捕虏体等不满足标准。经钻孔波速测试，除断层破碎带较低外，其余地段深 1 ~ 2 m 以下波速明显提高，满足标准要求。

右岸趾板前边坡，坡顶为电站进水口引渠，高程 1 985~1 970 m，坡底高程 1 890 ~ 1 870 m，开挖边坡高 20 ~ 100 m。该边坡为片岩、片麻岩及少量花岗岩脉构成的层状反向岩质岸坡，强风化带下限高程 1 940 ~ 1 950 m，岩体中断层、裂隙较发育。

3.1.2 堆石体地基地质条件

堆石坝坝基两岸地形不对称，左岸发育Ⅱ、Ⅴ级侵蚀堆积阶地，高程 1 940 m 以下地形平缓，以上地形陡峻。右岸发育Ⅱ级阶地、Ⅲ级阶地，地形陡峻。河道基本平直，河床面高程 1 884 ~ 1 898 m，上游及河边地带有一定厚度的施工弃渣层，河床覆盖层厚一般 5 ~ 10 m，最厚达 18 ~ 20 m。

坝轴线上游以片岩、片麻岩为主，间夹花岗岩脉。坝轴线下游两岸以花岗岩体为主，间夹片岩、片麻岩捕虏体，河床仍以片岩为主。总体看，河床堆石坝段岩性相变较大，软硬不均。主要发育有斜切河床的 F_7、F_{13}、f_{154}、f_{166} 等 NNE 向断层及近顺河向的 F_{15}、F_{21} 等 NE 向断层发育，NE 向断层一般均交于 NNE 向或 NNW 向断层上，未横穿上下游整个坝基，不构成永久渗漏通道。坝基两岸高程 1 900 m 以上一般无地下水露头，高程 1 900 m 以下沿断层带上盘有少量地下水渗出。

3.2 趾板基础灌浆

3.2.1 基本情况

面板堆石坝的防渗体系由面板、趾板和帷幕灌浆构成。公伯峡大坝趾板宽度为 6 ~ 10 m，厚度为 0.5 ~ 0.85 m，左右岸分别与高趾墙相连接。为了改善趾板基础岩体的物理性能，增强基础的抗渗性，设计要求对趾板基础进行固结灌浆和帷幕灌浆处理，以确保大坝蓄水后的安全运行。根据设计要求，灌浆的工程量为：固结灌浆总长度为 3 465 m，单孔入岩深度 5.0 m、8.0 m、10.0 m 不等；帷幕灌浆总长度为 14 455 m，副帷幕入岩深度为 10 m、12 m、15 m、20 m 不等，主帷幕单孔入岩深度 38.5 ~ 52.1 m 不等。

3.2.2 灌浆试验

为有效地指导灌浆施工，在正式灌浆开始之前进行了灌浆试验，以确定灌浆参数。灌浆试验场地的选择要有代表性，要求能够代表灌浆区域的地质情况。本工程选择的试验区域紧靠趾板灌浆区，地势较为平坦，也便于施工。具体试验区选择在趾板 X8–X10 下游 15 m 平直段，试验块尺寸为 15 m × 7 m，混凝土盖板厚度为 0.5 m。

通过试验成果的分析，确定了灌浆参数。试验选用的水灰比为 5∶1、3∶1、2∶1、1∶1、0.8∶1、0.6∶1、0.5∶1 七个比级，开灌水灰比为 5∶1。试验表明，采用 5∶1 的水灰比浆液易造成岩石变形，易发生抬动现象，而浆液从 5∶1 变换到 3∶1 注入率相对比较接近，同时考虑到浆液比级过多不便于操作，因此经过各方认真讨论，最终决定灌浆水灰比为 3∶1、2∶1、1∶1、0.8∶1、0.5∶1 五个比级，并确定开灌水灰比为 3∶1。

由于趾板固结灌浆属浅层灌浆，盖重较薄，在水力作用下极易发生抬动现象，而灌浆试验也证明了这种情况。鉴于此，仅采用了无压大流量对孔壁进行冲洗，不做裂隙冲洗。考虑到纯压式灌浆方法更适合于水灰比稳定的浆液，且孔内循环灌浆法较为成熟，因此在试验过程中直接采用了孔内循环的灌浆方法。

对于帷幕灌浆，分别对孔口封闭灌浆法和自上而下分段卡塞灌浆法进行了试验对比。自上而下分段卡塞灌浆法是利用先导孔和检查孔进行的，试验证明，采用自上而下分段卡塞灌浆存在绕塞返浆和高压下灌浆塞不易固定的现象，而采用孔口封闭灌浆则可以有效避免上述现象。同时，它还有以下优点：施工方便，节约时间；终孔段以上各段可以重复灌浆，有利于提高灌浆质量；因趾板混凝土盖重较薄，如果一开始采用较高的灌浆压力，则会因岩体抬动而破坏趾板混凝土，因此浅层孔段的灌浆压力较低，但低压力在一定程度上又影响浆液的渗透范围，不利于帷幕的形成。如何解决趾板下浅层岩体的灌浆质量问题，关系到整个帷幕灌浆的成败。而孔口封闭法灌浆有效地解决了这一矛盾。孔口封闭灌浆法为全孔受压，通过逐级升压，一是有效地避免了浅层岩体的抬动变形，二是使浅层岩体能在最大压力下灌浆，扩大浆液在浅层岩体中的扩散半径，极大地保证了帷幕灌浆质量。通过灌浆试验，确定了在施工中优先采用孔口封闭灌浆法。

3.2.3 施工工艺

(1)钻孔。固结灌浆采用 100B 型潜孔钻进行造孔，帷幕灌浆采用 SGZ–ⅢA 型地质钻机进行造孔，规范要求其偏差不大于 10 cm，孔斜偏差不大于 1/40 孔深。

(2)洗孔。固结灌浆仅进行大流量水冲洗，不做裂隙冲洗；帷幕灌浆除进行孔壁冲洗之外，还要对岩石裂隙进行冲洗。

(3)压水试验。固结灌浆前采用简易压水法进行压水试验，质量检查采用单点法进行压水试验；帷幕灌浆前采用单点法压水，先导孔和检查孔采用五点法压水试验。

(4)固结灌浆采用分序加密，柱塞式孔内循环法，灌浆孔入岩深度分别为 5.0 m、8.0 m、10.0 m。对于单孔入岩深度 5 m 的灌浆孔采用不分段全孔一次性灌浆；单孔入岩深度大于 5 m，自下而上分段进行灌注。灌浆压力随段长和孔序的不同有所变化，变动范围为 0.2 ~ 0.7 MPa。浆液水灰比采用 3 : 1、2 : 1、1 : 1、0.8 : 1、0.5 : 1 五个比级。灌浆开始时水灰比为 3:1。灌浆结束标准为：在规定压力下，当入注率小于 0.4 L/min，再继续灌浆 30 min 即可结束灌浆。

(5)帷幕灌浆采用小孔径自上而下、孔口密封、孔内循环、不待凝钻灌法施工。其灌浆压力和段长的关系如表 3-1 所示。帷幕灌浆采用的水灰比和固结灌浆采用的水灰比相同。在规定压力条件下，满足下列条件之一即可结束灌浆：正常情况下达到设计压力，注入率小于 0.4 L/min 时，继续灌注 60 min；在正常情况下达到设计压力，注入率小于 1.0 L/min 时，继续灌注 90 min。

表 3-1　帷幕灌浆压力和段长关系

段次	1	2	3	4	5	6	7	8	9	10 段以上
段长(m)	2	3	5	5	5	5	5	5	5	5
设计压力(MPa)	0.3	0.5	1.0	1.5	2.0	2.5	3.0	3.5	4.0	4.0

(6)封孔。固结灌浆和帷幕灌浆封孔均采用置换和压力封堵，在进行人工砂浆封孔时，在砂浆中掺加了 3%的 MgO，以降低水泥的干缩。

3.2.4　智能集中制浆站的应用

公伯峡工程基础处理中帷幕灌浆和固结灌浆工程量很大，且灌浆部位分布的高程和平面位置范围很大。为便于集中控制灌浆工作，中国水电四局和杭州钻探机械厂联合研制了 JG442 型智能集中制浆站，并首次在公伯峡工程成功应用。智能集中制浆站是一个具有自动控制功能的智能化灌浆设备，可根据选定的制浆量及浆液水灰比自动控制水泥和水的添加量，也可通过电气控制系统监视并自动记录整个制浆过程的参数。其结构主要由一台螺旋输送机、制浆控制室、储浆灌浆室及管路系统组成。其技术参数详见表 3-2。

表 3-2　智能集中制浆站技术参数

螺旋输送机		制浆能力		水泥浆磨细能力		灌浆能力	
型号	GX200-6500	制浆量水灰比(0.5:1)	>8 m^3/h	出料最大粒径(三台串联)	<20 μm	可同时进行 1~4 路灌浆	
输送机与地面夹角	≤28°	水灰比误差	≤±3%	生产能力(0.5 : 1 水泥浆)	>1.1 m^3/h	每路最大灌浆压力	8 MPa
输送能力	≥7 t/h	功率(二台制浆机)	7.5 kW×2	功率(三台水泥湿磨机)	5.5 kW×3	每路灌浆流量	5 m^3/h
功率	3 kW					功率(四台灌浆泵)	18.5 kW×4

考虑到趾板左右岸跨度大、落差高的特点，公伯峡大坝工程基础灌浆共布置三座集中制浆站。在右岸进水口引渠高程 1 970 m 平台布置一集中制浆站，左岸在低线路趾板上游高程 1 945 m 平台布置一集中制浆站，河床部位在导流洞施工支洞洞口布置一集中制浆站。每个制浆站控制水平距离 150 m，高差 50 m 的空间范围。灌浆施工时，集中制浆站统一配置水灰比 0.5∶1 浓水泥浆液，通过送浆泵、输浆管送到各工作面灌浆站，然后根据施工需要兑制相应浆比的浆液。灌浆系统布置情况见图 3-1，智能制浆站见图 3-2。

图 3-1　灌浆系统布置情况

图 3-2　智能制浆站

JG442 型智能集中制浆灌浆站的应用，在很大程度上提高了灌浆作业的自动化控制能力，在节约劳动力、加快生产进度方面成效显著，对确保浆液的质量也有一定的积极意义。

3.2.5 灌浆过程中趾板抬动控制

地基处理中为达到合适的灌浆效果，灌浆过程中须保持一定的灌浆压力，为适应这种灌浆压力，帷幕灌浆或固结灌浆通常需要有足够的混凝土盖重，否则将发生基础抬动现象，事实上国内外已经有很多工程因为盖重小而发生基础抬动现象。对于面板堆石坝工程，因趾板混凝土盖重较薄，其基础抬动问题就显得更加突出。四川某面板堆石坝工程，在地基灌浆过程中趾板就发生了抬动现象，且抬动幅度较大。一旦趾板发生抬动现象，将会对大坝后期运行防渗产生不利的影响。因此，如何控制地基抬动，对面板堆石坝施工是至关重要的。公伯峡大坝工程趾板厚度为 0.5 ~ 0.7 m，为避免灌浆过程中趾板发生抬动，增加趾板和基础之间的结合力，施工过程中采取了以下防抬动措施：

(1)根据设计要求，在基础上打插筋，插筋外露部分与趾板钢筋相连，以最大限度地增加趾板与基础面的结合力。趾板宽度由地基允许渗流比降确定为 5.0 m、6.0 m、7.5 m、9.0 m，趾板厚度分别为 0.5 m、0.6 m、0.7 m。趾板采用顶部单层双向配筋，每向配筋率为 0.3%，净保护层厚度为 10 cm。趾板设ϕ25 锚筋深入基岩 3.8 m，间距 1.2 m，按矩形布置。

(2)固结灌浆和帷幕灌浆应在无抬动状态下进行，若灌浆过程中未出现抬动，则以设计压力灌浆到结束；若灌浆过程中发生抬动，则应立即降压、限流，以稳定不抬动的灌浆压力到灌浆结束。

(3)布设抬动观察孔，根据地质图有预见性地把抬动观察孔布置在最有可能发生抬动的范围，特别是缓倾结构发育裂面半闭合的地质构造带，应适当加密观察孔。

(4)抬动观察孔钻孔时，应精心操作，详细记录钻孔过程。

(5)安装基础抬动观测仪器时，应严格按作业规程操作，确保其有效性；灌浆过程中，应安排专人观察千分表读数的变化，如发现异常情况，应立即报告，并采取相应措施。

(6)当灌浆压力增加时，无论进浆量大小，一律分级加压，每级压力不大于 0.5 MPa，且需要稳定观测 10~15 分钟。

(7)若在灌浆过程中，岩体发生了变形，则应按下列方法处理：该孔段灌浆结束后待凝 8 小时或更长时间，然后进行下一孔段的施工，力求其余孔段能在设计压力下进行灌浆；尽可能拉大与该孔段同时施工的帷幕孔与该孔段间的平面距离和垂直高差，以防止因串浆而造成新的岩体变形。

3.2.6 灌浆中存在的问题及处理措施

(1)实际灌注施工中，冒浆现象较多。为有效控制灌浆效果，减少材料浪费，需对堵漏措施做明确规定。常规的堵漏措施有表面嵌缝、降压循环、间歇循环、限流、加浓浆液、待凝等，新增专用堵漏王表面嵌缝，其速度快，堵漏效果好，缺点是浪费大。根据实际情况，考虑采用其中的一种或几种堵漏措施。

(2)由于趾板基础灌浆为露天作业，且工作面跨度较大，因此在冬季施工时为确保灌浆质量，需要严格做好保温工作。采取的具体措施是：集中制浆站设置防雨棚，在防雨棚的四周用彩钢瓦或保温被覆盖；用石棉瓦对系统水管进行保温，系统水管以下的施工用水管道有条件的挖沟埋设保温，没条件的用纤维袋装黄土填埋进行保温；用热水制备浆液，用自制水箱，内设电热器进行加热；所用灌浆站均利用保温棚进行保温。

(3)施工中产生了部分废浆液，对于废弃浆液的处理采取了相关工程措施。沿趾板上游面与边坡交角处铺设一条ϕ15 cm 排水管，排水管上面每隔 6 m 焊接一个接水漏斗；钻孔产生的废水排放采用孔口加高帽，并在每个孔口底部焊接一个分叉，通过管道接到排水漏斗处；灌浆洗孔废水处理，将回浆管直接引至排水漏斗处进行排弃。

3.3 勘探洞处理

随着大坝基础及趾板边坡开挖的进行，分布于大坝基础和趾板边坡范围内的勘探洞逐一暴露出来，有 61 号、65 号、67 号、74 号、77 号、83 号共计 6 个勘探洞。设计要求趾板下游 0.3 倍坝高范围内高趾墙基础、堆石体基础及坝轴线上游范围内勘探洞用抗酸混凝土封堵，其余部位勘探洞用浆砌石封堵。勘探洞混凝土封堵采用常规的施工工艺，分段分仓号进行混凝土浇筑，一般采用泵送混凝土，混凝土浇筑一定龄期后进行回填灌浆施工。

在坝体内坝轴线下游侧的勘探洞采用浆砌石封堵，实际施工中只有 61 号勘探洞是采用浆砌石封堵的，其余勘探洞均采用抗酸混凝土封堵。对于浆砌石封堵勘探洞，在现场实际操作中，块石料是在堆石区坝料中挑选的，根据要求应选用较新鲜的弱风化岩石，尺寸满足砌石的要求，同时根据大坝坝料级配要求，挑选块石不能过分集中在堆石区的某个部位，而应进行大面积挑选。回填封堵前，需要对勘探洞进行彻底清理，清理采用人工方式进行，从洞内向外逐段进行清理，清理工作包括清渣、撬除活石、敲除尖角、用高压水(风)枪冲洗岩面、排除积水。验收合格后，先铺设一层 3~5 cm 厚的水泥砂浆，按照设计要求的尺寸从内向外砌筑。砌筑时尽量用砂浆将洞顶填塞密实。砌筑完成后，对洞口砌石部分进行养护。

勘探洞封堵工作本身技术难度不大，但应做好基础开挖、勘探洞封堵和大坝填筑三者之间的合理安排，否则将影响到大坝的填筑进度。正常的施工顺序是，先进行基础开挖工作，然后对勘探洞进行封堵，最后进行大坝填筑，实际操作中这种正常的施工程序很难实现。勘探洞多位于大坝边坡上，开挖过程中进行封堵作业没有合适的工作面，且开挖过程中在高陡边坡上进行勘探洞封堵存在潜在的安全隐患，而开挖后大坝填筑前则更没有条件进行封堵。何时进行封堵？由于考虑问题的立场不同，施工单位和监理、业主的意见不一致。施工单位多希望大坝填筑后达到勘探洞高程时再进行封堵，这时具备了工作面，施工操作安全也有保证，但此时大坝填筑和勘探洞封堵之间会相互影响，处理不当将影响大坝填筑。作为项目业主和监理工程师，一般情况下会要求施工单位在确保安全的前提下，尽早安排封堵工作；如施工确实风险太大，也可安排大坝填筑过程中进行封堵，但要求施工单位合理规划，详细安排封堵的进度计划，尽可能避免对大坝填筑产生不利影响。公伯峡大坝范围勘探洞的回填工作基本顺利，没有对大坝填筑造成太大的不利影响。只有 83 号洞封堵段较长，大坝填筑到该部位后被迫留了缺口，勘探洞封堵后对缺口进行了回填。大坝填筑过程中勘探洞封堵见图 3-3。

图 3-3　大坝填筑过程勘探洞封堵

3.4　坝基边坡倒悬部位处理

大坝基础河床部位开挖后出现了很多倒悬边坡，这些倒悬边坡在大坝填筑到该部位之前必须进行处理，以便进行大规模机械化施工。工程上处理倒悬边坡的措施有多种，通常采用的方法有：通过开挖方式消除边坡倒悬现象，对倒悬部位采用浆砌石回填、素混凝土回填和水泥土回填等措施。考虑到施工现场材料的实际情况和各工种之间的协调，经过技术经济分析方案比选，设计最终确定对倒悬部位回填水泥土。

水泥土回填的具体方案是：水泥土回填体顶部宽度按 1 m 控制，由顶部向下按 1∶0.5 的坡比放坡至填筑基础面。水泥土构成材料为大坝填筑所用垫层料掺加 8%的水泥(按重量比)，填筑前将水泥土掺配均匀。其具体施工工艺流程如图 3-4 所示。

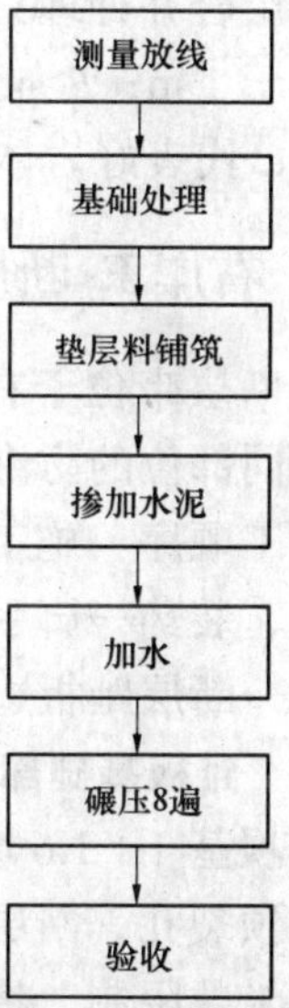

图 3-4 水泥土施工工艺流程图

垫层料按照每层铺填的面积和铺填厚度，计算所需垫层料的方量，用自卸汽车拉运至填筑工作面，按计算量加入袋装水泥，用反铲进行拌和，反复翻倒 2～3 遍。拌和均匀后，人工配合反铲进行整平。然后用 5 t 洒水车从下游围堰运水至现场人工配合洒水。洒水后待渗 20 分钟左右后，用自行式振动碾碾压 8 遍，不能碾压的部位，使用小型冲击夯进行夯实。

在大坝填筑过程中对边坡进行爆破作业是不现实的，会产生很多干扰，且具有潜在的风险。同混凝土施工和浆砌石施工相比，水泥土施工灵活方便，避免了施工干扰，且成本较低，大坝填筑过程中，垫层料很容易获得，在大坝施工有机械设备配合的情况下不失为有效的工程措施。水泥土处理边坡倒悬的工程措施对于土石坝和面板堆石坝工程有一定的借鉴意义。

3.5 断层带开挖处理

坝基及趾板基础开挖过程中发现有几条大的断层带穿过趾板基础，由于趾板基础在面板坝防渗体系中的重要作用，设计要求对断层带做严格的处理。首先将断层破碎带及强影响带挖除，其开挖和处理范围由地质工程师现场确定，开挖后回填 C25W12F100 抗硫酸混凝土。对于不同宽度的断层带，设计提出不同的处理措施，当断层带和影响带宽度$(b+b_1+b_2)<0.3$ m 时，在断层两侧加强固结灌浆；0.3 m$\leqslant(b+b_1+b_2)<1$ m 时，混凝土塞的深度 H 取 1.0 m；1.0 m$\leqslant(b+b_1+b_2)<4$ m 时，混凝土塞的深度 H 取 0.5 倍的断层带宽度，但不小于 1 m；$(b+b_1+b_2)>4$ m 时，混凝土塞的深度 H 取 0.5 倍的断层带宽度。其中断层带宽度 B 为断层破碎带(b)+影响带$(b_1$、$b_2)$，H 代表断层塞深度。当两断层交汇时，如 $C>B_1+B_2$ 两断层分别处理：0.3 m$\leqslant B<1.0$ m 时，$H=1.0$ m；1.0 m$\leqslant B<4.0$ m 时，$H=0.5\,B_1$ 或 $H=0.5\,B_2$，但不小于 1 m；$B>4.0$ m 时，H 取 0.5 倍的断层带宽度；$C\leqslant B_1+B_2$ 时两断层联合处理(以 B_1、B_2 中大者为准)：0.3 m$\leqslant B<1.0$ m 时，$H=1.0$ m；1.0 m$\leqslant B<4.0$ m 时，$H=0.5\,B_1$ 或 $H=0.5\,B_2$，但不小于 1 m；$B>4.0$ m 时，H 取 0.5 倍的断层带宽度。$C\leqslant 0.5(B_1+B_2)$ 时两断层合并处理：0.3 m$\leqslant B<1.0$ m 时，$H=1.0$ m；1.0 m$\leqslant B<4.0$ m 时，$H=0.5(B_1+B_2)$，但不小于 1 m；$B>4.0$ m 时，H 取 $0.5(B_1+B_2)$。B_1、B_2 分别代表断层带宽度，H 代表断层深度，C 代表好岩体宽度。

3.5.1 右岸 F_7 断层带开挖处理措施

F_7 断层带位于右坝肩，横穿 X_2 ~ X_3 段趾板基础、趾板下游 15 m 水平段和大坝边坡，由于不同部位的防渗要求不同，设计要求将 F_7 断层带划分为三部分进行处理。

施工顺序：施工规划→搭设脚手架→测量放线、布孔→手风钻钻孔→爆破前检查造孔质量、装药→脚手架拆除→爆破→清渣、清面→测量复测断面→局部处理→断层槽锚杆制安→断层趾板边坡增加锚筋桩、挂网喷混凝土。

3.5.1.1 趾板基础部位断层处理

从坝基 1∶1.6 坡比坝基基础面搭设脚手架到趾板基础断层处，在脚手架上用手风钻造水平预裂孔，断层处理槽边坡预裂孔在趾板基础面上用手风钻进行，由于造孔受手风钻进尺米数限制，将钻爆区域划分为两个区(A、B)进行。A 区的水平预裂孔造孔时须在脚手架上进行，待 A 区开挖完毕后进行 B 区钻爆开挖。

3.5.1.2 15 m 水平段部位断层处理

趾板部分断层带挖除后，即进行 15 m 水平段部位断层带的开挖，开挖范围为 10 m × 10 m，坡比按 1∶0.545。开挖时按从上到下的施工顺序进行，采用手风钻造孔以 3 m 进尺向下循环逐层开挖。

3.5.1.3 坝基 1∶1.6 边坡部位断层处理

该部位对断层的开挖只要求开挖面平顺，故开挖时不设水平预裂孔，只对断层槽边坡打预裂孔进行爆破。此爆破开挖在以上两步完成之后再进行。

3.5.2 右坝肩 F_{13} 断层带开挖处理措施

F_{13} 断层带位于右坝肩，横穿 X_2 ~ X_3 段趾板基础、15 m 水平段和大坝边坡，断层带的具体部位是坝上 0+140~0+152、高程 1 904~1 897 m。基于不同部位防渗要求不同，设计要求对该断层划分为三个部分分别进行开挖处理。

3.5.2.1 趾板基础部位断层处理

F_{13} 断层在趾板基础部位有两个分支，中间夹有比较完整的岩石，按设计要求须进行开挖处理。断层槽边坡预裂孔在趾板基础面上用 28 型手风钻进行钻孔，由于机械性能的限制，断层处理区钻孔时从趾板基础与趾板 15 m 平段的分界线始沿边坡方向分 A、B 两区进行。

3.5.2.2 趾板下游 15 m 水平段部位断层处理

趾板基础部位断层挖除后，然后进行该部位断层开挖工作。开挖造孔采用手风钻，进行预裂爆破，自上而下逐层开挖，每层开挖进尺为 3 m。断层槽边坡预裂孔造孔时进行测量放线布孔，按照边坡坡比要求进行造孔。

3.5.2.3 坝基 1∶1.6 边坡部位断层处理

由于该部位对开挖质量要求不高，保证开挖面平顺即可，因此在该部位开挖断层带时不设水平预裂孔，只在断层槽边坡打预裂孔进行爆破。

断层带开挖后应及时回填混凝土，因上述断层部位围岩风化很快，如不能及时回填混凝土，等待过长时间，还需要进行二次开挖。回填混凝土可根据断层带开挖的规模设置为钢筋混凝土，钢筋的布置形式需设计明确，在断层带部位增加了趾板固结灌浆孔的数量。

3.6 坝基裂隙处理

除前述断层破碎带外，在河床坝基和趾板基础处有多条裂隙通过，为避免大坝运行过程中发生渗漏现象，客观上需要对这些部位进行严格的处理。设计明确了对裂隙部位开挖的深度和宽度要求。为避免爆破对基础产生不利影响，尽可能采用人工撬挖，必要时才采用浅孔松动爆破。开挖方法为手风钻钻孔，沿裂隙走向进行预裂爆破，预裂孔前设一排缓冲孔，单耗取 0.35~0.40 kg/m^3，底部按保护层开挖处理。开挖完后回填素混凝土，并在上部覆盖 2A 料以作反滤保护。

3.7 坝基冲沟处理

受断层影响，在左岸坝基形成了几条大的冲沟，由于这些冲沟狭窄，在大坝填筑时不利于大规模机械化施工。为加快大坝施工进度，合理规划大坝基础填筑工作，在大坝填筑到冲沟部位前就应当妥善处理。根据施工现场的实际情况，考虑到不同部位对防渗要求不尽相同，设计决定在不同部位采用不同的处理措施。在坝轴线上游侧且贯穿趾板的冲沟，采用单层钢筋混凝土封闭处理，并在混凝土上铺垫层料进行反滤保护；在坝轴线上游侧而未贯穿趾板的冲沟采用素混凝土封闭处理；坝轴线下游侧冲沟原设计采用素混凝土抛毛石进行封闭，后经过经济对比分析，考虑到抛毛石混凝土人工费用太高，其综合单价比素混凝土高，实际施工中大部分采用了素混凝土回填。

根据坝基冲沟所处的位置不同，其防渗要求不同，采用了不同的处理措施，从钢筋混凝土保护、素混凝土回填到抛石混凝土回填，既保证了大坝基础处理的质量，又降低了工程投资，其因地制宜的工程实践思想值得借鉴。坝基冲沟混凝土封闭处理如图 3-5 所示。

图 3-5　坝基冲沟混凝土封闭处理

3.8　堆石体部位地基处理(坝基覆盖层开挖)

混凝土面板堆石坝堆石体基础施工中经常遇到河床覆盖层，以前在处理覆盖层问题上显得比较保守，大多采用开挖的办法，随着国内外面板堆石坝建设实践经验越来越丰富，对覆盖层处理的理论和工程措施也逐渐成熟。目前在一般情况下，根据河床覆盖层的特点采用不同的处理方法，通常的处理方法有三种。

第一种情况是覆盖层中存在有松散砂层、软弱夹层等不良地质条件，在后续的施工中可能引起液化、失稳和过量变形等问题；或覆盖层本身结构松散，不宜作为坝基，而又难以处理到位。在这种情况下应采用全部挖出的方法。覆盖层较薄、工程量不大时，也可以采用全部挖出的办法。如我国天生桥一级水电站混凝土面板坝，高 178 m，河床覆盖层厚 1 ~ 25 m，覆盖层中有一淤泥夹层，不好处理，而采用全部挖除的方案。

第二种情况是覆盖层埋藏深厚，工程量很大，覆盖层物质连续均匀，且不存在软弱夹层，如果全部挖出将占用大量直线工期，对进度控制十分不利。在这种情况下，可对覆盖层进行冲夯处理，压实后可作为大坝基础，避免大规模的开挖，节约投资并缩短工期。如目前正在建设中的世界最高面板堆石坝水布垭工程，河床有较厚的砂砾石覆盖层，实际施工中采用了如下措施：部分保留河床砂砾石覆盖层，并采取强夯处理，既减轻了截流后基坑中的工作量，又有效地减少了覆盖层的沉降变形，在施工进度上又保证了一期度汛断面的顺利实现，并产生了可观的经济效益。该方案节省挖、填量各 25 万 m^3，初步估算节省工程造价 1 000 多万元。根据变形观测资料分析，大坝沉降变形很小。

第三种情况是部分区段覆盖层没有不良的地质条件，经过处理后可以作为大坝基础，而部分覆盖层具有不良的地质条件，现有的技术条件无法处理到位或处理措施过于昂贵，经济上不可行。在这种情况下多采用部分覆盖层开挖、部分覆盖层经处理后保留的方法。

公伯峡大坝坝基覆盖层较薄，其地质条件为砂砾石，细颗粒含量较多，且均匀，属于不良级配，在地震条件下很容易产生液化现象，对大坝的稳定极为不利，属于不良地质条件。另一方面，覆盖层相对较薄，一般部位为 5 ~ 10 m，最厚为 18 ~ 20 m，开挖工程量不大，处理起来比较方便，因此决定全部清除。

一般说来，在进行覆盖层处理前，首先应查清覆盖层的组成和密实度情况，查清有没有影响坝体稳定的不良地质条件，如软弱夹层、松散层和可液化地层。对于表面松散层可以挖除，也可以用振动碾或强夯做加密处理。除常规的勘探工作外，也可以采用旁压试验、动力触探、面波和声波等技术测试，进一步探明覆盖层的物质组成及物理力学特性，为基础处理提供可靠的技术资料。

3.9 开挖物探技术的应用

为了摸清趾板基础和左右岸高趾墙基础的地质情况及开挖对这些部位基础的影响，设计要求在这些部位做爆破前后物探检测。西北勘测设计研究院工程物探研究所承担了物探检测任务。物探检测依据 v_p 值对建基面岩体进行评价，v_p 为基础岩体纵波波速。设计要求左岸和右岸建基面片岩、弱风化片岩：v_p=2 300 ~ 2 500 m/s；弱风化花岗岩、弱风化片麻岩：v_p=2 500 ~ 3 000 m/s；强风化下限花岗岩及片麻岩：v_p>2 500 m/s。河床部位建基面片岩纵波速度 v_p>3 000 m/s；花岗岩、片麻岩纵波速度 v_p>3 500 m/s。趾板建基面各部位测试的纵波速度 v_p 范围和按 v_p 设计要求统计的结果见表 3-3。其中，建基面岩体表面波速测试是按测段数进行统计的；孔内波速测试是按测点进行统计的。

趾板 X 线位置如图 3-6 所示。

表 3-3　趾板建基面岩体物探检测成果统计

位置	表面波速测试			孔内波速测试		
	v_p(m/s)	按 v_p 设计要求统计(%)		v_p(m/s)	按 v_p 设计要求统计(%)	
		≤v_p 标准	>v_p 标准		≤v_p 标准	>v_p 标准
左岸	1 020~4 910	21.4	78.6	1 490~5 600	8.2	90.8
河床	2 720~5 350	54.2	45.8	1 540~5 950	20.4	79.6
右岸	1 580~4 320	39.4	60.6	2 000~5 000	10.3	89.7

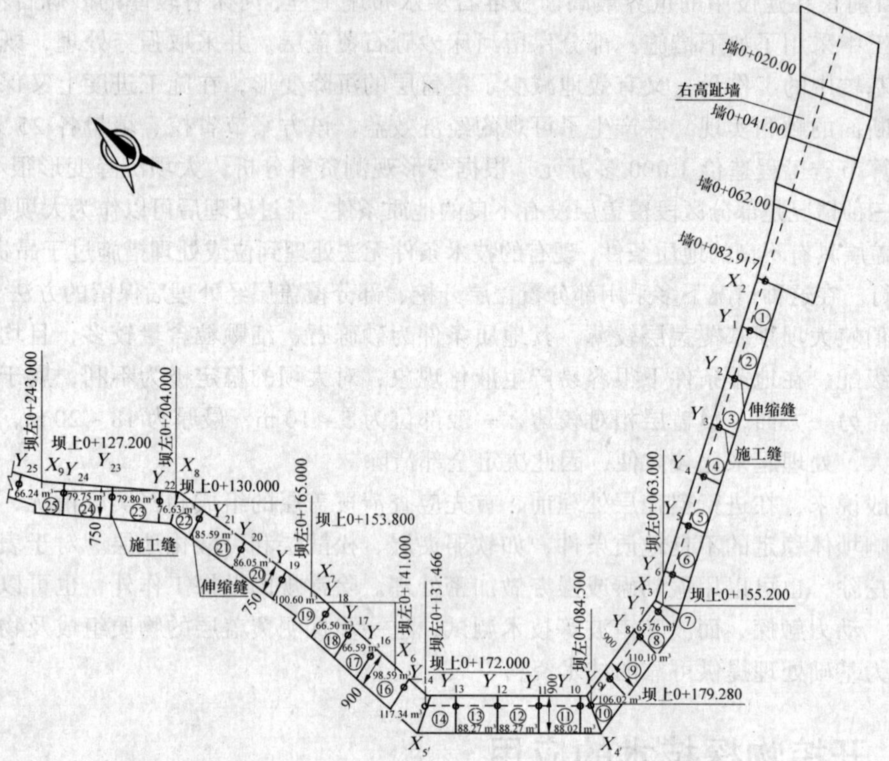

图 3-6　趾板 *X* 线位置(CII 标趾板混凝土分仓浇筑)（单位：m）

通过混凝土面板堆石坝趾板建基面岩体物探检测成果资料的分析，结论如下：

(1)左岸趾板建基面岩体波速测试 v_p 值大部分达到了设计要求，少部分测段因岩体风化程度较强及受爆破开挖等因素的影响，岩体较破碎，表面波速 v_p 值未达到设计要求，这些测段主要分布在趾板轴线 $X_{10} \sim X_{11}$、$X_{12} \sim X_{13}$ 间。测试范围内建基面岩体表部存在一定程度松弛卸荷现象，厚度为 1.5 ~ 2.1 m，平均厚度为 1.7 m。

(2)河床趾板基础岩体波速测试由于受 F_{15} 断层的影响，大部分岩体表面波速 v_p 值没有达到 v_p 值设计要求。孔内 v_p 值普遍较高，但波速跳跃幅度大，表明岩体中裂隙等结构面较发育。测试范围内建基面岩体表部存在一定程度松弛卸荷现象，厚度为 0.7 ~ 2.4 m，平均厚度为 2.1 m。

(3)右岸趾板 $X_2 \sim X_4$ 间建基面岩体表面波速 v_p 值大部分达到设计要求，局部岩体因受 F_7 断层的影响，v_p 值未达到设计要求。

(4)右岸高趾墙高程 1 950 ~ 1 960 m 平台岩体由于风化程度较强，存在强风化片岩捕虏体，有 45.8%测段岩体表面波速 v_p 值没有达到设计要求，而跨孔测试的 v_p 值普遍较高，基本达到设计要求，表明建基面表部岩体相对较破碎。

通过开挖前后的物探检测，基本上弄清了左右岸高趾墙和趾板基础的地质特点，为基础处理工作提供了可靠的依据。物探测试的结论对灌浆工作具有特别重要的意义。

3.10 右岸边坡开挖坡比调整

原设计右岸边坡开挖坡比为 1∶2.5，开挖高程范围为 1 960～1 871 m，且边坡预留马道，致使大量强风化岩石被开挖。2002 年 1 月大坝右岸边坡正在开挖过程中，监理工程师在透彻理解设计图纸和施工组织设计的基础上，深入现场了解开挖情况，根据地形地貌和开挖的实际情况，初步判定大坝右岸原始边坡陡峻，岩石裂隙发育很少，岩石以强风化花岗岩和弱风化片岩为主，自然边坡相对稳定。此后监理工程师又对岩石钻爆参数、岩性地质情况、坝基边坡稳定情况进行了分析研究，在此基础上，向设计部门提出建议，请设计部门在考虑边坡稳定的前提下，将开挖边坡由 1∶2.5 变陡为 1∶1.5。考虑到岩石被挖走相应增加了大坝的回填量，且对大坝沉降和面板周边缝均不利，设计同意对右岸边坡开挖坡比进行调整，设计经过计算和验算，最终接受了监理部的建议。

右岸边坡调整后，经建设公司和四局测量中心测算，共减少开挖方量为 71 208 m^3，相应大坝填筑量也减少 71 208 m^3。由于开挖和填筑工作量的减少，大坝开挖和填筑工期也相应缩短，大大加快了工程进度，为业主带来了可观的经济效益。根据合同单价，费用节约 273.01 万元(见表 3-4)。

表 3-4　边坡修改减少工程量和节省费用计算

序号	项目	工程量(万 m^3)	单价(元/m^3)	金额(万元)
1	减少开挖工程量	7.120 8	20.98	149.39
2	减少填筑工程量	7.120 8	17.36	123.62
合计				273.01

3.11 结　语

面板堆石坝对基础的要求不高(趾板除外)，趾板部位对基础的要求较高，一般情况下趾板要建在微弱风化岩石上。公伯峡大坝河床覆盖层比较薄，强风化岩石的埋深较浅，趾板工程所需要的地质条件很容易实现。为准确弄清趾板和高趾墙基础的地质特点，工程开工后进行了物探测试工作。由于灌浆工作量大，且工作面范围跨度很大，施工单位和厂家创造性地研制了智能集中制浆站。现场施工中，对大坝边坡开挖、勘探洞封堵和大坝填筑时间进行了合理的安排，使勘探洞回填对大坝填筑的影响降到最低。采取具体工程措施对趾板断层带和河床部位的倒悬边坡进行了处理。灌浆过程中采取适当措施，有效地控制了趾板基础的抬动现象。根据现场实际情况，对右岸边坡开挖坡比进行了优化，节约了工程投资，同时对施工质量也有利。通过这些工程措施，保证了大坝基础处理的质量，并在一定程度上加快了施工进度。

第 4 章　坝料开采加工新技术

公伯峡大坝工程填筑所用料源大部分为枢纽开挖料，根据现场实际情况，大坝填筑也利用了部分开采料。开采料场有药水沟料场和水车村料场，水车村料场用于砂砾石开采，而药水沟料场是垫层料(2A)、过渡料(3A)、主堆石 3BⅠ–1 料和垫层小区料(2B)的料源。同时该料场也提供了部分 3BⅠ–2 坝料和 3C 坝料，这些坝料原是按 3BⅠ–1 爆破参数进行开采的，但由于工程地质问题，材料只能降级使用。主堆石料(3BⅠ–1)和过渡料(3A)在坝前药水沟料场开采直接得到，垫层料是由合格的过渡料加工而成的，垫层小区料则是由合格的垫层料加工而得。3A 料、2A 料和 2B 料三者之间的关系如图 4-1 所示。

图 4-1　3A 料、2A 料和 2B 料三者之间的关系

在药水沟开采和加工坝料的过程中，水电四局积极与业主、设计和监理配合，大胆创新工艺，成功地采用了一系列新技术和新工艺，并对原有的技术进行开拓式创新，对于加快施工进度、降低工程投资费用都有积极的意义。这些新技术和新工艺归纳起来主要有 3A 料开采新技术、3BⅠ–1 料开采新技术和垫层料加工新技术等。

4.1　过渡料(3A)开采新技术

4.1.1　技术参数

过渡料区位于垫层区和主堆石之间，起到承前启后的作用。工程技术要求其应满足渗透过渡要求，形成粒径过渡，对垫层料起到保护作用。设计要求过渡料的最大粒径 300 mm，小于 5 mm 的颗粒含量为 3%～17%，小于 0.1 mm 的颗粒含量小于 7%。过渡料设计级配要求见表 4-1。

表 4-1　过渡料设计级配

小于某粒径百分含量(%)		—	100	60	54	47	40	30	23	17	10	7	7
粒径(mm)	上包线	100	70	45	40	35	28	19	12	3	—	—	—
	下包线	300	200	100	80	60	40	20	10	5	2	1	0.1

过渡料的开采原则是首先满足设计级配、粒径的要求，与此同时，为便于施工过渡料的开采还要满足所配机械设备挖装运输需要。

4.1.2 过渡料的生产传统工艺

传统过渡料的生产方式是通过对开采出的岩石进行二次破碎、筛分和掺配而得到，或将开采的块石进行筛分和掺配。这种生产工艺需要修建加工、筛分系统，需要对开采的石块进行倒运，并需要筛和掺配，工序繁多，加工成本很大，生产周期长。直接采用爆破方法进行过渡料成品的开采的先例不多，且各个项目工程地质条件差别很大，客观上也无法直接借鉴其他工程成功经验。水电四局承担过渡料开采任务，在建设公司、监理单位和设计单位的共同参与下，探索出了一条先进的加工工艺。其具体研究工作思路是：先根据以前开挖爆破的施工经验，初选若干组爆破参数；然后通过现场爆破试验，优选出合适爆破参数。每次爆破试验后，都要对爆破后产生的块石进行级配筛分试验，总结经验教训找出问题所在，在此基础上更新爆破参数，重新进行爆破试验，直到找出满足设计级配要求的爆破参数。

4.1.3 料场地质条件

公伯峡大坝填筑需过渡料约 40 万 m^3，而 13 万 m^3 垫层料需要由合格的过渡料加工而成，因此客观上需生产 53 万 m^3 合格的过渡料，这些材料全部取自药水沟料场。药水沟料场位于黄河左岸坝址上游药水沟内。该区域主体岩性为混合花岗质和花岗岩，局部夹有少量薄层片麻岩；边坡一带崩坡积层呈零星分布，厚 3～5 m；基岩强风化层厚 10～15 m，弱、微风化岩石致密坚硬，主要矿物成分以石英、长石为主，次为云母、角闪石等。区内大部分基岩裸露，单块岩石强度较高，断裂构造不甚发育，以裂隙为主，断层较少，且破碎带宽度一般小于 1 m。

过渡料开采爆破参数的选取在很大程度上取决于岩石的地质情况，不同的地质条件适用不同的爆破参数。开采爆破经验表明，地质条件是确定爆破方案的重要因素。在进行过渡料开采爆破设计时，主要把握以下几个方面。

4.1.3.1 岩层产状

理论研究表明，爆破作用方向与岩层产状的相互关系对爆破石料的颗粒级配有很大影响。当爆破作用方向与岩层面走向垂直或接近垂直时，爆破石料级配良好，不均匀系数大；当爆破作用方向与岩层走向平行或接近于平行时，爆破石料颗粒均匀，不均匀系数较低，对级配控制有不良的影响。可以据此设计炮孔的布置方式，使其尽可能与岩层面走向垂直。

4.1.3.2 岩体裂隙发育程度

岩体裂隙发育程度及分布状况对爆破破碎效果的影响很大，有时会超过岩石力学强度的影响，甚至超过炸药本身的影响，因为爆破过程及岩石尺寸在很大程度上受药包附近的不连续界面的控制。这一影响因素是人们无法控制的，只能适应和利用其爆破特性，为工程服务。

4.1.3.3 岩性

理论证明，岩性决定岩石的强度，是确定炸药用量的主要因素。在试验阶段，为控制爆破费用和工期，且便于进行对比，简化试验步骤，增强实际操作性，初拟爆破参数中将一些次重要参数如梯段高度、钻孔倾角、孔径、药卷直径、堵塞长度等固定下来，而重点调整单耗、钻孔间排距、装药结构以及爆破网络连接形式，每次爆破试验的规模在 1 000 ~ 1 500 m^3之间。

4.1.4 钻孔参数设计

4.1.4.1 钻孔直径

确定钻孔直径主要考虑现场设备配置，根据现场钻孔设备情况设计爆破参数是一条指导性原则。现场配置的钻机主要是 CM–351 和 PC–460 型液压钻机，其直径均为 120 mm。因此，钻孔直径确定为 D=120 mm。

4.1.4.2 爆破梯段

一般情况下确定爆破梯段高度 H 通常考虑以下几个方面：满足坝体填筑施工进度的要求，即必须满足大坝填筑的最大强度，该料场还有一个特点，就 3A 料和 3BⅠ–1 料均在此生产，而 3A 料同时也是加工 2A 料和 2B 料的原材料，因此还必须协调 3A 料和 3BⅠ–1 料之间的开采进度；满足料场总体布置和料场规划的要求，为大规模机械化施工创造条件；保证开采石料质量和施工安全；所需要的辅助工作量尽可能小。根据上述要素综合分析，初步确定梯段高度为 H=9.0 m。

4.1.4.3 底板抵抗线 W_1

过渡料开采采用深孔梯段爆破，在深孔梯段爆破中，为避免留底坎，计算常采用底板抵抗线，而不是最小抵抗线。实际操作过程中，底板抵抗线选得过大，则造成底坎过多，且后冲作用明显增大；若底板抵抗线选得过小，不仅浪费炸药，而且钻孔工作量增大，施工效率将大大降低。

根据开采石料设计要求的最大石料粒径合理确定底板抵抗线。开采过渡料最大粒径为 300 mm，则应选用较小的抵抗线；如开采主堆石料，抵抗线则应适当增大；钻孔直径越大，W_1 值也应越大；可爆性好的岩石可取较大的 W_1 值；炸药的爆破威力越大，W_1 的值就应越大；梯段高度越高，所取的 W_1 值也应越大，但当梯段高度超过一定值后，W_1 值可看做与梯段高度无关。综合考虑以上各因素，底板抵抗线确定为 W_1=2.0 m。

4.1.4.4 孔距 a

孔距 a 与底板抵抗线和开采石料的最大粒径有密切关系，理论证明，孔距可按下式确定：

$$a=m\times W_1 \tag{4-1}$$

式中，m 为密集系数，一般取 1.0 ~ 2.0。

在这里 m 值取 1.5 和 1.75 两种。因此，孔距为 a=3.0 m 和 a=3.5 m。

4.1.4.5 排距 b

当采用交错形布孔时，常使钻孔之间成正三角形，即 b=0.707a。因此，排距确定为 b=2.5 m。

4.1.4.6 超钻深度 h

超深主要取决于岩石的可爆性能，如果岩石坚硬，结构面不发育，则超深要加大。另外，超深与底板抵抗线大小、坡面角和底部装药情况有关，一般可按下式计算：

$$h=(0.05\sim0.30)W_1 \tag{4-2}$$

这里 h 取 0.2 m。

4.1.4.7 孔深 L

对于倾斜深孔有技术公式为：

$$L=(H+h)/\sin\beta \tag{4-3}$$

根据岩石产状和降低钻孔强度的要求，β值取 76°，所以可以定出孔深为：$L=(9.0+0.2)/\sin76°=9.5$ m。

4.1.4.8 孔网布置

梯段爆破的孔网布置，将直接影响爆破效果和开挖进度。对坝料开采作业，常采用多排孔爆破，其孔网布置方法通常有两种，即矩形布孔法和交错布孔法。

矩形布孔法有利于微差爆破时爆破网络的选择，但爆破块度大，常用于主堆石料开采；交错布孔法能使炸药在岩石中均匀分布，前排孔为后排孔创造更多的自由面，有利于改善爆破效果，常用于过渡料和垫层料的开采。在现场试验时，可以灵活掌握。

4.1.5 装药参数设计

装药参数表示炸药在钻孔中的数量和位置。装药参数包括单耗、线装药密度、每孔装药量及装药、堵塞长度等爆破技术参数。

4.1.5.1 单耗 q

单耗取决于下列因素：岩石的爆破性能，岩石越硬越完整，单耗就越高；炸药的威力越大，单耗就越低；装药堵塞越差，单耗就越高；对爆破石料块度和爆堆抛散范围的要求等。

对 2 号岩石硝铵炸药，在保证堵塞长度大于 2 m 的条件下，深孔梯段爆破的 q 值可按表 4-2 选取。

表 4-2 深孔梯段爆破单位耗药量 q 值

岩石系数 f	0.82 ~ 2	3 ~ 4	5	6	8	10	12	14	16
单位耗药量 q (kg/m^3)	0.10	0.44	0.47	0.52	0.55	0.58	0.62	0.66	0.7

考虑到过渡料最大粒径较小，所以适当加大单耗至 0.60 kg/m^3。最终要通过爆破试验来调整至最佳单耗，使其符合工程施工的要求。经过爆破试验，单耗最终确定在 0.46 kg/m^3 左右。

4.1.5.2 每孔装药量 Q

多排孔微差爆破时，每孔装药量为：

$$Q=qW_1Ha \tag{4-4}$$

所以，每孔装药量为：$Q=0.6\times2.5\times9\times3.5=47.25$ (kg)。根据药卷的参数，最终确定每孔装药量 Q 取 48 kg。

4.1.5.3 装药长度 L_1 和堵塞长度 L_2

算出每孔装药量 Q 后，就可以确定每孔的装药长度 L_1 为 7.2 m，考虑装药后药卷之间的挤压，长度会缩短，所以装药长度确定为 7.0 m；堵塞长度为 $L_2=L-L_1=9.5-7.0=2.5$(m)。根据现场实际情况，堵塞长度基本控制在 2.0~2.5 m 之间。

4.1.5.4 装药结构设计

深孔梯段爆破时，炮孔底部阻力最大，要求药包中心降低，特别是对于坚硬难爆岩石、台阶坡面较小的情况，更需增大超钻深度，使炸药集中于底部。若采用一般的连续装药结构，会使孔的上部不装药段(即堵塞段)较长，这部分的岩石容易爆成大块，特别是在梯段较高、坡面较陡、上部岩石坚硬时，大块率更高。因此，改善装药结构，力求炸药爆破能量在炮孔中均匀分布，是降低大块率的有效措施。在坝料开采爆破中，改善装药结构有间隔装药、不耦合装药、混合装药 3 种方法。在这里采用不耦合装药结构。

4.1.5.5 初拟爆破参数

根据前述计算分析过程，过渡料开采试验初拟爆破参数如表 4-3 所示，共设计了三组爆破参数。

表 4-3 过渡料开采试验初拟爆破参数

试验组序	A_1	A_2	A_3
底板抵抗线(m)	2.0		
梯段高度 H(m)	9.0		
孔倾角(°)	76		
孔径 D(mm)	120		
药卷直径 d(mm)	95		
孔深 L(m)	9.3		
间排距 $a \times b$(m)	3.5×2.5	3.5×2.0	3.0×2.0
装药长度 L_1(m)	7.0		
堵塞长度 L_2(m)	2.5		
单耗 q(kg/m^3)	0.60	0.76	0.88

4.1.6 现场爆破试验

依据上述原则确定的爆破参数，在实际操作中又根据爆破试验的实际情况进行了局部调整，现场共进行了 5 组爆破试验。爆破试验采用 2 号岩石硝铵炸药、非电毫秒雷管微差起爆网络，微差间隔为 25 ~ 100 ms。5 组爆破试验的具体钻爆破参数见表 4-4。

表 4-4 过渡料爆破试验参数

试验编号	梯段高度(m)	布孔方式	间排距(m)	孔径(mm)	孔深(m)	单耗(kg/m^3)	单孔药量(kg)	堵塞长度(m)	最小抵抗线(m)
A_1	9.0	梅花	3.4×2.5	120	9.5	0.6	48	2.5	2.0
A_2	9.0	梅花	3.5×2.0	120	9.5	0.76	48	2.0	2.0
A_3	9.0	矩形	3.5×2.0	120	9.5	0.6	48	2.0	2.0
A_4	8.0	梅花	3.5×2.0	120	8.7	0.66	40.5	1.9	2.0
A_5	9.0	矩形	3.5×2.5	120	9.5	0.66	52	1.7	2.0

试验区爆破后，对爆堆取样进行了级配筛分试验，试验结果见表 4-5。

表 4-5　过渡料爆破试验取样检测结果

试验编号	筛分试验组数	小于 0.1 mm 颗粒含量(%)	小于 5 mm 颗粒含量(%)	超径石含量(%)	级配情况
A_1	3	0.68 0.66 0.93	16.19 12.25 12.41	7.18	连续
A_2	3	0.29 0.34 0.36	11.73 10.63 16.65	11.4	不连续
A_3	3	0.60 0.32 0.46	10.49 17.78 15.26	3	连续，但颗粒整体偏细
A_4	3	0.36 1.78 0.63	7.21 23.42 10.5	13.40	连续，石料整体偏细，超径石含量大
A_5	2	0.36 1.01	6.38 14.03	12.10	连续，细颗粒和超径石含量均较大

根据筛分试验结果绘制出级配曲线，通过分析找出不同爆破参数与级配曲线的函数关系，并与设计给出的过渡料包络曲线进行比较，最终确定适合药水沟采料场过渡料开采的爆破参数。在爆破试验的基础上，经分析论证，推荐爆破参数如表 4-6。

表 4-6　药水沟过渡料开采爆破参数

梯段高度(m)	孔径(mm)	孔深(m)	孔倾角(°)	间排距(m)	单耗(kg/m³)	单孔药量(kg)	堵塞长度(m)	装药长度(m)
9.0	120	9.5	76	3.5 × 2.5	0.64	48	2.5	7.0

药水沟料场 3A 过渡料开采爆破设计见图 4-2。

4.1.7　过渡料开采爆破技术具有广泛的应用前景

过渡料爆破开采技术与传统工艺相比，有很多优势，新技术省去了传统加工方法中破碎加工系统的建设及加工生产过程中的石料倒运工作，其经济效益是非常显著的。相信该技术会在堆石坝和面板堆石坝工程中得到广泛应用。需要特别强调的是，由于不同工程对过渡料技术参数的要求不同，且地质条件千差万别，在某一工程中总结出来的爆破参数只能作为类似工程的参考。但公伯峡大坝过渡料开采技术的研究方法和研究思路是值得学习和借鉴的。研究过渡料的爆破开采技术，关键在于掌握不同爆破参数对过渡料颗粒级配的影响，并把握其主要影响因素，把握爆破参数对地质条件的一般规律，只要掌握了这些规律，不管遇到什么样的工程地质情况，均可对症下药，使问题顺利得到解决。

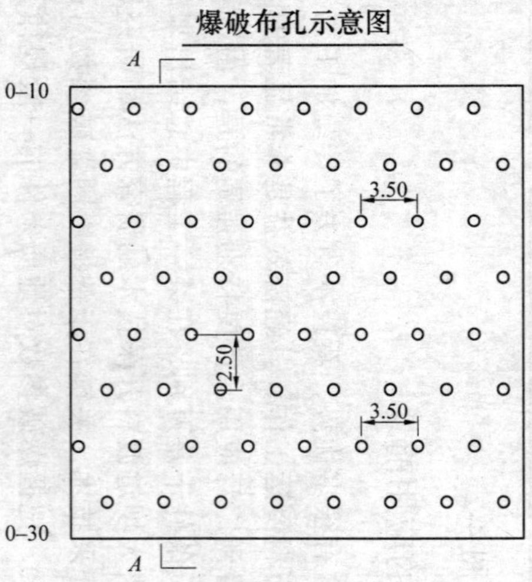

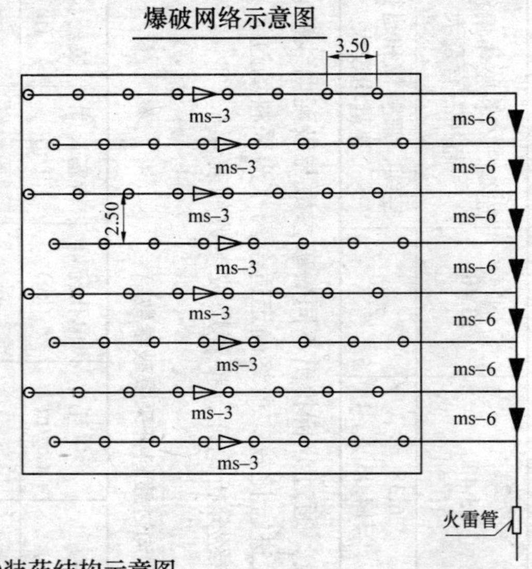

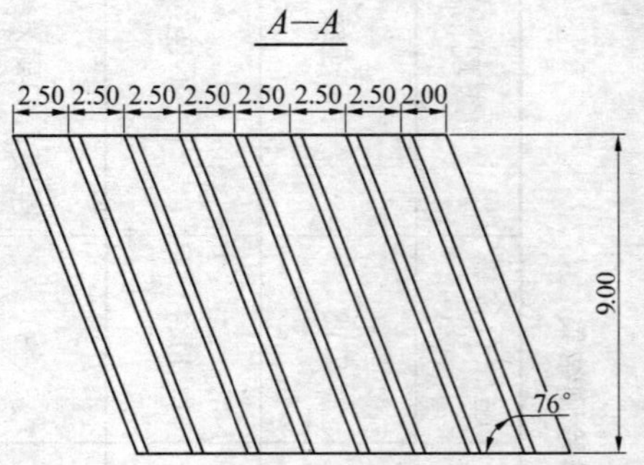

说明：

1.图中尺寸均以米计。

2.根据现场实际情况适当调整钻孔深度和装药量。

3.爆破孔内采用ms–20延时，孔外用ms–3、ms–6接力。

4.最大单响不超过192 kg，采用一排二响，逐排起爆。

5.造孔时间排距要控制在允许范围内。

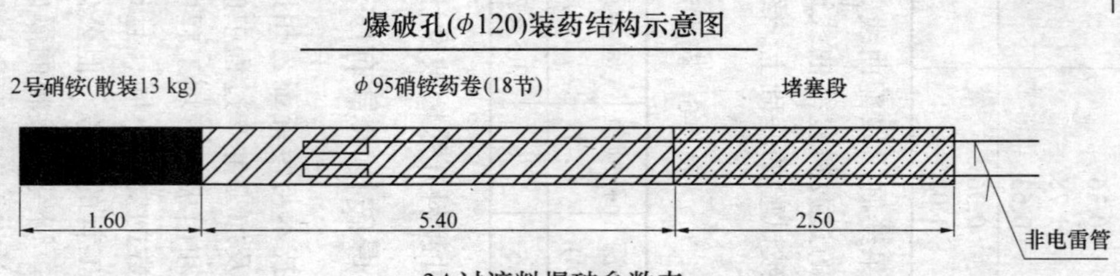

3A过渡料爆破参数表

梯段高度(m)	孔数(个)	孔径(mm)	孔深(m)	倾角(°)	药卷直径(mm)	孔边距离(m)	间排距(m)	单耗(kg/m³)	单孔药量(kg)	间隔长度(m)	堵塞长度(m)	最大单响(kg)	总装药量(kg)
9.0	64	ϕ120	9.5	76	联合	2.00	3.5×2.5	0.64	48	—	2.50	192	3 072

批准		面板堆石坝工程	
校核		药水沟料场3A 过渡料开采爆破设计	
设计			
制图		日期	

图 4-2　药水沟料场 3A 过渡料开采爆破设计图

4.2 主堆石(3BⅠ–1)开采技术

4.2.1 常规性爆破试验验证爆破参数

主堆石坝料开采的基本原则是：在满足设计要求的前提下，尽可能多地获得可用料，避免开挖弃料，提高开采料的可利用率。通常坝料开采过程中多发生超径和逊径现象，如何控制这些不利因素是3BI–1料开挖的关键环节。

与常规坝料开采相同，通过爆破试验确定爆破参数。水电四局在药水沟料场进行了6次爆破试验，采用CM–351潜孔钻造孔，孔径120 mm，钻孔倾角76°；采用2号岩石硝铵炸药、非电毫秒导爆管雷管微差起爆网络，选择的具体爆破参数见表4-7。

表4-7　主堆石料(3BⅠ–1)爆破试验参数

试验编号	梯段高度(m)	布置方式	间排距(m)	孔深(m)	单耗(kg/m^3)	单孔药量(kg)	堵塞长度(m)	装药结构
B_1	9.0	梅花	4.0 × 3.0	9.5	0.37	40	2.5	不耦合间隔
B_2	9.0	梅花	4.5 × 3.0	9.5	0.33	47	2.5	不耦合连续
B_3	9.0	梅花	5.0 × 3.0	9.5	0.26	36.5	2.5	不耦合连续
B_4	8.5	矩形	3.5 × 4.0	9.0	0.26	31	2.6	不耦合连续
B_5	8.5	矩形	4.0 × 5.0	9.0	0.23	41.4	2.6	不耦合连续
B_6	8.5	矩形	4.0 × 4.0	9.0	0.25	38	2.7	不耦合连续

爆破后对试验单位进行了取样，并进行了级配筛分试验，经试验检测，各组试验结果见表4-8。

表4-8　主堆石料(3BⅠ–1)爆破试验取样检测结果

试验编号	筛分试验组数	小于5 mm粒径的含量(%)	级配情况
B_1	3	1.22,1.45,2.51	10 mm以上颗粒级配曲线不光滑，超出了下包线，颗粒稍偏粗
B_2	4	7.44,3.84,2.98,4.83	颗粒基本在上下包络线内，且级配连续
B_3	2	7.55,0.38	级配连续，细颗粒含量偏少，大粒径超标
B_4	1	4.88	级配连续并在上下包络线之内，但爆破后出现大量根底，需进行二次处理
B_5	1	8.19	细颗粒含量稍微超标，但级配连续光滑；爆破后出现大量根底，需进行二次处理
B_6	3	21.19	细颗粒含量超标，且级配超过上包线

根据上述试验结果，总结并推荐合适的爆破参数。

(1)受堵塞段及孔底加强药包的影响，爆堆顶部、中部和底部料的级配存在一定的差别。现场观察表明，爆堆顶部粒径较大，局部存在超径现象，细颗粒含量偏低；中部料级配较为合理；而下部细颗粒含量偏大，而总体满足颗粒级配要求。因此，合理的装料方式及摊铺碾压成为控制坝料质量的重要环节。坝料装运过程中，监理工程师和施工单位技术人员现场监督装车，施工单位技术人员现场指挥装车，做到单车控制装料质量。料堆中级配较差的料，装到车上后相对均匀。

(2)地质构造是影响爆破效果的一个关键因素。实际开采情况表明，在同一爆破参数下，片岩区和断层带区爆破后细颗粒含量普遍超标，而花岗岩和混合花岗岩区爆破料基本符合上坝料要求。由于开采区内发育有 4 组不同方向和倾角的裂隙，将大部分岩体切割为 15 ~ 50 cm 大的块石，因此 6 组爆破试验均存在 50 ~ 80 cm 块体偏少的缺陷。

(3)综合分析上述 6 组试验，推荐主堆石的爆破参数为：梅花形布孔，孔间距 5.0~4.5 m，排距 3.0 m，孔边距为 2.5 ~ 3.0 m，采用不耦合连续装药结构，堵塞长度为 2.5 ~ 3.0 m，单耗 0.25 ~ 0.33 kg/m^3，排间微差在 75 ms 以上的松动爆破。由于岩性对爆破料的影响较大，在实际施工中必须结合地质情况对爆破参数进行适当调整。

(4)为了减少底坎，消除开挖后大面的不平整度，降低二次处理的成本，孔底装药需有一定的加强段。

(5)由于地质条件较差，同样的爆破参数产生的效果差别较大，为了确保坝料的质量，建设公司从坝料装运上想办法，建立了一套严格的坝料管理办法。在建设公司层面成立坝料鉴定小组，建设公司总工任组长，施工单位项目经理、监理单位总监作为成员，负责坝料鉴定的领导工作。3BⅠ –1 料爆破效果如图 4-3、图 4-4 所示。

图 4-3　3BⅠ –1 料爆破效果(一)

图 4-4　3BⅠ–1 料爆破效果(二)

在公伯峡岩石较差的地质条件下，通过多组试验成功地取得了爆破参数，实现了主堆石大规模开采和直接上坝，并通过单车控制确保了上坝料供应的质量。

药水沟料场 3BⅠ–1 主堆石料开采爆破设计见图 4-5。

4.2.2　坝料开采中挤压爆破技术

为充分利用爆破产生的能量，提高材料的开采质量，使其最大限度地满足级配要求，根据前面爆破试验结果，施工单位与参建各方一起探索出了挤压爆破施工技术。该爆破技术的一个明显的特点是改变原来每茬炮前面的临空面为部分开采料挤压区，也就是前一茬炮开采的坝料不全部运走，在后一茬炮的临空面处留一定体积的开挖料，具体预留的工程量需要爆破试验进行验证，根据不同开挖梯段的高度验证出需要预留的宽度。

挤压爆破的科学原理是：一般情况下每茬炮爆破产生的能量多沿临空面方向运动，穿过临空面后很快消失，如果在临空面处堆存部分已开挖材料，就会限制爆破能量离开爆破区，则爆破产生的能量不会很快消失，该能量会在爆破区内部继续传递，可以对爆破区材料进行多次挤压和拉开，进而提高爆破效果。

一般说来，在每次爆破作业中，分布在爆破区不同部位的岩石受到的爆破作用是不完全相同的，分布在爆破区中心地带的岩石，爆破效果好；而分布在周边部位特别是临空面部位的岩石爆破效果较差，主要表现在颗粒较粗，超径石较多，而细颗粒含量较少，降低了开采料的使用率，且存在着潜在的质量风险。基于上述实际情况，施工单位与相关单位共同研究，提出了一套挤压法爆破技术，解决了爆破区临空面附近材料质量不高的问题。水电四局在前期坝料开采过程中，尝试使用这一技术，生产实践表明，开采效果比较理想，主要表现在降低了开采料的超径石，提高了细颗粒含量，对工程建设具有十分积极的意义，但后来受到进度等因素的制约，未再坚持使用这一技术。

爆破布孔示意图

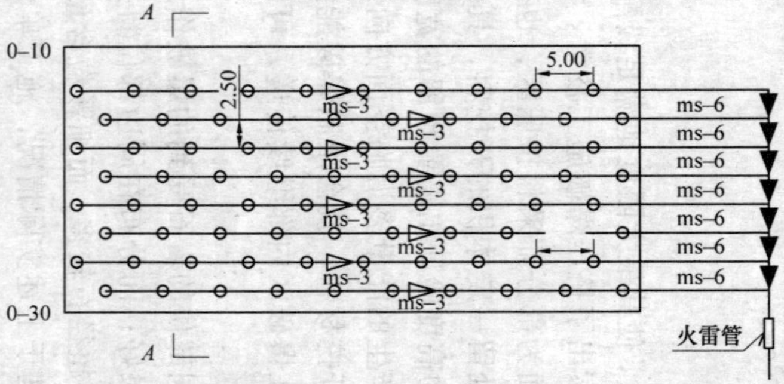

A—A

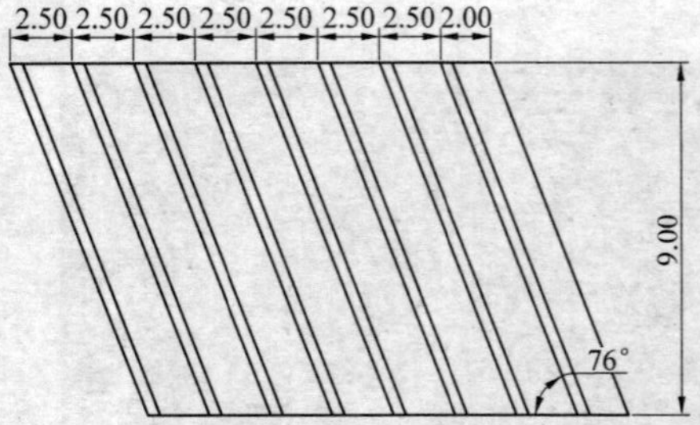

爆破孔(ϕ120)装药结构示意图

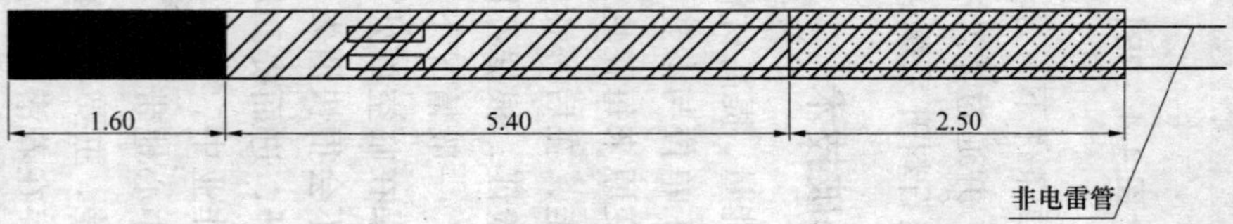

说明:
1.图中尺寸均以米计。
2.根据现场实际情况适当调整钻孔深度和装药量。
3.爆破孔内采用ms–20延时，孔外用ms–3、ms–6接力。
4.最大单响不超过186 kg，采用一排二响，逐排起爆。
5.造孔时间排距要控制在允许范围内。

3BⅠ–1 主堆石料爆破参数表

梯段高度(m)	孔数(个)	孔径(mm)	孔深(m)	倾角(°)	药卷直径(mm)	孔边距离(m)	间排距(m)	单耗(kg/m³)	单孔药量(kg)	间隔长度(m)	堵塞长度(m)	最大单响(kg)	总装药量(kg)
9.0	80	ϕ120	9.5	76	联合	2.00	5.0×2.5	0.31	31.0	—	2.50	186	2 480

批准		面板堆石坝工程	
校核		药水沟料场 3BⅠ–1 过渡料开采爆破设计	
设计			
制图		日期	

图 4-5　药水沟料场 3BⅠ–1 主堆石料开采爆破设计图

4.3 垫层料(2A)加工新技术

人们对垫层料的认识经历了三个不同阶段。最初只是认为垫层料对面板起支承作用，并将荷载传递到坝体深处，要求垫层料的特性具备均匀性，表面容易整平；第二个阶段认识到垫层料的防渗漏作用，要求在特殊情况下，如面板或接缝隙出现漏水的情况下，垫层料可以起到“第二道防线”作用，这种情况要求垫层料必须具备一定的级配；第三个阶段是认识到垫层料的反滤作用，即要求垫层料具备半透水特性，技术上要求垫层料对渗透水流带入的细颗粒材料起反滤作用，能够截留细颗粒淤堵在接缝或裂缝内，使防渗系统自愈而起到止水作用。

基于上述对垫层料认识上的不断深化，在物理技术参数上对垫层料级配要求也有相应的变化，从早期不带细颗粒的均匀垫层，到含细料的级配垫层，以至到现代的含细颗粒较多的半透水垫层。目前国际坝工界普遍认同美国工程师谢腊德的理想级配曲线，即最大粒径 80 ~ 100 mm，小于 5 mm 颗粒含量为 35% ~ 55%，小于 0.1 mm 颗粒含量为 2% ~ 12%的连续级配料，可以达到半透水材料要求，能够对粉粒起反滤作用。而在实际应用时可根据实际情况对谢腊德理想曲线进行适当调整，但一般要求小于 5 mm 颗粒含量大于 30%，小于 0.1 mm 颗粒含量不超过 10%，级配连续，内部结构稳定，施工时材料不易分离。湖南白云大坝工程对垫层料的要求是：最大粒径为 80 mm，渗透系数 $10^{-3} \sim 10^{-4}$ cm/s，设计干容重 2.20 t/m^3，小于 0.1 mm 颗粒含量控制在 2%，小于 5 mm 颗粒含量 30% ~ 40%，不均匀系数大于 30，且级配连续。浙江溪口蓄能电站大坝垫层料设计情况是：最大粒径 80 mm，小于 5 mm 颗粒含量为 30%~40%，小于 0.1 mm 颗粒含量不大于 5%，渗透系数为 $1 \times 10^{-2} \sim 5 \times 10^{-3}$ cm/s。

垫层是面板坝坝体的重要组成部分，垫层料位于混凝土面板的下部，除对面板起支承和整平作用外，还起到第二道防水线的作用。在面板或接缝一旦漏水时，可限制入渗流量，并能起反滤作用，截留随渗透水流带入缝中的泥沙，使缝隙淤塞而自愈。垫层料的质量直接关系到面板和坝体的运行性能，因此在面板坝的堆石料中，垫层料的级配要求最为严格。根据谢腊德的理想级配曲线，结合公伯峡工程实际情况，参考国内类似工程经验，设计对公伯峡面板坝垫层料的级配要求为：微、弱风化的花岗岩和片麻岩，最大粒径 100 mm，小于 5 mm 的颗粒含量为 35% ~ 45%，小于 0.1 mm 的颗粒含量为 4% ~ 7%。

4.3.1 垫层料的传统加工工艺

由于垫层料有严格的级配要求，天然材料很难满足要求，需要加工配置。实际工程中垫层料加工方法很多，主要有：用天然砂砾石筛分，广蓄水库就是采用这种方法生产垫层料的；关门山大坝是在石料场直接爆破开采垫层料，其特点是利用节理发育的安山石，但对新鲜、坚硬岩石及细颗粒含量要求高时这一方法不易奏效；用机制碎石或砸碎的砾石与天然砂掺配，成屏一级大坝采用碎石与河砂掺配；万安溪大坝采用碎石与花岗岩风化粗砂按 3∶1 的比例进行掺配。通常使用的加工方法是：以开采合格的过渡料为原材料，经破碎、筛分加工后作为垫层料的混合料，对混合料进行颗粒级配分析试验，对照设计包络线，特别是 5 mm 以下颗粒含量的要求进行分析，如果某一范围的颗粒不足，则应进行补偿。多数情况是 5 mm 以下的颗粒含量不足，需采用人工砂进行掺合补充，混合料与人工砂的掺合采用“平铺立采”的方法进行。具体工艺流程如图 4-6 所示。

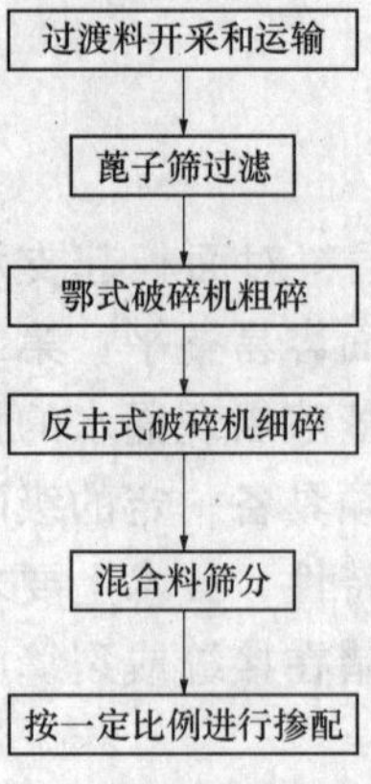

图 4-6　垫层料传统加工工艺流程图

4.3.2　垫层料加工的技术改进

考虑到人工砂的制备需专门建立一套制砂系统，“平铺立采”需要大量的人工和机械，并且随着生产工艺的增多，质量控制的难度增大。根据药水沟岩层特点、爆破后细颗粒含量较多及所选加工设备可调空间大等因素，经参建各方共同研究，决定在不影响垫层料加工质量的前提下，力求降低加工成本，取消了混合料筛分和掺配工艺环节，而直接在破碎机出口获得垫层料。

整套加工设备主要有蓖子筛、1 台鄂式破碎机(PE600X900)、2 台产量 100 ~ 160 t/h 的反击式破碎机(PE1214)和 3 条固定皮带机组成。

公伯峡大坝垫层料工程量约为 13 万 m^3，以开采出的过渡料作为料源，经蓖子筛过滤、鄂式破碎机粗碎、反击式破碎机细碎后得到满足设计级配要求的垫层料。在药水沟料场开采合格的过渡料由自卸汽车运至蓖子筛，经筛分处理，将大于 300 mm 的超径石料剔除，小于 300 mm 的混合料通过皮带机送至鄂式破碎机进行破碎，鄂式破碎机排料口调整范围为 120 ~ 150 mm，将混合料进行第一次破碎。破碎后的混合料经皮带输送机送至反击式破碎机进行细碎,通过调整反击式破碎机的排料口径来控制出料粒径的大小，从而得到设计级配要求的垫层料。技术创新后垫层料加工工艺流程如图 4-7 所示。

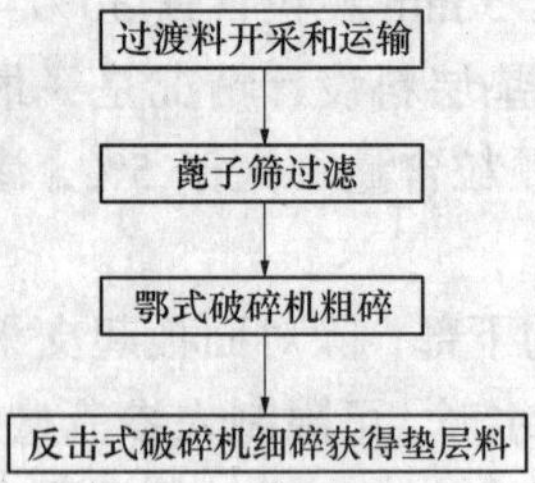

图 4-7　垫层料优化加工工艺流程图

上海远通路桥工程机械有限公司生产的 PF–1214 反击式破碎机是一种利用冲击能来破碎物料的破碎机械，当物料进入板锤作用区时，受到板锤的高速冲击而破碎，并被抛向安装在转子上方的反击装置上再次破碎，然后又从反击衬板上弹回到板锤作用区重新破碎。此过程重复进行，直到物料被破碎到所需粒度，由机器下部排出为止。调整反击架与转子架之间的间隙可达到改变物料出料粒度和物料形状的目的。该设备能处理最大进料粒度不大于 350 mm、抗压强度不超过 320 MPa 的岩石，其突出的优点是产出成品呈立方体、无张力及裂缝、粒形极好，产出料细颗粒含量高，特别适合于垫层料的生产。垫层料加工系统见图 4-8、图 4-9。

在垫层料加工生产过程中，为控制好垫层料的加工质量，应重点做好以下几个方面的工作：首先严把原材料关，确保料源的岩性、级配符合要求，这就要求在开采过程中严格按爆破设计施工，并根据岩性变化及时调整爆破参数；其次要定期和不定期地对加工出来的成品垫层料进行抽检，若发现不满足级配要求时马上停止生产，进行分析整改，通过改变料源的爆破参数和反击式破碎机的排料口间隙等措施使加工出的垫层料级配满足设计要求。

图 4-8　垫层料加工系统(一)

图 4-9　垫层料加工系统(二)

通过这种简单的破碎加工系统制备的垫层料，经级配检测证明可以达到设计要求，但在实际操作过程中也存在一些问题：其一，这种系统对料源岩性变化的适应性较差，不同的岩性加工出成品料的级配呈现上、下波动现象，加上反击锤板磨损后会加大排料口的间隙，均需要经常调整反击式破碎机的排料口间隙，给加工质量控制增加了一定的难度；其二，因垫层料的岩性要求为微弱风化花岗岩或片岩，岩石硬度大，对鄂式破碎机的鄂板，反击式破碎机的反击锤磨损较为严重，统计表明，平均每加工 1 万 m^3 垫层料就要更换一套，而每更换一套反击锤板的费用高达十多万元，成本较高。尽管这种加工方式还存在这样那样的问题，但与传统加工方式相比，仍不失为先进的加工手段，其经济效益是十分明显的，相信会有广阔的应用前景。

4.3.3 结 论

经过上述工艺加工出的垫层料取样分析，能够满足设计要求，经上坝碾压后取样，各项性能指标均满足设计要求。

通过引进采用上海远通路桥工程机械有限公司生产的PF–1214型反击式破碎机进行垫层料加工，与传统工艺比较省去了建造庞大砂石筛分系统，质量满足要求，经分析节约成本120万元，值得在其他类似工程中推广应用。

公伯峡大坝垫层料的生产，在严格保证质量的前提下，将传统制备的工序大大简化，通过大量的试验分析和严格的质量管理程序，确保了大坝填筑料的供应，为面板堆石坝垫层料的生产开辟了一条全新的道路。

4.4 结 语

公伯峡大坝工程根据现场实际情况，在坝料开采和加工方面做了有益的探索和尝试，在主堆石料生产中通过对爆破参数的优化选择，成功地使用了挤压微差爆破技术，最大限度地降低了超逊径石，减少了开采弃料，提高了开采材料的利用率；通过对爆破参数的认真研究，在料场直接爆破获得合格的过渡料，省掉了二次破碎和筛分环节，节约了工程投资；采用上海远通路桥工程机械有限公司生产的PF–1214型反击式破碎机进行垫层料加工，可直接获得合格的垫层料，省去了建造庞大砂石筛分系统，节约工程造价120万元。这一系列技术创新，对公伯峡大坝工程节约工程费用、加快施工进度起到了积极的作用，对于今后同类工程建设有一定的借鉴意义。

第 5 章　大坝体形优化

混凝土面板堆石坝和土石坝一样，也是一种当地材料坝，最常用的填筑材料是堆石和砂砾石，其中堆石材料包括硬岩堆石料和软岩堆石料两种，目前少数工程也采用了特硬岩作为筑坝材料。从国内外已经建成的面板堆石坝情况看，各个工程所采用的筑坝材料不尽相同。湖北西北口面板坝的填筑材料为灰岩、新疆乌鲁瓦提面板坝的填筑材料为砂砾石、希腊 Mangrove 面板坝的填筑材料为泥质砂岩、澳大利亚塞沙那面板坝填筑材料为石英岩。上述大坝填筑的多样性充分体现了面板堆石坝作为一种当地材料坝的特点。通过坝体的断面分区，尽可能地利用当地材料和建筑物施工的开挖料是土石坝分区的一个重要原则，对于面板坝而言，同样适用。在面板堆石坝的设计中，堆石体的材料应以充分利用坝址附近的各种材料为准则。在进行堆石体断面的分区布置时，应充分根据坝址附近各料场材料的工程性质、时空分布以及每种材料可能对面板堆石坝正常运行所产生的影响，将不同堆石材料合理地分配到坝体剖面的不同分区部位中。

公伯峡大坝在初步设计阶段已进行了较为详细的论证，对断面分区也基本上反映了当时地质勘探的实际水平。但在具体施工中，特别是在枢纽建筑物开挖过程中，发现可用于主堆石的材料偏少，工程量不能满足需要，且已经作为主堆石堆存的材料，碾压后细颗粒的含量严重超标，无法满足设计要求。基于这种情况，建设单位邀请国内著名专家成立大坝咨询专家组，对大坝设计分区进行了优化，充分利用枢纽结构开挖材料，节约了工程造价、加快了工程施工进度。通过对大坝体形进行一系列的设计优化，使大坝设计体形和坝料分区更趋于先进和合理。这些设计优化主要有：调整上游黄土铺盖和石渣压坡体的设计坡比；根据围岩出露情况调整了最大坝高；根据坝料平衡情况，对大坝坝体分区进行了三次优化，主要优化成果是在坝体内设“L”形强排水体；采用部分软岩筑坝；大坝下游护坡干砌石形式优化为浆砌菱形条带加鹅卵石护坡，使大坝下游坡面美观、耐用；在大坝上游设置反渗井等；大坝抗震设计。

5.1　最大坝高的变化(趾板建基面调高)

初步设计时，最大坝高为 127 m，当时考虑到坝址处河床较窄，且上游侧有 F_{17} 断层穿过，而技术上要求面板和趾板之间的变化应连续均衡，因此设计初步决定在河床部位修建 12 m 高的混凝土垫座，以抬高趾板建基面，达到改造趾板基础地形、改善趾板受力条件的目的。而在大坝开工初期，经进一步分析论证后认为垫座受力情况十分复杂，且补充勘探资料表明取消垫座趾板延长后仍能避开 F_{17} 断层。据此设计决定取消垫座混凝土，确定最大坝高为 139 m。

2002 年 5 ~ 7 月大坝基础开挖过程中，监理单位和施工单位根据大坝基础开挖暴露出来的岩石情况，并结合上游围堰防渗墙处岩石出露的实际情况，初步判定大坝趾板基础岩石出露情况与设计有较大出入。建设公司组织大坝专家对该问题进行了研究，决定先开挖河床段的覆盖层，待覆盖层底部岩石出露后，再根据岩石地质情况制定大坝趾板基础的开挖线。为进一步摸清该部位的地质情况，建设公司决定在该部位进行补充地质勘探，通过地质钻孔、河床覆盖层开挖、物探测试和地质鉴定等一系列检查措施，表明弱风化岩石的出露高程的确比原设计抬高。为了避免不必要的开挖，最终决定将大坝趾板基础由原设计高程 1 871.0 m 调至 1 877.8 m，基础岩石抬高了 6.8 m，相应的最大坝高由 139 m 调整到 132.2 m，最大坝高减少了 6.8 m。

趾板建基面抬高带来了可观的经济效益，经过测算减少大坝基础石方开挖 2.4 万 m^3，减少大坝回填 1.63 万 m^3，大坝帷幕灌浆和趾板混凝土工程量均比原设计有所减少，经测算减少工程投资为 124 万多元。根据测算的工程量，采用合同单价，节约费用计算如表 5-1 所示。

表 5-1　大坝基础抬高减少工程量和节省投资估算

序号	项目	工程量	单价	金额
1	开挖量	2.40 万 m^3	20.98 元/m^3	50.35 万元
2	填筑量	1.63 万 m^3	38.28 元/m^3	62.40 万元
3	帷幕灌浆	174 m	588 元/m	10.23 万元
4	混凝土量	34 m^3	375 元/m^3	1.275 万元
合计				124.255 万元

中国水电顾问有限公司于 2002 年 5 月对上述调整进行了审查，审查意见同意对趾板建基面进行调整。

面板堆石坝施工过程中，根据实际开挖揭露出来的地质条件，对趾板轴线和开挖高程进行适当调整属于常规情况，国内外都有类似工程实例。但如果地质勘探资料准确，设计到位，不进行基础面调整或不进行大的调整则是最理想的状况。另一方面还存在一个重大设计方案变更报批程序问题，趾板建基面的抬高改变了大坝的实际最大高度，即改变了设计坝高，属于重大设计方案变更，需履行报批手续，程序比较复杂，中间过程需要协调的工作量很大，无论哪一个环节出现问题，都可能影响工程进度。

5.2　坝料分区优化

5.2.1　坝体分区基本原则及分区标准

5.2.1.1　分区原则

通常情况下，面板堆石坝分区将遵循以下三个原则：

(1)坝体中应有畅通的排水通道。由上游至下游各分区填筑材料之间满足水力过渡的要求，即级配料应由细到粗，渗透系数由小到大，以便尽快降低堆石体内的浸润线，保证渗漏水能够通畅地排向下游；同时使坝轴线下游一定范围形成干燥区，为充分利用质量相对较差、渗透系数较小的填筑材料创造条件。

(2)坝轴线上游侧坝料应具有较大的变形模量，以最大限度地减小变形，避免面板及止水的破坏，且从上游到下游坝料变形模量应呈递减规律。一般说来，这种筑坝材料变形模量上的递减规律服从筑坝经济设计原则，理想的状况是，各区应当采用相同的材料，而实际情况是现场很难办到，或投资很大。应当指出，这种分区间变形模量和填筑密度差异不应过大，特别是主堆石和次堆石之间模量差别不宜太大。理论计算表明，在坝体分区断面设计中，变形特性相差过大的堆石填筑会导致混凝土面板出现拉伸裂缝。对于高面板坝，为了减少上下游方向上的不均匀沉降，主次堆石区材料的变形特性不宜差别过大，一般不宜采用软岩堆石料填筑次堆石区，如工程确实需要软岩填筑，需要做专门论证。

(3)根据可得的当地材料数量来确定坝体材料分区，以尽可能多地利用枢纽工程开挖料，必要时，可以采用部分软岩筑坝，合理布置爆破开挖堆石料和天然砂砾石，达到节约工程造价的目的。

5.2.1.2 分区标准

在现代面板堆石坝的设计中，坝体断面的材料分区已基本趋于标准化。常规的面板坝坝体分区如图 5-1 所示，其中：

(1)1 区：位于面板底部，主要作用是封堵面板底部任何可能的裂缝以及周边缝的张开，可以起到辅助防水的作用。

(2)2B 区：紧靠周边缝的下游侧，其主要功能是对面板上游面铺设的细颗粒起反滤作用。

(3)2A 区：是面板的垫层区，为混凝土面板提供均匀的支撑，同时，它还应具有较低的渗透性，以控制坝体的渗流。

(4)3A 区：为垫层区和主堆石之间的过渡区。

(5)3B 区：是坝体的主堆石区，它包含了坝体上游的大部分堆石，由于它是支撑面板的主体，因此一般采用相对较好的堆石。

(6)3C 区：坝体下游堆石区，位于坝体下游的外侧。这部分堆石对压实的要求相对较低，但一般要求具有较好的排水性能。

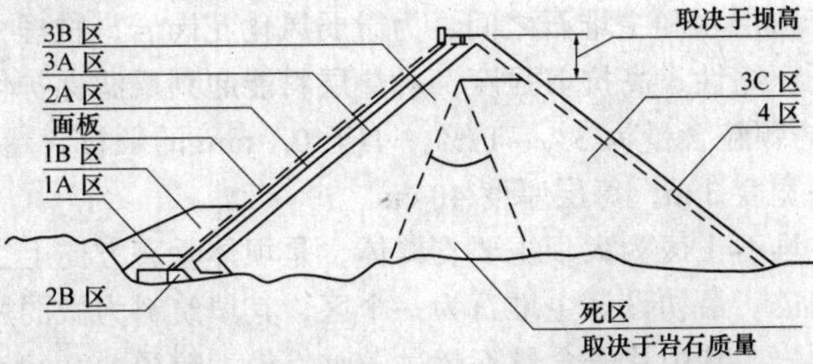

1A 区无黏性土
1B 区任意料
2B 区加工处理的材料 (d_{max}=20 mm)
2A 区加工处理的材料 (d_{max}=75~100 mm)
3A 区经选择的小颗粒堆石，铺层厚与 2 区相同
3B 区取自石料场的堆石
3C 区取自石料场的堆石
4 区下游堆石

图 5-1 混凝土面板堆石坝筑坝材料分区标准示意图

5.2.2 大坝原设计形体

根据前述坝体分区原则，结合公伯峡地质勘探情况，设计将公伯峡大坝坝体从上游向下游依此划分为：黄土铺盖(1A)和石渣盖重区(1B)、混凝土面板、垫层区(2A)和垫层小区(2B)、过渡料区(3A)、主堆石3BⅠ区、主堆石3BⅡ区、次堆石3C区。

在初步设计阶段，西北勘测设计研究院和南京水利科学研究院对坝体材料进行了一系列试验，试验包括：相对密度试验、三轴剪切试验、大型压缩试验、渗透及渗透变形试验、动剪切模量与动阻尼比试验和动残余变形试验等。试验表明，各种填筑材料风干时抗剪强度和压缩模量较高，但沉降变形较大，饱和后其指标有所下降。

力学计算表明，上游主堆石料区为水压力的主要承载区，为避免面板产生较大的变形而发生结构性裂缝，要求其具有较高的压缩模量及良好的透水性，筑坝石料应有较高的干、湿抗压强度，在面板浇筑后，使水库蓄水坝体的变形增量也不大。基于上述分析，设计确定各分区如下：

(1)上游黄土铺盖(1A)为粉质壤土。原设计在1 940 m高程以下，顶部宽度为5 m，坡度为 1∶1.65。后为便于施工进行了优化，将顶部宽度和坡度进行了调整。黄土铺盖的功能是一旦面板出现了裂缝(或周边缝或垂直缝)发生渗漏现象，粉质壤土颗粒将进入渗漏通道，逐渐将渗漏通道封堵，面板缺陷将自愈。

(2)上游任意料铺盖(1B)。设计在上游黄土铺盖上游侧设置任意料铺盖区，任意料区所用材料为结构开挖料或料场开挖材料，相对于大坝填筑材料其材质要求可适当放宽。任意料铺盖是对黄土铺盖起保护作用，保护黄土铺盖免受水流冲刷。

(3)垫层料(2A)。垫层料的作用是为混凝土面板提供均衡可靠的支撑，避免在面板与堆石体之间出现空隙；同时也是坝体的第二道防渗线，面板出现裂缝时起到渗流控制作用，客观上要求垫层料具有半透水性且对粉质壤土起反滤作用；施工中不易分离，便于平整坡面，使面板受力均匀；在度汛过程中，对未完成的大坝进行保护，同时提供面板混凝土施工时的工作面。根据上述原则，设计要求垫层料由微弱风化花岗岩和片麻岩加工而成，最大粒径100 mm，小于5 mm的颗粒含量为35%~45%，小于0.1 mm的颗粒含量为 4%~7%，渗透系数为 10^{-3}~10^{-2} cm/s。根据水力渗透计算，兼顾施工需要，垫层料设计水平宽度3 m，每层厚度为40 cm。

(4)过渡料(3A)。位于垫层料和主堆石之间，为微弱风化花岗岩，物理力学指标要求与垫层料相近，即具有低压缩性、高抗剪强度，对垫层料能起到反滤保护作用。最大粒径300 mm，小于5 mm的颗粒含量为3%~17%，小于0.1 mm的颗粒含量小于7%，渗透系数为10^{-3} cm/s。水平宽度3 m，每层厚度40 cm。

(5)主堆石(3BⅠ)。主堆石Ⅰ区为大坝主要支撑体，是坝体垂直方向上主要的排水通道，渗透系数 $K \geqslant 10^{-1}$ cm/s。最初设计主堆石为一个区，其填筑料为微弱风化及强风化下限花岗岩和微弱风化片岩，其中片岩含量不超过30%。最大粒径800 mm，小于5 mm的颗粒含量小于8%，小于0.1 mm颗粒含量小于5%。

(6)主堆石Ⅱ(3BⅡ)区。3BⅡ区是大坝主要支撑的一部分，位于坝体中部干燥部位，材料为砂砾石。设计最大粒径450 mm，小于5 mm的颗粒含量为15%~40%，小于0.1 mm

的颗粒含量小于 7%。设计相对密度为 0.8。

(7)次堆石(3C)。位于坝体下游干燥部位，为强风化花岗岩和弱风化片岩。设计小于 5 mm 的颗粒含量小于 35%,小于 0.1 mm 的颗粒含量小于 8%。

(8)垫层小区(2B)。位于面板周边缝下游侧，该部位狭窄，施工难度大，不利于机械设备碾压，多采用人工夯实或平板振动器进行碾压。材料为微弱风化花岗岩和片岩，以垫层料为基础加工而成。每层厚度为 20 cm，最大粒径 40 mm，小于 5 mm 的含量小于 7%。垫层小区设置的目的是，一旦周边缝止水产生破坏，可以利用垫层小区料半透水性且对粉质壤土起反滤作用，使渗漏通道自动弥合。

5.2.3 大坝体形设计优化，增设“L”形排水体

由于地质原因，设计中枢纽工程开挖料不能满足大坝填筑的需要，另一方面由于施工导流形式和大坝填筑程序也发生了变化。经专家论证，前后进行了三次大的设计体形优化工作。

5.2.3.1 招标阶段原设计图

招标阶段原设计图见大坝标准断面图 5-2。该设计断面有四个特点：其一是设有临时度汛断面，顶部高程为 1 956 m，下游边坡为 1∶1.4，填筑材料全部为 3BⅠ；其二是初步确定了 3BⅡ料的坡度，上游坡度为 1∶0.55，下游坡度为 1∶0.521；其三是在 3BⅡ料底部设置 3 m 厚的 3A 料过渡层，其分界线高程为 1 909 m；最后 3BⅡ料与 3C 的水平分界线为 1 934 m 高程。

5.2.3.2 第一次坝料分区设计优化

由于公伯峡水电站地质条件复杂，岩性变化频繁，表现在弱、强、全风化互层、花岗岩、片岩、片麻岩互层，造成大型设备无法从开挖料中取出合格的料。实际储量与设计存在较大差异，主要是弱风化花岗岩和砂砾石缺口大。设计提出的枢纽建筑物开挖料利用系数过于理想，实际操作中很难达到。

2001 年 12 月，中国水电建设监理协会组织专家组到公伯峡水电站工地就大坝体形优化等技术问题进行咨询。专家组根据公伯峡坝料堆存情况，提出了优化的原则，即最大限度地增加 3C 区料的可用量，以减少 3BⅠ区和 3BⅡ区的使用量，将枢纽工程中开挖的部分 3BⅠ料作为 3C 料使用。另外，原设计大坝面板浇筑分阶段进行，首期大坝需设临时断面，填筑到 1 956 m 高程。后由于施工方案改变，导流围堰加高及面板一次性施工到顶，无需再设置临时断面，大坝可以均衡上升。综合上述两种因素，设计进行了第一次优化工作，优化结果见大坝标准断面图 5-3。该断面图的特点是：不设临时度汛断面；3BⅡ区上游边坡从 1∶0.5 调整为 1∶0.8；3C 料区底部不再设置 3BⅡ料，3C 料的底部高程由原来的 1 934 m 调整为 1 927 m；3BⅡ底部高程由 1 909 m 提高到 1 930 m。

5.2.3.3 第二次坝料分区设计优化

2002 年 4 月，中国水电建设监理协会组织专家组到公伯峡水电站，就截流后大坝填筑前的几项技术问题进行咨询。

为准确掌握主堆石堆存料的特性，监理单位组织建设公司试验中心和施工单位试验室在开关站主堆石料场进行碾压试验和级配筛分试验，开关站堆存的坝料为枢纽结构开

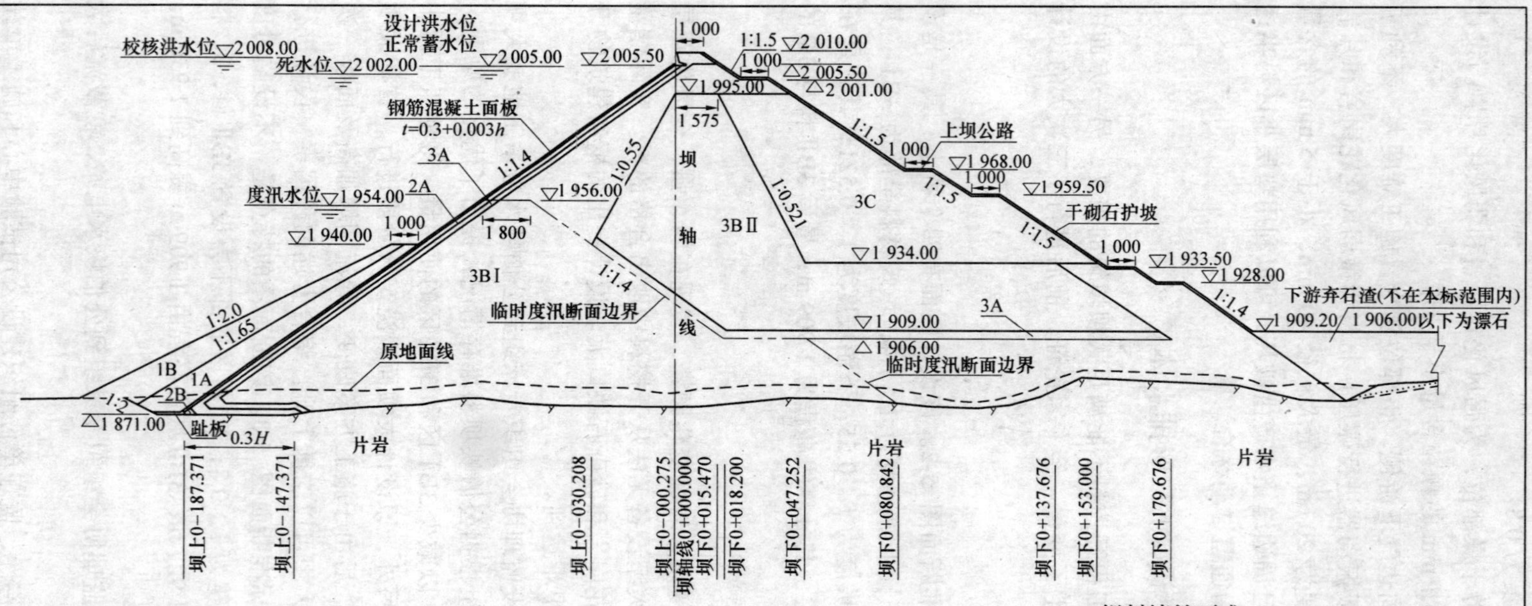

说明：

1.图中高程、桩号以米计，其余尺寸均以厘米计。

2.坝料填筑或砌筑的其他要求详见《混凝土面板堆石坝施工规范》(DL/T 5128—2001)及标书GBX—CⅡ。

3.坝料填筑的最终要求待以后根据碾压试验结果确定。

坝料填筑要求

项目	单位	垫层区(2A)	过渡区(3A)	主堆石区(3BⅠ)	主堆石区(3BⅡ)	次堆石区(3C)	垫层小区(2B)
填筑材料		微、弱风化花岗岩	微、弱风化花岗岩	微、弱风化花岗岩和云母片岩	砂砾石	强风化花岗岩、弱风化片岩	微、弱风化花岗岩和片麻岩
相对密度		2.65	2.65	2.69	2.70	2.73	2.65
孔隙率	%	≤16	≤18	≤20	≥0.80(相对密度)	≤20	≤17
最大粒径	mm	100	300	800	600	800	40
碾压层厚	cm	40	40	80	80	80	20

备注：1.主堆石区(3BⅠ)中云母片岩含量不超过30%。
2.次堆石区中云母片岩含量不超过70%。
3.次堆石区料要求级配连续，小于5 mm的颗粒含量不大于35%，小于0.1 mm的颗粒含量不大于8%。

图 5-2　大坝标准剖面(河床断面，2000 年 6 月)

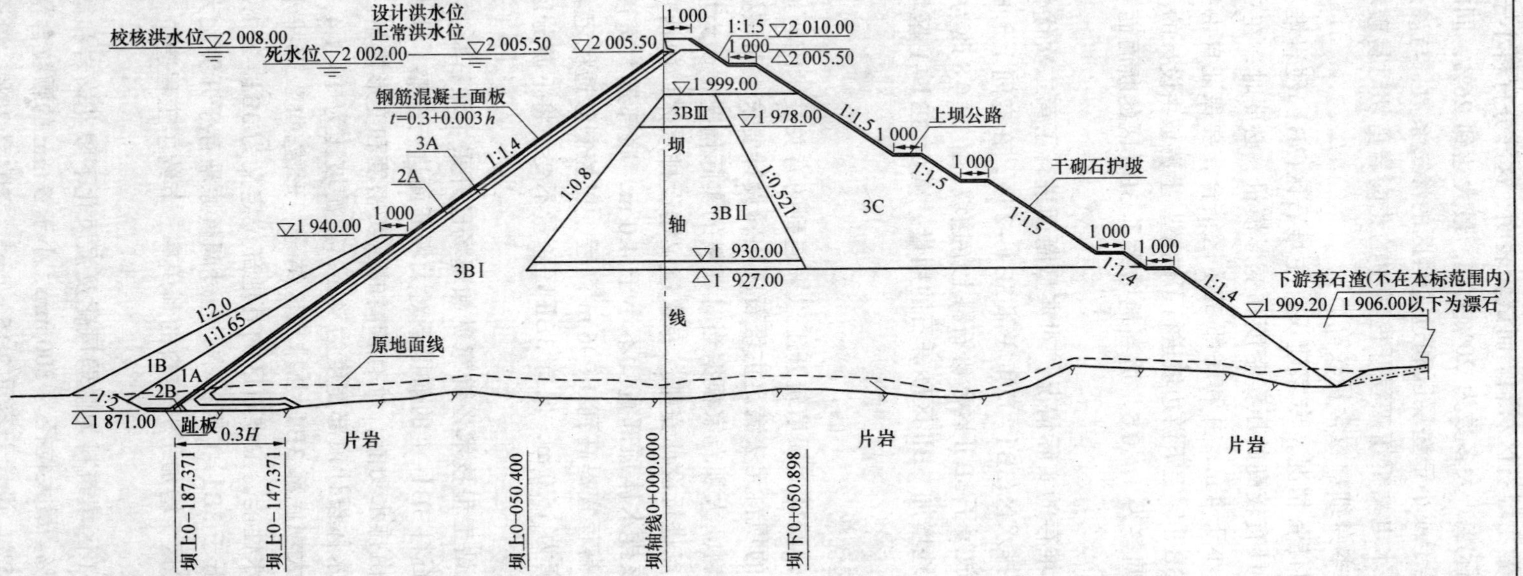

说明：

1.图中高程、桩号以米计，其余尺寸均以厘米计。

2.坝料填筑或砌筑的其他要求详见《混凝土面板堆石坝施工规范》(DL/ T5128—2001)及标书GBX—CⅡ。

3.坝料填筑的最终要求待以后根据碾压试验结果确定。

坝料填筑要求

项目	单位	垫层区(2A)	过渡区(3A)	主堆石区(3BⅠ)	主堆石区(3BⅡ)	次堆石区(3C)	垫层小区(2B)
填筑材料		微、弱风化花岗岩	微、弱风化花岗岩	微、弱风化花岗岩和云母片岩	砂砾石	强风化花岗岩、弱风化片岩	微、弱风化花岗岩和片麻岩
相对密度		2.65	2.65	2.69	2.70	2.73	2.65
孔隙率	%	≤16	≤18	≤20	≥0.80(相对密度)	≤20	≤17
最大粒径	mm	100	300	800	600	800	40
碾压层厚	cm	40	40	80	80	80	20

备注：1.主堆石区(3BⅠ)中云母片岩含量不超过30%。
2.次堆石区中云母片岩含量不超过70%。
3.次堆石区料要求级配连续，小于5 mm的颗粒含量不大于35%，小于0.1 mm的颗粒含量不大于8%。

图 5-3　大坝标准剖面(河床断面，2001 年 12 月)

挖材料中品质较好的石料，准备用做主堆石区材料。而试验表明，这部分材料小于 5 mm 的颗粒含量远大于设计要求的 8%标准，大多数为 20%左右，最大达到 26%，同时渗透系数 K 小于设计值 10^{-1} cm/s，且等于或小于垫层区和过渡料区的渗透系数，与渗透过渡要求不符。其原因一方面是公伯峡水电站枢纽工程开挖料中的花岗岩剪切时易破坏，碾压时易碎，另一方面是开挖材料中本身细颗粒含量较高。

根据碾压试验结果和当时坝料储备情况，专家建议：主堆石区(3BⅠ)硬岩堆石料压实后必须满足自由排水条件，并且具有较高的压实密度和变形模量，必要时，在 3BⅠ区上游部分设斜向排水区，其厚度不小于 4 m，并和底部 3BⅠ区结合，要保证自由排水性能；根据国内外建筑工程实例，对 3BⅡ区上下游边坡进行了调整，上游坡由设计的 1：0.8 调整为 1：1，下游坡从 1：0.521 调整为 1：0.5，适当地增大了 3BⅡ区的断面面积，有利于坝体稳定变形。

设计单位根据专家意见和坝料堆存的实际情况，对典型断面进行了第二次优化，具体情况是：在过渡料下游侧设斜向排水区(3BⅠ–1)和底部 3BⅠ–2 区，在空间上形成“L”形排水通道，保证了坝体自由排水；放缓了 3BⅡ区砂砾石料上游边坡，由 1：0.8 改为 1：1，增加了砂砾石的用量；尽最大限度地增加 3BⅡ区砂砾石的用量，减少 3BⅠ–1 区坝料的用量。优化后的设计断面见图 5-4。

5.2.3.4 第三次大坝体形和坝料分区优化

2002 年 9 月大坝咨询专家到公伯峡就大坝填筑开工以来遇到的有关技术问题进行了咨询。由于从溢洪道标泄槽段开挖的坝料无法满足主堆石区坝料设计要求，而该处坝料为枢纽建筑物开挖取得的最好的材料。大坝专家根据当时坝料的实际情况，认为坝体分区应考虑以部分软岩填筑高坝的特点进行设计安排。专家建议增设排水体，包括竖向及底部水平向排水区，并明确提出该排水体顶部宽度不小于 4.0 m，底部最大宽度可为 12.0 m 左右，底部水平排水体顶部高程宜提高到 1 906 m 高程，以控制渗透稳定。3BⅡ区顶高程可降低 5.0 m，顶宽可缩窄为 15.0 m，保持 3BⅡ区总量不变，将下游分区边坡线放缓。

设计院根据第五次公伯峡水电站工程技术咨询意见和现场已开采主堆石料 3BⅠ–1 的实际情况，决定在重新开采主堆石料 3BⅠ–1 的前提下对大坝断面进行调整。排水体必须完全满足设计要求，必须具备自由排水功能，且有较高的压实密度和变形模量。从水力计算和施工需要出发，该斜向排水体设计顶部宽度为 4 m，上游坡比为 1：1.4，下游坡比为 1：1.3。这一斜向排水体与大坝底部 3BⅠ–2 排水区结合，形成“L”形排水体，以控制渗透稳定，保证坝体自由排水性能。主堆石区的其他部位定义为 3BⅠ–2，设计对其各种技术参数进行了调整，要求低于 3BⅠ–1 区标准，经过调整原堆存于开关站大部分不适于主堆石的坝料使用在 3BⅠ–2 区，增加了开挖料的利用率，节约了工程造价。优化后的设计标准断面见图 5-5。

两区的具体技术要求为：3BⅠ–1 区填筑料为微弱风化及强风化下限花岗岩和微弱风化片岩，其中片岩的含量不超过 30%。最大粒径为 800 mm，小于 5 mm 的颗粒含量小于 8%，小于 0.1 mm 的颗粒含量小于 5%。设计干容重 2.15 g/cm^3，空隙率 20%，渗透系数大于 10^{-1} cm/s。3BⅠ–2 区利用枢纽开挖的微弱风化及强风化下部花岗岩和微弱风化片

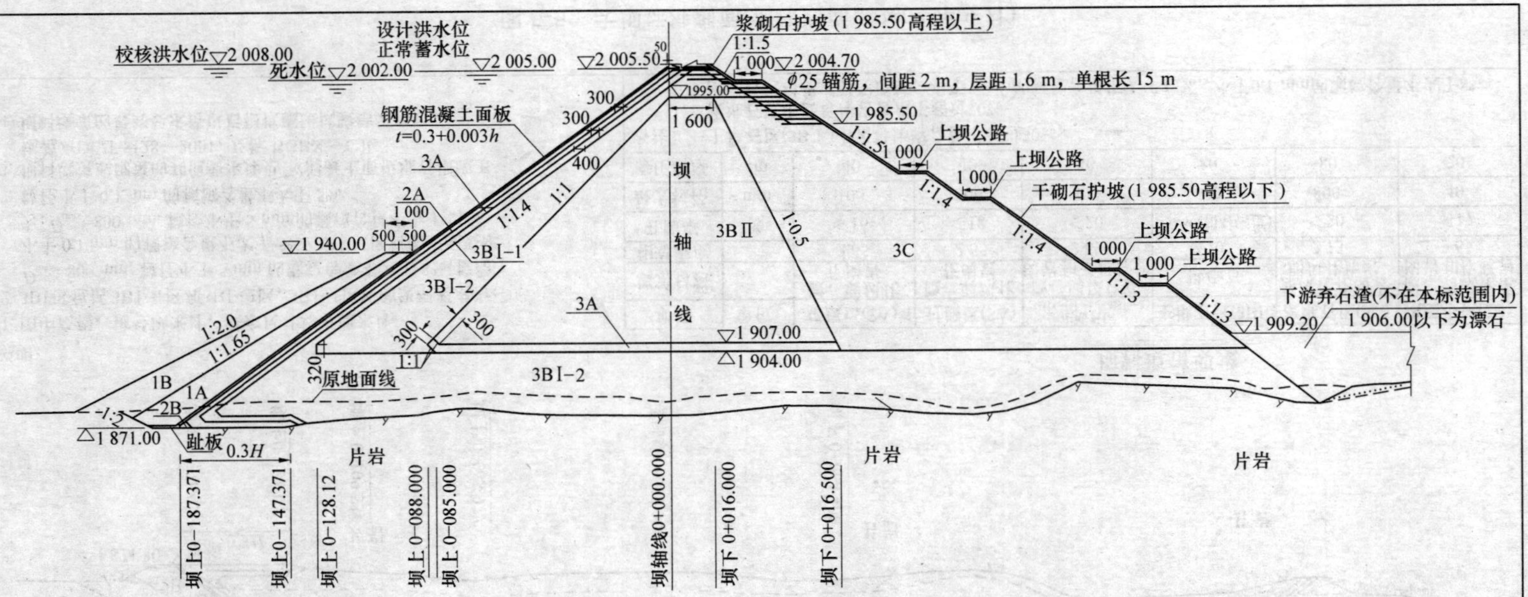

说明：

1. 图中高程、桩号以米计，其余尺寸均以厘米计。
2. 3BⅠ区包括 3BⅠ−1区和3BⅠ−2区，3BⅠ−1区料的级配要求为：D_{max}=800 mm，粒径小于 5 mm 的颗粒含量不大于 8%，粒径小于 0.1 mm 的颗粒含量不大于 5%。3BⅠ−2区料的级配要求为：D_{max}=800 mm，粒径小于 5 mm 的颗粒含量不大于 20%，粒径小于 0.1 mm 的颗粒含量不大于 5%。
3. 坝料填筑或砌筑的其他要求详见《混凝土面板堆石坝施工规范》(DL/T 5128—2001) 及标书GBX—CⅡ。
4. 坝料填筑的最终要求待以后根据碾压试验结果确定。

坝料填筑要求

项目	单位	垫层区(2A)	过渡区(3A)	主堆石区 3BⅠ(3BⅠ−1、3BⅠ−2)	主堆石区(3BⅡ)	次堆石区(3C)	垫层小区(2B)
填筑材料		微、弱风化花岗岩	微、弱风化花岗岩	微、弱风化花岗岩和云母片岩	砂砾石	强风化花岗岩、弱风化片岩	微、弱风化花岗岩和片麻岩
相对密度		2.65	2.65	2.69	2.70	2.73	2.65
孔隙率	%	≤16	≤18	≤20	≥0.80(相对密度)	≤20	≤17
最大粒径	mm	100	300	800	600	800	40
碾压层厚	cm	40	40	80	80	80	20

备注：1. 主堆石区(3BⅠ)中云母片岩含量不超过30%。
2. 次堆石区中云母片岩含量不超过70%。
3. 次堆石区料要求级配连续，小于5 mm的颗粒含量不大于35%，小于0.1 mm的颗粒含量不大于8%。

图 5-4　大坝标准剖面(河床断面，2002 年 6 月)

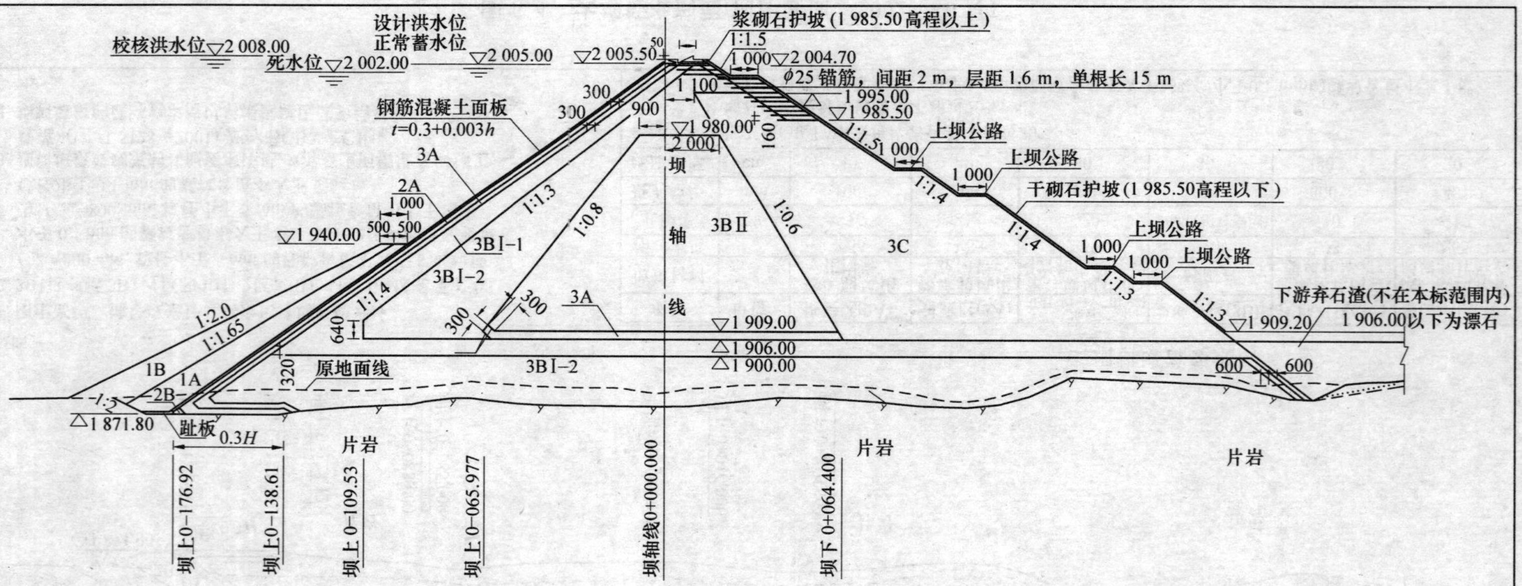

说明：

1. 图中高程、桩号以米计，其余尺寸均以厘米计。
2. 3BⅠ区包括 3BⅠ-1区和3BⅠ-2区，3BⅠ-1区料的级配要求为：D_{max}=800 mm，粒径小于 5 mm 的颗粒含量不大于 8%，粒径小于 0.1 mm 的颗粒含量不大于 5%。3BⅠ-2区料的级配要求为：D_{max}=800 mm，粒径小于 5 mm 的颗粒含量不大于 20%，粒径小于 0.1 mm 的颗粒含量不大于 5%。
3. 坝料填筑或砌筑的其他要求详见《混凝土面板堆石坝施工规范》(DL/T 5128—2001) 及标书GBX—CⅡ。
4. 坝料填筑的最终要求待以后根据碾压试验结果确定。

坝料填筑要求

项目	单位	垫层区(2A)	过渡区(3A)	主堆石区 3BⅠ(3BⅠ-1、3BⅠ-2)	主堆石区(3BⅡ)	次堆石区(3C)	垫层小区(2B)
填筑材料		微、弱风化花岗岩	微、弱风化花岗岩	微、弱风化花岗岩和云母片岩	砂砾石	强风化花岗岩、弱风化片岩	微、弱风化花岗岩和片麻岩
相对密度		2.65	2.65	2.69	2.70	2.73	2.65
孔隙率	%	≤16	≤18	≤20	≥0.80(相对密度)	≤20	≤17
最大粒径	mm	100	300	800	600	800	40
碾压层厚	cm	40	40	80	80	80	20

备注：1. 主堆石区(3BⅠ)中云母片岩含量不超过30%。
2. 次堆石区中云母片岩含量不超过70%。
3. 次堆石区料要求级配连续，小于5 mm的颗粒含量不大于35%，小于0.1 mm的颗粒含量不大于8%。

图 5-5　大坝标准剖面(河床断面，2002 年 9 月)

岩，其中片岩含量不超过 30%。最大粒径为 800 mm，小于 5 mm 的颗粒含量小于 20%，小于 0.1 mm 的颗粒含量小于 5%。设计干容重 2.15 g/cm^3，空隙率 20%。

每次优化设计，各区工程量和总工程量均发生了变化，经过多次优化设计，最终优化设计和招标阶段工程量对比如表 5-2 所示。经过优化设计后大坝填筑总工程量比招标阶段减少了 25 万 m^3，并最大限度地使用了枢纽建筑物开挖料，减少了在药水沟开挖的工程量，降低了工程造价。

表 5-2　大坝体形优化前后工程量对比　　（单位：万 m^3）

阶　段	垫层料 2A	小区料 2B	过渡料 3A	主堆料			次堆石 3C
				3BⅠ–1	3BⅠ–2	3BⅡ	
招标设计	12.75	0.22	26.21	194.31		109.13	128.58
优化设计	11.84	0.45	30.58	55.74	87.15	108.28	152.56

5.2.4　结　论

面板堆石坝仍属于当地材料坝的范畴，当地材料坝一个明显的特点是充分利用当地材料。要求坝体分区在充分考虑地质条件及开挖料质量的同时，最大限度地利用枢纽工程的开挖料。

公伯峡大坝坝趾地质条件复杂，岩性变化规律性差，主体工程开挖后，实际可利用上坝料数量质量均有很大变化，特别是花岗岩石块颗粒较粗，碾压时易破碎，碾压后小于 5 mm 的颗粒含量很难达到设计要求。为此，建设各方经过认真分析研究，并邀请国内知名专家进行技术论证，对坝体的断面和坝体分区进行了三次比较大的设计优化，达到了充分利用枢纽开挖量和节约工程投资的目的。公伯峡坝料分区优化的实际情况表明，应加大前期地质勘探工作的力度，争取在施工招标前，获得相对准确的地质资料，为设计工作提供准确的信息。

5.3　上游黄土铺盖和石渣压坡体体形优化

原设计上游黄土铺盖(1A 区)顶宽为 5 m，坡度为 1∶1.65；石渣压坡体(1B 区)顶宽为 5 m，坡度为 1∶2。大坝咨询专家认为黄土铺盖的设计过于保守，建议对黄土铺盖设计形体进行调整。根据专家的建议，为了施工方便，加快坝前铺盖的施工进度，结合其他类似工程的实践经验，设计对大坝上游铺盖和石渣压坡体设计厚度和坡度进行了优化。具体优化方案是：黄土铺盖(1A 区)顶宽由 5 m 改为 3 m，坡比由 1∶1.65 调整为 1∶1.405；石渣压坡体(1B 区)顶宽由 5 m 变更为 3 m，坡比由 1∶2 变为 1∶2.5。优化后的 1A 区填筑量由 11.39 万 m^3 减少为 3.77 万 m^3，1B 区填筑量由 11.48 万 m^3 调整为 19.1 万 m^3。虽然两种材料的填筑总量基本不变，但体形优化后大大减少了 1A 区填筑工程量，由于 1A 紧靠面板，对面板这一薄板结构影响较大，施工非常困难，为防止施工过程中对面板的破坏，对施工工艺和施工设备要求都很高。经过设计优化既方便了施工，又加快了进度，为大坝标提前具备下闸蓄水创造了条件。最终调整后的大坝断面图见大坝标准断面图 1-2。

1A 料为粉质黄土，其性质为松散材料而非黏性材料，其防渗原理是：当周边缝、垂直缝甚至面板出现细小裂缝时，粒径较小的黄土颗粒进入渗漏通道，与垫层料的反滤功能联合发挥作用，逐渐堵塞渗漏通道，最终达到裂缝自愈的目的。根据这一思路，黄土铺盖材料应处在松散自由状态或适当压实状态，才能更好地发挥其防渗作用，而密实度提高反而不利于其发挥防渗作用。河南盘石头面板堆石坝施工中就采用了这一技术。在借鉴国内类似工程经验的基础上，根据专家的建议，设计适当放宽了 1A 料填筑的压实度标准。黄土铺盖填筑的顶部高程为 1 940 m。

公伯峡面板堆石坝坝址处河谷断面两岸极不对称，左岸为一阶梯状缓坡地形，右岸为高陡边坡，这种地形特征会对大坝的安全运行产生不利的影响。河谷形状会对面板堆石坝受力情况产生影响，主要表现在两岸边坡对坝体和面板的约束作用。理论研究表明，在坝高和坝体材料确定的情况下，狭窄河谷中坝体和面板的位移值明显小于宽河谷的情况，而面板的应力值在狭窄河谷情况下较大。不对称河谷情况，坝体和面板的位移呈不对称分布，缓坡侧坝体的位移有向陡坡侧运动的趋势；陡坡侧位移变化梯度较大，而缓坡侧位移变化梯度较小。陡坡处面板应力变化的梯度相对较大。设计单位委托有关科研院所对面板受力情况进行了模拟计算，计算分析认为面板的大部分区域是压应力区，仅在坝顶部位和右岸边坡出现了拉应力区，并通过模拟计算得到周边缝蓄水期最大张开 18.6 mm，沉降 24.1 mm，剪切位移 17.7 mm。

基于这种情况，大坝专家组曾建议靠近右岸适当加高黄土铺盖的填筑高度。客观地讲，这一建议理由非常充分，但设计认为已经在周边缝止水设计中考虑了这一问题，周边缝设计标准为张开 20 mm，沉降 40 mm，剪切 40 mm；同时考虑到与周围建筑物的协调关系，因左岸泄洪洞进水口底板高程为 1 940 m，即使在右岸加高铺盖填筑，在长期水库运行过程中，超过泄洪洞底板以上的黄土也不可能长期存在；另外根据建设期大坝实际沉降数据和沉降规律，结合大坝填筑期间应力应变反馈计算，设计认为周边缝止水措施已经完全满足工程需要，而没有必要采取上述进一步的措施。基于上述认识，实际施工中并未对右岸黄土铺盖进行加高。根据下闸蓄水后大坝渗漏情况和观测资料分析，右岸高陡边坡处周边缝的位移在设计范围内，而大坝渗漏量也很小。在实际运行过程中，观测成果显示右岸高陡边坡处面板与高趾墙之间的接缝缝隙加大，局部相对位移达到或稍微超出设计范围，但仍在铜止水的控制范围内，坝后量水堰未有异常变化。

5.4 砂砾石材料筑坝

5.4.1 砂砾石筑坝技术的理论研究和工程实践

5.4.1.1 砂砾石筑坝技术的理论研究

砂砾石材料属于硬质颗粒的散粒体材料，是目前面板堆石坝经常采用的筑坝材料，其工程特性与堆石材料有着很多共性，但是，由于其颗粒形状和级配上的特点，也表现出一些独特的性质。从砂砾石材料的级配上看，其级配为天然级配，由于颗粒的磨圆度高，因而不易产生由于颗粒破碎而引起的级配变化。由于砂砾石材料的级配特性还与其地质成因有着密切的关系，在某些情况下，其级配也会呈现较大的离散性。另外，对于天然沉积的砂砾石，其级配通常呈现不连续分布，甚至会出现级配的间断。从砂砾石材料的压缩变形特性看，由于其天然级配的特点，其压缩性相对较低，压缩变形模量较高，而且浸水后的附加变形量也不大。从砂砾石材料的强度特性看，由于其颗粒的磨圆度较高，颗粒易于滚动，因此在低应力条件下，砂砾石材料的强度要小于堆石材料，但在高应力条件下，由于其颗粒的起始破碎压力较高，因而强度增量减小的速率相对较小。基于上述原因，在砂砾石材料分区布置上，需要采取一些工程措施：

(1)由于砂砾石属于冲蚀材料，在渗透水流作用下会产生渗透破坏，因此要在坝体断面的设计上设置可靠的渗流控制措施。一般是在垫层料下游设置强排水区，并经坝基排向下游，强排水区材料可以是硬岩堆石，也可以是砂砾石。如果下游堆石区体积较大，也可将砂砾石与下游堆石区之间设置过渡区，将下游堆石体视为排水体。

(2)选择垫层料时，首先要考虑其作为“第二道防渗线”的作用，渗透系数控制在 10^{-3} ~ 10^{-4} cm/s 之间，以便在漏水时限制入渗量，并在进入过渡区后能够顺利排出。

(3)因砂砾石是圆形的，易于滚动，抗剪强度低，在低应力条件下强度小于堆石。因此，理论上要求砂砾石断面放缓，同时还需要设置下游护坡。

5.4.1.2 砂砾石筑坝的工程实践

总结当前的工程实践，砂砾石面板坝的设计主要有以下三种形式：

(1)坝体全断面采用砂砾石材料。在这种情况下，一般要求在坝体断面中设置烟囱式排水区，以保证通过坝体的渗流能够顺利地通过排水区排向下游。国内采用这种形式设计的砂砾石面板坝有柯柯亚大坝和沟后大坝。

(2)在坝体的中部设置砂砾石区，而在该区域的上下游侧和底部均为堆石区，也就是利用堆石材料把砂砾石包裹起来。这样布置的目的非常明确，利用砂砾石具有较高压缩模量的特点，控制坝体的总变形量，从而达到控制面板变形的目的。坝体上下游两侧的堆石材料，因其在低应力条件下具有较高的抗剪强度，因此可以采用相对较陡的边坡，进而可以有效地减少坝体的总填筑量。另外，由于堆石区具有良好的排水性，可以充分保证坝体排水的通畅。珊溪面板坝和古洞口面板坝均采用了这种布置方式。

(3)在坝体上游区使用砂砾石，而在下游区采用通常的堆石材料。这样布置的目的是利用砂砾石材料较高的压缩变形模量，来控制面板的变形，同时利用堆石料在较低应力条件下具有较高强度的特点，从而可以得到较陡的下游边坡，以达到减少大坝填筑工程量、节约投资的目的。需要说明的是，在高坝情况下，要注意控制下游区堆石与上游砂砾石区的压缩模量差，如果两者之间模量差异较大，在大坝运行过程中将会产生不均匀沉降，这些沉降对面板的安全不利。在这种断面布置情况下，上游砂砾石区是否设置烟囱式排水需根据具体情况而定。国内乌鲁瓦提和黑泉面板坝均采用了这种断面布置方式。

对于砂砾石面板坝，上述三种坝体分区布置形式均可采用，在实际施工中应根据料源的时间空间分布情况，和其他工程地质条件综合考虑。对于砂砾石面板堆石坝，其断面分区的布置可以多种多样，但最重要的问题是坝体渗流控制，坝体内必须设置有效的渗流通道。鉴于其有独特的价值，国内很多工程采用了砂砾石面板坝，部分已建成砂砾石面板坝技术参数如表 5-3 所示。

表 5-3　部分已建成砂砾石面板坝技术参数

坝名	地点	坝高(m)	坝长(m)	体积(万 m^3)	坝料岩性
乌鲁瓦提	新疆和田	138	486	6.8	砂砾石/石英片岩
黑泉	青海大通	123.5	433	5.5	砂砾石/花岗片麻岩
卡浪古尔	新疆塔城	61.5	565	1.2	砂砾石/安山岩
柯柯亚	新疆鄯善	41.5	120	0.44	砂砾石
沟后	青海共和	70	260	0.89	砂砾石
小干沟	青海格尔木	55	104	0.24	砂砾石
珊溪	浙江文成	130.8	418	5	流文岩/砂岩/砂砾石
古洞口	湖北兴山	120	194	1.9	砂砾石/灰岩

5.4.2　砂砾石筑坝技术在公伯峡工程中的应用

原设计公伯峡枢纽工程建筑物开挖过程中产生的砂砾石材料作为筑坝材料，并在坝址附近就近规划了两个料场堆放砂砾石，分别是石头沟料场和右桥头料场。由于场地的限制，大部分砂砾石堆存在石头沟料场，少部分堆放在右桥头料场。实际开挖中发现原计划作为筑坝材料的砂砾石数量不足，且部分砾石材料含泥量偏高，且含泥量集中程度过高，材料中泥团较多，无法使用，部分弃置到古什群渣场。为满足大坝填筑的需要，经设计分析论证，决定在水车村(水车材料场为生产混凝土骨料场地)开辟新的料场，开采砂砾石直接上坝。设计优化前后，砂砾石区的工程量基本保持不变。

考虑到堆石料与天然砂砾石相比有较大的抗剪强度、良好的透水性和抗冲蚀性，因此布置在上游侧。开挖爆破堆石料与天然砂砾石压缩模量差别很大，一般认为砂砾石的压缩模量是堆石料的 3 ~ 10 倍，因此堆石料与砂砾石的分界线客观上需要有较大的坡度。一般认为坡度应在 1∶0.5 ~ 1∶1 之间，本工程初选上游坡度为 1∶0.55、下游坡度为 1∶0.521，后由于料源问题该坡比发生了几次变化，最终确定上游坡比为 1∶0.8、下游坡比为 1∶0.6。鉴于砂砾石抗冲蚀能力较差，后期在设计优化过程中，在其底部设过渡料层防止砂砾石冲蚀破坏，采用“包裹式”布置，将天然砂砾石置于坝体中部(干燥区)。

5.5　软岩筑坝

早期面板堆石坝都是采用硬岩填筑的，由于 Cooke 等人的不断努力，软岩筑坝技术逐渐发展起来。软岩筑坝最早用于澳大利亚南部的小型面板坝，袋鼠溪坝就是一个成功利用软岩建坝的例子。在澳大利亚取得成功经验之后，软岩堆石被应用到红树溪面板坝。

该坝初期设计坝高为 80 m，后加高了 25 m，坝料采用当地低强度砂岩和粉砂岩。

5.5.1 软岩筑坝技术的理论研究与工程实践

什么是软岩？怎么定义软岩堆石材料？工程界一般认为单轴饱和抗压强度小于 30 MPa 的岩石为软岩；抗压强度大于 30 MPa 而小于 80 MPa 的岩石为中硬岩；抗压强度大于 80 MPa 的为特硬岩。

对于面板堆石坝断面分区的优化布置，主要任务是主、次堆石区范围的确定，而其中最具有意义的是软岩堆石的利用。以往为减少面板坝堆石体的变形，筑坝材料通常选用坚硬的岩石。而目前随着工程经验的积累和对面板坝变形特性认识的不断深入，筑坝材料的范围不断放宽，一些相对软弱的堆石材料也可以通过适当的分区布置而作为筑坝材料。而且对于工程设计而言，如何充分利用开挖料并提高料场的利用率是面板坝工程中节约投资、缩短工期的重要途径。为保证面板坝安全可靠和经济合理，在工程设计中，对软岩料的利用，要充分考虑面板坝的变形特点和软岩材料的力学性质，在此基础上对坝体结构进行分区设计。通过堆石材料的分区，合理调整坝体变形的分布，在确保坝体整体稳定和面板受力均匀的前提下，尽可能地扩大软岩利用区的范围，以达到降低工程造价的目的。

根据以往的工程经验，软岩堆石分区的布置一般有三种方式：第一种情况是将软岩堆石体作为坝的主体，也就是全断面采用软岩堆石材料；第二种方式是将软岩堆石放置在坝体下游干燥区，一般位置是在坝轴线下游侧；第三种方式是将软岩堆石布置在坝体中间部位。理论分析表明，影响面板应力状态的主体是坝体上游堆石区，进一步研究发现，大坝蓄水后坝体变形的主要影响区域集中在上游 1/3 坝体范围内，因此在大多数情况下采用前述第二种布置方式更为有效，也就是将软岩放置在 3C 区。在确定软岩布置具体位置后，就可以进一步确定其设计边线，明确其上下游边线。软岩堆石的下游边界线主要影响坝体下游边坡的稳定，而上游边界线将主要影响坝体和面板的应力变形特性。一般通过有限元计算分析其上下游设计边线。如果采用第一种布置形式，即全断面采用软岩材料，则需进行专门论证。

在使用软岩材料上还存在一个变形协调问题，即软岩的变形特性不同于硬岩。对于常规的面板堆石坝，由于采用了薄层碾压技术，施工期坝体的沉降量不大。而利用软岩修建的面板堆石坝，由于其母材强度低，易于破碎，压实性好，但其总体沉降量还是比较大的，且其坝体沉降变形的规律也与硬岩面板坝有所不同。

综上所述，软岩材料利用的基本原则是：保证软岩料区的底部位于大坝运行期干燥线以上，以便坝体排水通畅，并可以避免软岩遇水产生湿化变形；软岩区的下游边界线应通过计算分析确定合理坡度，以保证下游边坡的稳定，并在其外侧一定范围内留新鲜硬岩区，或设置护坡，以防止软岩风化；上游边界线应通过计算分析，在保证坝体沉降量以及面板应力在合理范围内的前提下，尽量往坝体上游靠近，以便最大限度地利用软岩堆石材料。

目前国际国内软岩筑坝的实例很多，一般是将软岩用于大坝下游堆石区尾水位以上部位。株树桥大坝采用了部分软岩，原设计用 8 ~ 9 km 以外的灰岩，而坝址附近 1 ~ 1.5 km 范围内有大量的风化板岩。考虑到大坝下游堆石区上部的变形对面板影响很小，材料和填筑标准可略微降低，故采用了饱和抗压强度不小于 10 ~ 25 MPa 的风化板岩填筑，并根据其抗剪强度将下游边坡放缓到 1∶1.7。这样虽然增加了填筑工程量，但仍比远处的灰岩料经济。十三陵抽水蓄能电站上库面板用库盆开挖料填筑，用了大量风化安山岩，其饱和抗压强度最小值为 11 MPa。另外，国内的重庆鱼跳面板坝工程坝高 110 m，云南茄子山面板坝工程坝高 106.1 m，江西大坳面板坝工程坝高 90.2 m，均采用了软岩筑坝。这些坝已运行多年，除变形稍偏大外，并无异常情况，说明该项技术是成功的。

工程经验表明，软岩堆石料在压实和受力过程中会产生明显的颗粒破碎现象，故设计中对碾压前级配一般不作具体规定，而以压实后的级配所反映的力学性质为依据。河南盘石头水库大坝用小于 60 mm 的风化页岩料作试验，在 1.0 MPa 周围压力下，小于 5 mm 颗粒含量由 25%增加到 47%，而与此同时中值粒径由 18.5 mm 降低到 5.8 mm。由于颗粒破碎和挤压，软岩压实后通常可得到较高的密度。试验表明，软岩的压缩模量为中等，压缩模量不仅取决于岩性，也与密度有关。国内部分软岩筑坝材料的物理特性如表 5-4 所示。

表 5-4 国内部分面板坝软岩材料的物理特性指标

工程名称	坝高(m)	软岩材料	饱和抗压强度(MPa)	压缩模量(MPa)
鱼跳	110	泥岩	18.8	6.6 ~ 54.8
大坳	90.2	风化砂岩	28.3	21 ~ 62
盘石头	106.6	页岩		13.8 ~ 40.1

工程上也有使用特硬岩的实例。一般认为饱和抗压强度大于 80 MPa 的岩石为特硬岩，用特硬岩填筑大坝会带来很多问题。横山水库加高时用的是熔结凝灰岩，其饱和抗压强度达到 160 MPa，硬度很大，爆破后多沿节理面破碎，细颗粒含量较少，岩块边角锋利，使坝面作业极为困难，汽车轮胎和推土机履带损坏严重，振动碾不能正常行驶和碾压。实际施工中采取了多种措施，对爆破参数进行优化，以取得细颗粒，为解决坝面操作问题，在面层上铺设 10 cm 的砂砾石。实践证明，特硬岩可以作为筑坝材料，但要认真研究解决施工过程中存在的相关问题。

5.5.2 软岩筑坝技术在公伯峡大坝工程中的应用

经过几次设计优化后，公伯峡面板堆石坝设计填筑总量为 446.7 万 m^3(不含坝前覆盖区填筑工程量)。大坝坝料品种较多，涉及料场较多，部分材料开采后直接上坝，而大部分材料需要倒运上坝。2A、2B 和 3A 料由药水沟料场的微、弱风化花岗岩加工而成；主堆石料包括 3BⅠ–1 和 3BⅠ–2，为微、弱风化花岗岩和片岩，由药水沟采料场、溢洪道泄槽、引渠扩挖段及开关站堆料场开采、倒运上坝；砂砾石料(3BⅡ)，由水车村料场开采直接上坝，右桥头下游堆料场和石头沟堆料场倒运上坝；次堆石料由强风化花岗岩、弱风化片岩、片麻岩组成，由药水沟采料场、溢洪道泄槽、引渠扩挖段开采后直接上坝，以及开关站、左桥头上游堆料场倒运上坝。

公伯峡水电站地质条件极其复杂，片岩、片麻岩、花岗岩相互交错，古全风化、全风化、强风化、弱风化岩石难以准确界定，这在一定程度上造成了坝料开采困难。试验表明，公伯峡坝址区域弱风化花岗岩饱和抗压强度为 84 ~ 136 MPa，平均为 93 MPa，软化系数为 0.73～0.93，平均为 0.81；强风化花岗岩饱和抗压强度为 25～93 MPa，平均为 45 MPa，软化系数为 0.5～0.88，平均为 0.68；弱风化片麻岩饱和抗压强度为 78～94 MPa，平均为 86 MPa，软化系数为 0.54～0.83，平均为 0.73；弱风化片岩饱和抗压强度为 5～25 MPa，平均为 12.6 MPa。上述试验成果表明，公伯峡建坝区域弱风化花岗岩和强风化下限花岗岩饱和抗压强度均大于 30 MPa，属于中硬岩范畴，而强风化和弱风化片岩、片麻岩尽管在干燥状态下强度较高，但饱和后其强度降低较大，应判定为软岩。根据坝料平衡的情况，硬岩材料的数量不能完全满足大坝填筑的需要，而药水沟料场坝料开采代价太大。因此，公伯峡大坝在结构设计上，部分次堆石是由强风化花岗岩和弱风化片岩、片麻岩组成的，属于软岩范畴。

根据前述对软岩材料利用的基本原则，公伯峡大坝在设计和后续的优化过程中，将软岩堆石材料布置在大坝下游侧浸润线以上的位置，为避免软岩材料的继续风化，在大坝下游设置了浆砌砾石护坡。从最初的招标图纸，经过几次优化，作为 3C 料的软岩堆从 128.58 万 m^3 增加到 152.56 万 m^3，增加了 24 万 m^3 用量，相应减少了其他材料的使用量。由于软岩材料丰富，枢纽建筑物开挖材料完全可以满足要求，而堆存在古什群和 2 号沟的次堆石材料基本上没有使用。通过增加具有丰富储备的软岩坝料使用，减少了硬岩主堆石的使用量，在很大程度上节约了工程投资，按每立方米节约 10 元费用计算，则仅此一项优化节约措施最少节约工程投资 240 万元。

公伯峡大坝次堆石采用软岩材料筑坝，充分利用了结构开挖材料，避免了在药水沟开采昂贵的筑坝材料，有效地降低了工程造价，符合面板堆石坝经济性原则。目前软岩筑坝技术已经广泛应用在国内外面板堆石坝项目中，由于其压缩模量较低，相对变形量大，一般布置在大坝轴线下游区域，布置在大坝浸润线以上的位置；如果布置在大坝轴线附近或上游区域需要作专门论证。除考虑经济因素外，软岩筑坝还有其他方面的优点：易于压实，对上坝车辆和碾压机械设备的损害较小。

在面板坝工程中，软岩堆石材料的应用主要集中在中、低坝工程。对于高面板堆石坝一般不宜在下游区采用软岩堆石。而且在软岩材料的应用中，对于次堆石区使用软岩材料情况，要求下游软岩堆石区的弹性模量与坝体上游堆石区的模量差别不能过大，否则将引起很大的不均匀沉降，这些不均匀沉降会对面板的安全运行产生不利影响，有可能引起面板产生结构性裂缝。当坝体全断面使用软岩材料时，应注意对坝体总变形量的控制，同时要注意排水系统的设置。

5.6 大坝下游护坡形式优化

原设计大坝下游护坡为干砌石，砌石护坡的石料从坝面挑选，要求块石质地坚硬，块石上下两个面大致平整，厚度不小于 50 cm，长度与厚度之比不得大于 3，砌石表面平整度为 ± 5 cm。现场砌石试验表明，坝面很难找到满足设计要求的两个面大致平整而且厚度不小于 50 cm 比较规则的弱风化花岗岩，当石块过大时，人力搬不动，而且岩石风化很快，施工质量难以保证。经过广泛调查和研究，结合其他堆石坝坝后护坡工程的实际经验，设计最终将大坝坝体下游护坡由原设计的干砌块石护坡优化为浆砌菱形网格内填鹅卵石护坡的形式。菱形网格的条带采用浆砌块石，其框架作用保证了砌石的质量和安全；网格内填鹅卵石人力施工方便、坚固又耐用。优化后的坝后菱形砌石卵石护坡形式新颖、质量安全、造型美观、施工便利，为公伯峡水电站增添了一道亮丽的风景线，施工效果如图 5-6 所示。

图 5-6　坝后护坡效果图

国内很多面板堆石坝坝后护坡多采用干砌石的形式，如果在石料充足且质量满足要求的情况下，不失为一种合理的选择。遵义水泊渡混凝土面板堆石坝就采用了这种护坡方式，目前正在建设的重庆巴山水电站也是采用了干砌石形式进行坝后护坡，小浪底大坝则采用了坝后堆石的护坡方式。但公伯峡工程大坝附近符合护坡要求的块石难以找到，而长距离运输代价太高，结合当地材料的实际情况，合理选择护坡方式，既方便了施工，也降低了工程造价，同时效果美观。

5.7　在大坝上游设置反渗井

我国面板坝施工过程中曾多次发生上游面垫层、保护层、混凝土面板被下游面渗透水破坏的情况，这时下游水位比基坑中上游水位高，这就是所谓的“反渗问题”。一般说来，有两种情况可能引发这一问题，其一是因趾板地基开挖而在上游形成深坑，比下游水位低得多；其二是由基岩的地形条件决定的，大坝横断面上基岩面是倾向上游的，渗透水将向上游流动，产生一定水头压力，这些水头压力作用在垫层、保护层及混凝土面板上，而有可能使其产生破坏。因此，在这种情况下，排除渗水以解除水压力是必要的。

1989 年西北口面板坝施工过程中曾遇到渗透破坏问题，在汛期过后进行了大坝上游基坑排水工作，而下游水位并未降低，这样在上下游产生了近 7 m 的反渗水压力水头，该水头压力作用在垫层区，因而对垫层料产生了渗透破坏。当时破坏的具体情况是在上游垫层料区产生了 20 多个渗水孔洞，分布在 60 m 范围内，并有细颗粒被带出；还出现了 6 个局部空洞，最严重的一个约长 6 m、宽 3 m、深 0.5 m。渗透现象发生后，为防止事故扩大，马上停止了上游面基坑的抽水工作，进行反渗处理。反渗破坏对工程建设造成了不利的影响。

国内工程有许多防反渗成功的工程实例，天生桥一级大坝由于坝基河槽基岩面存在下游高于上游的反坡情况，将使面板和垫层承受反向水压力，影响其稳定性。考虑到这一问题，设计决定在趾板下游坝体中设集水井，并采用水平排水钢管与之相接自流排水和水泵抽水的方式，把坝体中的积水排到面板上游，以降低面板和垫层下游水位，控制上下游的水位差，消除作用在垫层和面板上的反向水压力，保证了垫层和面板施工期的安全。在上游回填铺盖土料前，将集水井、排水管一并封堵。

东津坝的反渗问题属于前述的第二种情况。坝底基岩面倾向上游，同时上游趾板建基面开挖，更加重了这种趋势，渗入坝体的雨水、施工用水等不能排向下游，而且只能排向上游，形成反向水压力。在开始浇筑第一期面板混凝土时，发现靠近基岩面的垫层料内有渗水现象，因此决定在趾板混凝土内打 7 个排水孔，排出渗水，并在混凝土施工完成后予以封闭。

反渗问题的预防和处理措施得到了坝工界的普遍关注，甚至将其纳入施工规范。要求对上游趾板的开挖深度要适度，不要追求将趾板置于新鲜岩石上而开挖过深，使基坑排水量和反渗压力过大而造成施工困难。对反渗问题的处理措施主要是排水，具备自然排水条件的，在趾板上打排水孔，将反渗水排至上游抽走。不具备自然排水条件的，在上游垫层及堆石体上预留钢管，汇集渗水后抽排至上游，待堆石体达到一定高度，浇筑面板时封闭。

公伯峡大坝坝体基础开挖清理后，最低部位的高程为 1 875.8 m，且大坝基础总体而言前低后高，大坝基础部位的水不能自由排向下游，符合前述的第二种情况，初步具备了反渗破坏的条件。在大坝填筑过程中，由于降雨或施工用水流入大坝基础，大坝基础内的水位比外部高，很容易形成反向水压力，即从坝体指向上游侧的渗透压力。如果不采取适当工程措施，这种反向渗透压力在大坝填筑过程中，会对垫层料和挤压墙产生渗透破坏；在面板施工过程中，会对混凝土面板产生破坏作用。综合考虑了本工程的实际情况，设计决定在大坝前部主堆石区内设置一反渗集水井，集水井直径 1.5 m，用钢筋作支撑，外敷钢丝网。从集水井底部引出两根钢管引水自流至趾板上游集水坑内，由泥浆泵抽排至上游围堰外。在实际工作过程中，集水井底部埋设的两根钢管因淤积而堵塞，后在井内架设了水泵进行抽排。水泵抽水是间歇式的，受水位的控制，当井内水位达到设定高程，水泵开始工作；反之，当井内水位低于某一高程，则水泵停止工作，使井内水位始终处于趾板高程以下。反渗集水井在面板上的相对位置如图 5-7 所示。

考虑到反渗集水井的特殊作用，设计决定在面板施工完毕后、上游铺盖施工前进行回填。因此，面板施工到井口部位需要留下缺口，待后期进行处理。反渗集水井位于第 10 块面板下部，桩号为坝左 0+108.5 m ~ 0+110.5 m，底部排水管高程为 1 880.0 m，自流过程中淤集封堵，井内集水用水泵抽排，集水井内水位不得超过 1 881.45 m 高程。上游铺盖施工时集水井内水位不得超过填筑顶面高程 2.5 m。坝前盖重部分填筑到达距集水井口 4 m 高差时，填筑一条道路到达井口，用常态混凝土回填集水井，25 ~ 30 cm 一层用振棒捣密实，混凝土浇筑至距离井口 2 m 范围时回填垫层料，并用小板 20 cm 一层压实，回填至面板底部，垫层料回填结束后在垫层料表面抹 5 cm 厚砂浆固坡。然后浇筑井口部位面板混凝土，做表面止水，该部位施工缝按垂直缝标准设置，底部设有铜止水，顶部为表面止水。第 10 块面板浇筑时，反渗集水井井口部位预留如图 5-8 所示。

图 5-7　反渗集水井在面板上的位置

图 5-8　反渗集水井井口部位预留

公伯峡大坝填筑过程和混凝土面板施工过程中，均未发生渗透破坏事故，说明反渗集水井的设置起到了良好的效果。同时反渗集水井还为后期大坝基础充水试验提供了必要的条件。

5.8　大坝抗震设计

公伯峡大坝的抗震设防烈度为Ⅷ度，对应的峰值加速度为 0.2 g，大坝动应力变形分析成果表明，坝顶地震反应加速度放大倍数达 2.93～4.0，动力反应较大，坝顶动力加速度峰值可达 0.8 g。动力模拟试验表明，在遭受Ⅷ度地震的情况下，最大残余变形发生在大坝顶部，其残余变形较大，动力反应较大，因此下游坡上部可能发生坍塌、滚石等局部破坏现象，但发生大范围滑坡的可能性不大。

为提高坝体抗震性能，经过计算分析，在不增加坝体填筑总量的前提下，对初步设计图中下游坝坡做了如下调整：

(1)将下游坝坡坡比 1∶1.5 改为分三级呈下陡上缓型式，上部坡比为 1∶1.5，中部为 1∶1.4，下部为 1∶1.3，以降低地震对坝顶的危害。

(2)1 995.0 m 高程以上坝体填筑料均采用主堆石料，以提高坝顶结构的抗剪强度。

(3)1 980.0 m 高程以上的坝体的下游坡面采用浆砌石护坡，并在高程 1 980.0 m 以上的坝体内预埋拉筋且与下游浆砌石护坡连接，加强坝体上部结构的整体性，增加坝体顶部的抗震能力。预埋拉筋为Φ25 mm，间距 2 m，层距 1.6 m，单根长 15 m。预埋拉筋施工情况见图 5-9。

图 5-9　预埋拉筋

尽管有理论计算，但国内外很少有百米以上的高面板堆石坝经受过地震的考验，因此这方面的经验很少，是今后面板坝研究的一个新课题。

国外部分工程界人士认为，在抗震方面施工良好的面板堆石坝是安全的，因此没有必要对地震专门进行设计，理由如下：

(1)由于坝体处于干燥状态，在地震过程中不可能产生空隙水压力，因此不会降低坝体强度。

(2)堆石体压实得很好，达到密实状态，在地震状态下发生的变形量很小，特别是上、下游坝坡。

(3)地震过程中如果面板发生裂缝，并通过裂缝发生了渗漏，对于现代面板坝，由于设有良好的排水通道，其裂缝渗漏很容易排向下游，对坝体的稳定没有多大风险；另一方面，渗漏将坝前铺盖细颗粒带入裂缝，通过面板后垫层料的反滤作用，可以实现面板裂缝自动弥合。

5.9 结 语

2000年在初步设计的基础上提出了招标图纸，后因公伯峡坝址区域岩石性质的不确定性和前期地质勘探资料不够完善，随着枢纽建筑物开挖，可用于大坝填筑材料数量逐渐明确，坝料平衡不断深化，发现可用于主堆石体的材料无法满足工程需要，且缺口很大。在这种情况下，建设公司组织咨询专家会同参建各方对大坝坝料进行认真研究，对坝料分区优化的可行性进行了充分论证，先后对坝体分区进行了3次大的设计变更，使大坝分区更趋合理。大坝形体优化最重要的成果是设置了"L"形强排水体，最大限度地减少了3BⅠ–1料的用量，降低了工程造价。因该料需要在药水沟开挖，属新增项目，单价很高。在大坝基础开挖过程中，根据河床岩石的出露情况，决定对大坝趾板建基面进行调整，相应调整了最大坝高。由于硬岩不足，在大坝分区合理规划的基础上，增加了部分软岩的使用量。由于大坝基坑存在反向渗透条件，在大坝前部设置了反渗水井。从耐久性和美观角度出发，设计对大坝下游护坡形式进行了优化。为减小地震条件下坝顶的破坏，设计对坝后坡度进行了适当调整，并在大坝顶部一定高程范围埋设了拉筋。通过这些措施，保证了施工质量和施工进度，对降低工程造价意义重大。

第 6 章　大坝填筑技术

公伯峡大坝填筑采用了现代筑坝技术，运用薄层碾压法施工。为提高大坝坝体碾压质量，根据现场实际情况，经过充分论证，改变原合同设置临时度汛断面的施工程序，而采用平起上升填筑方法；为充分利用筑坝材料，改善坝料级配，在部分坝料中按一定比例掺加了超径砂砾石；对上坝材料的级配进行了有效的控制；鉴于坝料的复杂性，采取了适当措施对坝料进行严格的管理，对上坝料进行单车控制；为消除大坝底部可能存在的拱效应，加快大坝沉降过程，对大坝底部进行了充水浸泡试验。这些具体的实践经验值得同类工程借鉴。

6.1　大坝填筑控制标准

首先由设计提出质量控制标准，随后施工单位通过碾压试验确定具体施工技术参数。在确定大坝填筑质量控制标准的问题上，宜采用辩证的观点进行分析，质量控制标准定得过高或过低都会对工程建设产生不利影响。提高填筑密实度有利于改善坝体和面板应力变形特性，对大坝后期的运行有利。理论分析表明，当堆石体的填筑密实度从一个相对较低的数值提高到较高的数值时，坝体和面板的变形有明显的改善；但当堆石体填筑密实度提高到一定程度后，坝体和面板变形的减少趋势逐渐趋缓，改善坝体和面板受力状况的效果就不太明显。因此，在面板堆石坝的施工中，应结合工程具体情况，在技术可行、经济合理的条件下，合理确定堆石体的压实密实度，从而达到改善坝体的整体应力变形特性。

6.1.1　碾压试验

公伯峡大坝坝料碾压试验分两个阶段进行，第一阶段是按合同要求进行的碾压试验，第二阶段是因料源发生变化而做的补充碾压试验。首先按合同要求在左桥头下游场地进行了大坝填筑所有材料的碾压试验，试验所用材料部分来源于枢纽建筑物开挖，如 2 号沟和左桥头的次堆石料、开关站储备的主堆石材料、石头沟储存的砂砾石材料；部分试验材料来源于开采料场，如在药水沟料场开采的过渡料，经加工而成的垫层料。

在实际大坝填筑过程中，由于主堆石 3BⅠ–1 从药水沟料场开采，部分 3BⅠ–2 和 3C 料也从药水沟得到，为验证其施工参数，在填筑坝面上结合生产进行了上述材料的碾压试验，该碾压试验属于合同外项目，为补充碾压试验。通过补充碾压试验证明其施工技术参数与前面所做的试验基本一致。本节着重介绍第一阶段碾压试验情况。碾压试验的主要内容如下：

(1)碾压试验范围包括所有大坝填筑材料，依次是 2B、2A、3A、3BⅠ–1、3BⅠ–2、3BⅡ、3C 七种坝料。

(2)碾压试验铺料厚度，2B 为 20 cm，2A 为 40 cm，3A 为 40 cm，3BⅠ–1 为 80 cm，3BⅠ–2、3BⅡ为 80 cm、100 cm、120 cm；3C 为 80 cm、100 cm、120 cm。

(3)碾压遍数分别为 6、8、10 遍。

(4)洒水量采用 0、5%、15%三个级别进行比较试验，并进行了碾压前、碾压后级配变化对比试验，比较颗粒级配、干容重、渗透系数等指标,碾压试验成果见表 6-1 ~ 表 6-6。

表 6-1　垫层料(2A)碾压试验成果

虚铺厚度(cm)	碾压遍数(遍)	加水量 0		加水量 5%		加水量 15%		渗透系数(cm/s)
		干容重(g/cm^3)	空隙率(%)	干容重(g/cm^3)	空隙率(%)	干容重(g/cm^3)	空隙率(%)	
44	8	2.17	17.9	2.24	15.6	2.24	15.6	2.85×10^{-3}

注：碾压 10 遍时，加水 5%，干容重提高 0.04 g/cm^3，冬季采取不洒水铺料厚度 44 cm。

表 6-2　过渡料(3A)碾压试验成果

铺料厚度(cm)	碾压遍数(遍)	加水量 0		加水量 5%		加水量 15%		渗透系数(cm/s)
		干容重(g/cm^3)	孔隙率(%)	干容重(g/cm^3)	孔隙率(%)	干容重(g/cm^3)	孔隙率(%)	
40	8	2.22	16.1	2.17	18.1	2.18	17.8	1.95×10^{-3}
	10	2.18	17.7	2.22	16.3	2.22	16.2	

注：加水 10%时，干容重无明显变化，冬季采取不洒水，铺料厚度 44 cm，碾压 10 遍控制。

表 6-3　主堆石(3BⅠ–1)碾压试验成果

碾压机具	铺料厚度(cm)	行进速度(km/h)	上料方式	碾压遍数(遍)	加水量 0~15%		渗透系数(cm/s)
					干容重(g/cm^3)	孔隙率(%)	
SD175 自行式或拖式 18 t	83	2.5 ~ 3.0	前进法	8	2.05	24.0	2.84×10^{-1}

注：加水量从 0~15%，干容重无明显变化，冬季采取不洒水铺料厚度 83 cm，碾压 10 遍控制。

表 6-4　主堆石(3BⅠ–2)碾压试验成果

铺料厚度(cm)	碾压遍数(遍)	加水量 0		加水量 15%		加水量 20%		渗透系数(cm/s)
		干容重(g/cm^3)	孔隙率(%)	干容重(g/cm^3)	孔隙率(%)	干容重(g/cm^3)	孔隙率(%)	
80	8	2.20	18.4	2.21	17.7	2.20	18.3	2.33×10^{-2}

表 6-5　主堆石(3BⅡ)碾压试验成果

铺料厚度(cm)	碾压遍数(遍)	加水量 0		加水量 5%		加水量 10%		渗透系数(cm/s)
		干容重(g/cm^3)	相对密实度 D_r	干容重(g/cm^3)	相对密实度 D_r	干容重(g/cm^3)	相对密实度 D_r	
80	8	2.34	0.93	2.35	0.94	2.33	0.93	1.35×10^{-2}

注：试验了三种加水情况，分别是 0、5%和 10%。试验表明加水与不加水，砂砾石料相对密实度变化不大。

表 6-6　次堆石(3C)碾压试验成果

铺料厚度(cm)	碾压遍数(遍)	加水量 0		加水量 10%		加水量 15%		渗透系数(cm/s)
		干容重(g/cm^3)	孔隙率(%)	干容重(g/cm^3)	孔隙率(%)	干容重(g/cm^3)	孔隙率(%)	
80	8	2.04	25.2	2.16	20.9	2.16	20.9	3.9×10^{-1}

(5)还进行了 3BⅡ 料现场原位相对密实度试验，为了便于现场施工质量控制，绘制了干容重ρ_d—砂砾石含量 P_5—相对密实度 D_r 三因素相关图，见图 6-1，并计算了设计相对密实度对应的施工填筑干容重，详见表 6-7。

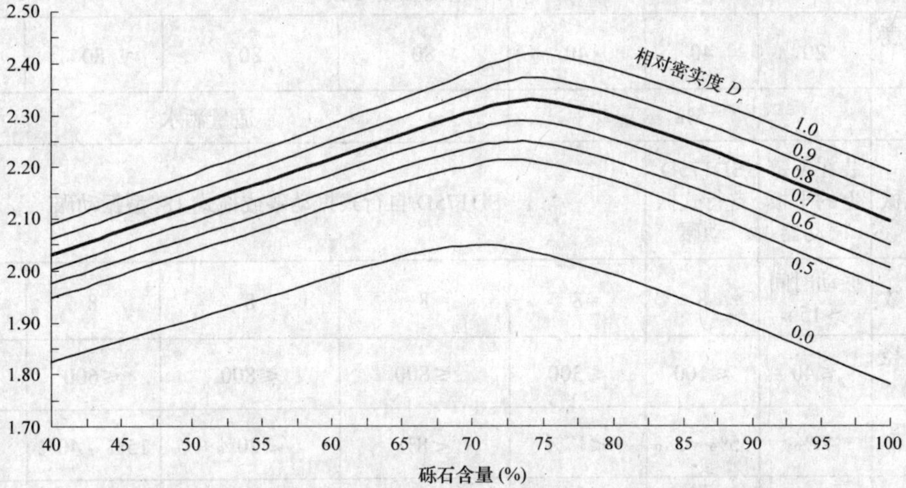

图 6-1　公伯峡大坝 3BⅡ 区 ρ_d—P_5—D_r 三因素相关图

表 6-7　砂砾石(3BⅡ)不同粗粒含量、相对密实度所对应的施工填筑干容重

砾石含量(%)	45	55	61	66	70	72	75	80	85	90
D_r 为 0.8 时干容重(g/cm^3)	2.08	2.17	2.22	2.27	2.31	2.32	2.33	2.30	2.25	2.19
对应的压实度(%)	0.97	0.97	0.97	0.97	0.97	0.97	0.96	0.96	0.96	0.96

6.1.2　大坝填筑控制标准

通过上述碾压试验，并经过讨论研究，具体设计标准和施工技术参数如表 6-8 所示。

表 6-8　大坝填筑控制标准

项目	垫层小区(2B)	垫层区(2A)	过渡区(3A)	主堆石区(3BⅠ–1)	主堆石区(3BⅠ–2)	主堆石区(3BⅡ)	次堆石区(3C)
岩性	微弱风化花岗岩人工轧制而成		微弱风花岗岩(由药水沟开采)	药水沟微弱风化混合花岗岩	开关站微、弱风化石英片岩、强风化花岗岩，左桥头风化花岗岩	石头沟、水车村、右桥头砂砾石料	70%强风化花岗岩和 30%弱风化片岩
相对密度	2.66	2.66	2.66	2.65 ~ 2.66	2.69 ~ 2.81	2.70	2.73
孔隙率(%)	≤17	≤17	≤18.5	≤22.5	≤20	相对密实度≥0.8	≤22
干容重(g/cm^3)	≥2.20	≥2.20	≥2.17	2.05(密度 2.65) 2.06(密度 2.66)	2.15(密度 2.69) 2.25(密度 2.81)	—	≥2.15
坝料填筑施工控制参数							
铺层厚度(cm)	20	40	40	80	80	80	80
洒水	5%			适量洒水			
碾压机械	装在反铲上的平板振动器	SD175D 自行式振动碾	SD175D 自行式振动碾或拖式 18t 型振动碾				
碾压遍数	振动时间＞15 s	8	8	8	8	8	8
最大粒径(mm)	≤40	≤100	≤300	≤800	≤800	≤600	≤800
＜5 mm 含量	45%	35%~45%	＜17%	＜8%	＜20%	15% ~ 40%	＜35%
＜0.1 mm 含量	＜7%	＜7%	＜7%	＜5%	＜5%	5% ~ 7%	＜8%
上料方式	前进法	前进法	前进法	后退法/前进法	后退法/前进法	后退法	后退法
振动频率(Hz)	30	26.5 ~ 28.0					
行进速度(km/h)	2.5 ~ 3.0						
振幅(mm)	1.3 左右			1.6 或 1.8 左右			

6.2 坝体填筑一般原则

(1)做好填筑前施工准备工作。填筑施工准备工作包括：填筑部位的基础处理、接地系统铺设、观测设施埋设、填筑基面的测量和验收工作、树立层厚标志杆和分区界线标定等。坝体填筑前，必须对基础或下一层进行检查验收，验收合格后方可填筑。

(2)基础处理工作包括：地质勘探所留坑、槽、孔、洞的封闭处理，基础面内积水排除等工作，杂物清理；然后进行基础面地质编录。

(3)在大坝前部同一填筑层，其填筑顺序为：先填一层主堆石料，然后填一层垫层料、再填过渡料。大坝坝体前部填筑情况如图 6-2 所示。

图 6-2 大坝坝体前部填筑情况

(4)同一填筑层，较粗一级填筑料不得侵占相邻较细一级填筑料断面，主堆石不能侵占过渡料区的位置，过渡料不能侵占垫层料区的位置。

(5)大坝上游部位各区材料，垫层料(2A)、过渡料(3A)、主堆石(3BⅠ–1)运输、卸料及摊铺过程中，尽可能避免粒径分离，造成局部级配不良。在与岸坡接触部位的坝料，尽可能选用相应较细坝料，避免较大块石集中。

(6)进入坝体填筑区内的运输道路，其道路路基压实指标同相应坝区填筑干容重。

(7)每铺一层坝料，由人工配合反铲挖掘机将大于规定粒径的块石清理至下游区，以备下游护坡用料，或采用机械设备将其解小。

(8)所有利用振动碾碾压坝料，原则均采用顺坝轴线方向进退错距法施工(错距宽度不小于 20 cm)，振动碾行走速度控制在 2.5 km/h 以内，且在相邻分段处搭接碾压(骑缝)长度不小于 2.0 m；对回填区至岸坡、角落附近处，因振动碾无法施工，可采用薄层、细料人工配合机械摊铺，振动夯板或自行式压路机碾压密实。

(9)对槽床部位，因其顺坝轴线方向较窄，为提高机械碾压效率，经设计同意后，可以采用沿垂直坝轴线方向施工。河槽部位填筑如图 6-3 所示。

图 6-3　河槽部位填筑

(10)坝体碾压后密实度检查，采用试验坑内灌水法或灌砂法，大坝填筑初期曾采用 K30 法作为检测密实度的辅助手段。

(11)坝内埋设观测仪器区，以不影响损坏仪器设备及附属设施为原则，采用薄层、静压的方式进行填筑。施工中应保证坝体填筑与仪器埋设工作同步进行。

(12)冬季负温下坝体填筑，视回填料性质、部位、气温等情况，采用减薄铺筑厚度、增加碾压遍数、不加水的方法进行。

6.3　坝体填筑工艺流程

公伯峡水电站面板堆石坝采用挤压墙技术后，坝体填筑采用全断面整体上升方案，薄层摊铺碾压按照“先粗后细”法进行施工，施工流程见图 6-4，图中 1、2、3、4、5、6、7 为坝料填筑顺序。

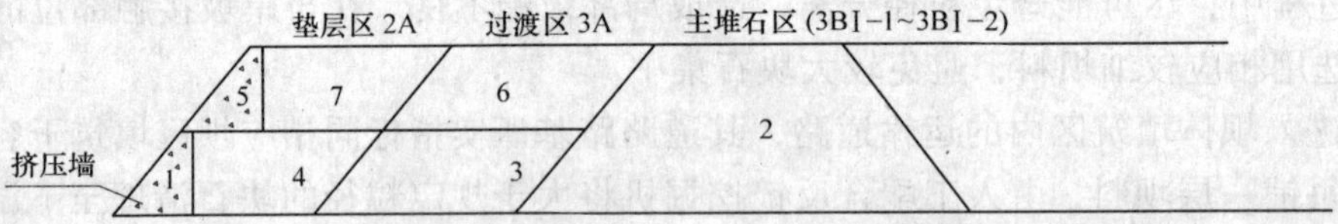

图 6-4　“先粗后细”法填筑顺序

根据坝面面积大小、坝体分期分区分段条件，将坝面分成若干个单元，在各单元依次完成填筑的各道工序，使各单元上所有工序能够连续流水作业，各单元之间做鲜明的标志，以避免超压或漏压。具体施工程序工艺流程见图 6-5。

(1)基础面处理。包括场地施工垃圾及界面分离料的处理，即准备工作区。

(2)测量放线。基面处理合格后，按设计要求测量确定各填筑区的交界线，洒石灰线进行标识，坡面外边线可用木桩吊线挂彩旗控制，两岸岩坡上标写高程和桩号；其中挤压墙坡面线、垫层与过渡层交界线、过渡层与主堆石区交界线，每层上升均应进行测量放线，主次堆石交界线、下游边线二至三层测量放线一次。主次堆石交界线和下游边坡测量放线的频率可适当放宽，但原则上 5~6 层应测量放线一次。测量放样以预加沉降量的坝体断面为准，考虑沉降影响后的外形尺寸和高程。填筑过程中每月对已填筑坝体进行测量收方，绘制断面图。

(3)卸料。现场施工情况表明，采用后退法卸料和进占法卸料对填筑材料的离散性影响很大，应合理选择卸料方式，确保摊铺质量。现场采用 20 ~ 30 t 自卸汽车运输，垫层小区、垫层区和过渡层采用前进法卸料，主、次堆石区料主要采用后退法卸料，根据现场情况也采用后退法或二者结合卸料。

(4)超径石处理。通过爆破参数的调整可以有效地降低超径石含量，在料场装料过程中通过单车控制的方式可进一步减少超径石进入填筑现场。对于运到坝面上的超径石采取两种处理办法，一是将超径石采用装载机运至坝后作为砌石材料，二是采用液压破碎锤现场解小使用。

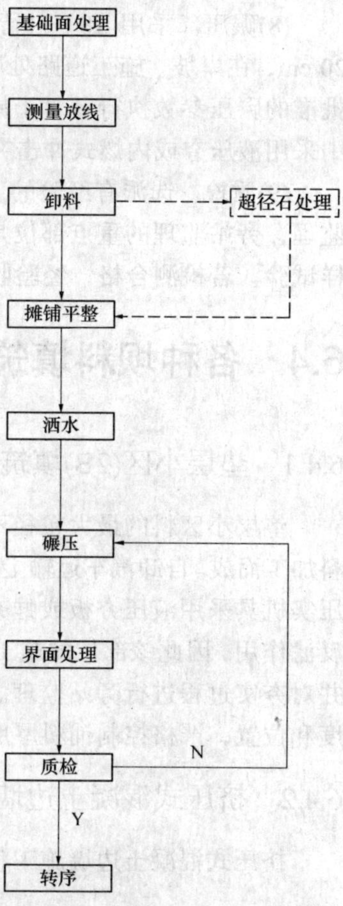

图 6-5　坝体填筑施工工艺流程图

(5)摊铺平整。堆石料主要采用 410HP、320HP、220HP 推土机进行推平，垫层料和过渡料采用液压反铲平整。

(6)界面处理。对于各种坝料之间的界面及与基岩面的交界部位，采取人工配合液压反铲将大料集中现象进行处理，尤其是上游部位 3BⅠ–1 和 3A 界面、3A 和 2A 之间的界面，施工中采用 30 cm 和 20 cm 间距的齿耙人工清除界面上 30 cm 和 20 cm 以上粒径的块石，将其运至坝后作为砌石材料。

(7)洒水。坝料碾压试验证明，洒水对于垫层料、垫层小区和过渡料的填筑密实度影响很大；对于主堆石影响较小，起不到太大作用；对于次堆石也有一定的积极影响。但在实际填筑过程中，由于次堆石细颗粒含量较高，很容易出现板结现象，洒水无法充分浸润，在表面形成一层泥膜。因此，决定对主堆石区(3BⅠ–1、3BⅠ–2、3BⅡ)和次堆石区采用适量加水，不作数量控制，其余坝料(3A、2A、2B)均按 5%控制。结合该工程地形特点，洒水主要采用 5 t 洒水车从下游围堰运水至坝面加水。为提高加水效果，分别在料场和坝体填筑现场两个地方对 2A、2B 和 3A 料加水。实践证明，在料场加水还可减少坝料在运输过程中的离析，对控制坝料的级配起到了比较好的效果，同时也使坝料的压实质量得到了提高。

(8)碾压。采用 18 t 自行式和 18 ~ 20 t 拖式振动碾进退错距法碾压，碾压条带搭接 20 cm，在岸坡、施工道路处顺坡向碾压，其他一般沿坝轴线方向进行。碾压施工严格按批准的碾压参数执行。对于局部碾压设备到不了的部位，例如小区料和边角部位，施工中采用液压夯或内燃式冲击夯进行压实。

(9)质检。选派有经验的工程技术人员监督指导整个填筑过程，监理工程师进行旁站监理，旁站监理的重点部位是坝前部位的坝料填筑。根据规定进行坝体填筑的质检与取样试验。若检测合格，经验收签字后，即可转序施工，否则重新进行碾压，直至合格。

6.4 各种坝料填筑

6.4.1 垫层小区(2B)填筑

垫层小区料的最大粒径不超过 4 cm，在药水沟口垫层料加工厂生产，由合格的过渡料加工而成。自卸汽车运输上料，加适量水湿润，人工配合反铲摊铺(控制铺层厚度 20 cm)，压实机具采用液压夯板或蛙夯进行施工。鉴于垫层小区位于周边缝下游侧，对周边缝有反滤作用，因此该部位的施工质量极其重要，监理和施工单位一起在现场划定铺料区域，并对夯实过程进行旁站监理。垫层小区的填筑必须精心操作，由测量放样控制填筑的宽度和位置，严格控制铺料厚度、碾压遍数。

6.4.2 挤压式混凝土边墙施工

挤压式混凝土边墙施工将在第 7 章详细论述，此处简略。

6.4.3 垫层区(2A)的填筑

垫层料在药水沟口垫层料加工厂通过对过渡料的加工获得。挤压墙施工完成两个小时后，将符合设计要求的垫层料直接运卸到垫层区，然后采用液压反铲辅以人工整平。卸料顺序从左向右进行，以利于流水作业，20 t 自卸汽车运输，每 5 m 范围内卸料 1 车，每车拉料约 7 m^3，根据现场情况做适当调整，达到摊平后基本满足厚度要求。为了减少垫层料的分离，自卸车多点卸料，一般一车料分两次或三次卸完。

垫层料填筑前，必须把过渡料上游坡面所有大于 10 cm 的块石清理干净，同时过渡料不占压垫层区位置，若出现这一现象，采用反铲挖除或人工清理。为避免挤压墙附近块石集中架空现象，在机械平料前，先人工将部分均匀的垫层料填到挤压墙附近。垫层料和过渡料的填筑宜与主堆石的填筑同步进行，即主堆石填筑一层，过渡料和垫层料填筑两层。

机械配合人工平整，然后进行洒水、碾压，碾压方向顺坝轴线来回行驶，距离挤压墙应保持在 15 cm 左右，然后采用小型内燃式冲击夯压实。垫层料碾压与过渡料碾压同时进行。

6.4.4 过渡区(3A)堆石料填筑

过渡料填筑前，必须把主堆石上游坡面所有大于 30 cm 的已分离块石清理干净。该料区的最大粒径为 30 cm，超径石应在料场或坝面解小。填筑时 20 t 自卸汽车直接卸料在工作面，卸料方法与垫层料相同，用推土机推平或液压反铲平料，再辅以人工整平，厚度符合设计标准。保证主堆石区料不占过渡区料的位置，过渡区料不占垫层区料的位置。铺筑方法基本同垫层区料，并与垫层区一并碾压，振动碾顺坝轴线方向行驶，按规定的洒水量、遍数、振幅、频率、厚度及行走速度进行。

6.4.5 主堆石区填筑

堆石区包括 3BⅠ–1、3BⅠ–2 和 3BⅡ，其中 3BⅠ–1、3BⅠ–2 为堆石料，而 3BⅡ 为砾石料。卸料时根据运输车辆规格在车与车之间留适当的间隙。振动碾碾压时采用整轮错距法顺坝轴线方向进行，中低速行驶 v=2.5 ~ 3 km/h。铺筑碾压要层次分明，基本平起平升，以防漏压欠压。

在上游部位与过渡区接缝处，要与过渡区及垫层区同步进行，即每填一层主堆石，同时填筑两层垫层和过渡层，并做好各接缝处的界面清理工作。

在岸坡边缘靠山坡处，大块石或砾石易集中，故岸坡周边应选用石料粒径较小、级配良好的石料铺筑。设计要求在坝轴线附近一定范围内，主堆石区靠近两岸边坡处采用级配良好的过渡料进行填筑，以确保边坡处的填筑质量。碾压时滚轮尽量靠近岸坡，仍碾压不到之处用液压夯板加强振压。洒水在碾压前进行，专人负责，适量即可。严禁不合格的石料上坝，对爆破料中的超径块石用液压锤在料场或坝面解小，或运到坝后做护坡材料。

6.4.6 次堆石(3C)填筑

次堆石料来源比较广，有堆料场倒运上坝，也有开采料场直接上坝。采用正铲、装载机和反铲挖装，配 20 t 自卸汽车运输上坝，坝面采用后退法卸料，推土机摊铺，控制铺层厚度 80 cm，拖式振动碾沿平行于坝轴线方向振动碾压 8 遍，周边处用粒径较小细料回填，并用振动夯板夯实。

6.4.7 上游铺盖(1A/1B)施工

趾板灌浆、混凝土面板表面止水、观测仪器埋设、集水井封堵等施工全部完成且验收合格，填筑区基础面清理完成后，方可进行坝前铺盖施工。

基础面清理完成后，按设计要求测量确定填筑区的交界线和坡外线，洒石灰线进行标识。两岸边坡及面板上标识高程和桩号，每上升一层或一个区域测量放线一次。

坝料采用 20 ~ 30 t 自卸车来运输，采用前进法或后退法卸料。为避免碾压对面板和周边缝造成破坏，设计决定不将压实度作为控制标准，采用汽车、推土机行走压实，反铲修坡，保证边坡整齐平顺。

在填筑过程中，遵循石渣不占黄土的原则，并及时做好界面处理，尽可能保持黄土和石渣同步填筑上升。由于施工需要进行分区填筑时，控制横向接缝坡比不陡于 1：3。推土机平料保证铺料平整，上游坡比按设计要求严格控制为 1：2.5。

6.5 大坝变形理论分析

堆石坝的变形分为竖直方向的变位和水平变位，水平变形和垂直变形共同对大坝的运行特性特别是面板的运行特性产生影响，一般来说垂直变形即沉降对大坝的安全运行影响更大。

沉降是指在自重应力及水压作用下，沿竖直方向发生的位移。沉降主要是由堆石料的压缩变形产生的。堆石料的压缩变形，初期主要是颗粒的位移与结构调整，并伴有少量的颗粒棱角破碎，这是主压缩阶段；其后，随着颗粒破碎的增加，将进入次压缩阶段，堆石料的次压缩变形，在形式上与黏土类似，处于压缩较快的主压缩阶段之后；而蠕变变形的产生，可能主要是颗粒破碎引起的颗粒排列进一步的调整。

观测资料表明，堆石坝在施工过程中，随着填筑石料的增加而产生的压缩变形占相当大的比例，竣工蓄水后，随着蓄水位的周期循环，其变形有逐渐收敛的趋势。统计资料显示，大部分工程在施工期已完成了80%以上的沉降量，部分工程完成了90%的沉降。

工程实践表明，堆石坝变形量的大小主要受下列因素的影响。

6.5.1 填筑、碾压方法及碾压密实度

对堆石料所采取的碾压方法不同，坝体密实度差异较大。用振动碾压新工艺的堆石坝要密实得多，变形也自然小得多。

6.5.2 填筑材料的物理力学性质及粒径级配

当堆石料质地坚硬、软化系数小，能承受较大的由堆石体自重所产生的压应力，不仅可以减少堆石体在施工期内的沉降，同时也可以减少水库蓄水后及堆石体材料的蠕变软化所产生的变形。

堆石料粒径级配良好与否，对碾压密实度的影响很大，从而对变形的影响也很大。使用粒径级配良好的石料，碾压后密实度和变形模量较大，可相应减小施工期和运行期的位移。

6.5.3 坝体高度

观测资料表明，堆石坝在上下游坡度、材料级配和碾压密实度确定的情况下，坝高愈大，水压和自重力愈大，引起的堆石体变形也愈大。根据已建大坝的沉降变形观测成果，统计分析得出堆石体沉陷变形量与大坝坝高之间存在一定的函数关系。

根据前面理论分析，对于大坝变形控制，必须从上述三个方面入手。而对于现场施工阶段，大坝坝高的设计已经确定，只能从填筑材料自身的物理性质和碾压施工工艺方面着手进行控制。

6.6 坝体填筑接合部的处理

坝体填筑接合部包括三种情况，分别是坝体各区料的界面、坝体与岸坡接合部、预

留小面积缺口填筑界面。

6.6.1 坝体各区料的界面

大坝填筑各区的交接面必须注意防止大块石集中，特别是主要垫层料和过渡料之间、过渡料和主堆石之间，填筑时不能出现大块石集中现象。界面上有大块石集中时，应及时采用机械设备进行清理，确保主堆石不侵占过渡料区，过渡料区不侵占垫层料区。

6.6.2 坝体与岸坡接合部

坝体与岸坡接合部不允许有反坡，因此需首先对存在反坡的部位进行处理。工程上处理反坡的措施很多，有浆砌石回填、混凝土回填、削坡处理、回填水泥土等，本工程根据实际情况采用了水泥土回填措施，效果比较理想。

坝料填筑时与岸坡接触部位易出现大块石集中现象，且碾压设备不易到位，造成碾压不密实，对施工质量造成不利影响。因此，在这些部位填筑时，应采用过渡料填筑，薄层填筑，清除所有大块石。公伯峡大坝填筑时在坝轴线一定范围内，主堆石区与两岸边坡接触部位采用过渡料进行施工。

垫层料、垫层小区料和过渡料与基础和岸坡基础部位，不允许有大颗粒集中或架空现象。在距离岸坡一定范围内，垫层料和过渡料的水平宽度应适当增加。主次堆石与混凝土接触部位应填筑过渡料。

6.6.3 坝料填筑小面积回填处理

根据坝体填筑进度的要求，同时也考虑到与其他标段和施工道路的影响，在坝体填筑过程中，因左泄支洞口、高程 1 930 m 路、左岸高程 1 950 m 钢栈桥、高程 1 981 m 上坝路、83 号地勘洞及坝顶门机轨道等因素的影响，局部区域不能和坝体填筑大面积同步上升，采取预留豁口、二次回填的施工方案。预留豁口及二次回填施工进度较慢，机械利用率降幅较大，为了达到进度计划要求，施工单位及时增加施工人员和机械设备，虽增加了投入，但按期保质完成了任务。

为了控制坝体填筑质量，在预留豁口时，采用预留台阶的方法，台阶宽度为 1 m 左右，上层坝料铺填时，将下层碾压面露出。台阶预留明显、整齐。豁口回填时，用推土机清除边缘部位的超径石，将上一层推掉 50 ~ 100 cm，并严格进行骑缝碾压。

6.7 坝体填筑冬季施工措施

公伯峡地区在 11 月 15 日 ~ 3 月 15 日为冬季施工时段，为防止坝体堆石料在负温下出现冻块，影响坝体填筑质量，冬季坝体填筑采用不加水的施工方法，为确保干容重，适当增加了碾压遍数，从每层碾压 8 遍增加到 10 遍。有些工程也采用薄层碾压的方式，但考虑到填筑材料最大粒径的限制及不同材料层与层之间协调的关系，薄层碾压施工起来有一定的困难，故实际施工中多采用增加碾压遍数的措施。另外，冬季施工中铺料、碾压等作业工序要安排紧凑，尽可能在白天气温较高时进行。

6.8 特殊基础处理

特殊基础处理主要包括坝体填筑区域存在的断层、冲沟、倒悬坡、地质探洞等，按照设计要求进行处理。处理方法主要包括：混凝土封堵、浆砌石封堵、水泥土填筑、2A料反滤覆盖等。其中混凝土封堵主要针对坝轴线上游部分的断层、探洞处理，浆砌石封堵主要针对坝轴线下游部分的探洞、小冲沟等的处理，倒悬坡水泥土填筑、断层 2A 料覆盖，由陕西省水利工程局施工。特殊基础处理的具体措施在本书“大坝基础处理技术”一章有详细的论述，此处简略。

6.9 大坝全断面平起上升

在面板坝填筑施工方式上，不同的填筑施工分区会产生堆石体变形时序的不同，而坝体的最终变形也必将受到一定程度的影响。为改变坝体变形性状，坝体的填筑最好能够实现上下游全断面平起上升，如因施工期度汛要求设置临时断面的，新老填筑体之间的高差不宜过大。

公伯峡大坝面板原计划分两期施工，按此方案施工需要在上游设置临时断面。计划大坝在 2002 年采用临时小断面度汛，具体形式是临时小断面顶宽 15 m，下游临时边坡 1∶2，当小断面填筑至 1 956 m 高程时，进行一期面板混凝土施工。同时将下游所缺部分填筑至 1 956 m 高程，随后坝体填筑保持全断面平起上升，达到设计高程，再安排二期面板混凝土施工。

为准确掌握坝体填筑和面板应力应变情况及沉降情况，业主委托清华大学进行静力模拟计算，模拟大坝坝体填筑、面板浇筑和分期蓄水过程。计算结果表明，坝体的最大沉降量为 140.9 cm，相当于坝高的 1%。混凝土面板按二期施工时，一期面板浇筑后，在坝体继续填筑过程中，面板顶部 10 m 左右范围内可能脱空。两期面板施工前坝体应留有足够的预沉期，这将对大坝按期完成造成困难，而且面板的施工时段也不理想，且对大坝质量造成负面影响。上游坡面采用了挤压式混凝土边墙固坡技术后，将垫层料斜坡碾压变成了垂直碾压，挤压式混凝土边墙结构代替了坡面碾压砂浆，这就提高了垫层料的施工质量和施工期坝体的度汛能力。

2002 年 9 月，大坝咨询专家根据国内外高面板坝工程的经验教训，结合公伯峡工程的具体特点，上游有龙羊峡和李家峡水库的洪水调节，李家峡以下区间来水量不大，施工期洪水相对较小，汛期采用高围堰挡水，坝体平起填筑，可不用坝体挡水度汛，为面板一次性施工创造了条件。面板一次性施工，可减少坝体堆石初期沉降对面板的影响，简化施工程序，加快工期。基于上述情况，咨询专家建议公伯峡工程坝体全断面平起填筑至坝顶，待坝体沉降 3 ~ 6 个月，沉降变形稳定后，选择科学合理的施工工艺，安排适当的施工时段，进行面板混凝土的一次性施工。这样可以减少面板混凝土施工后各种坝料间的不均匀沉降，减少蓄水后混凝土面板发生结构性裂缝，同时避免因分期施工而造成一期面板顶部的脱空现象，确保大坝安全运行。

大坝全断面平起上升提高了施工质量，加快了施工进度，是对面板坝施工技术的有益探索。

6.10 堆石体的级配控制

在堆石坝的填筑过程中，坝料级配对其施工质量是十分重要的，没有良好的级配，就无法达到良好的碾压效果。公伯峡大坝施工中除砂砾石填筑材料外，其他堆石材料均通过爆破开采获得，因此堆石体级配的好坏主要取决于爆破开采方法和岩体本身的结构，以及裂隙的发育程度。一般情况下，钻孔爆破的细颗粒含量较多，不均匀系数较大，级配较好。从堆石料的级配曲线上看，其级配基本上呈连续分布，一般认为，当不均匀系数 $C_u<5$ 时，为不良级配；当不均匀系数 $C_u>15$ 时，为良好级配。堆石料级配的另一个重要特征是其变异性，其中尤以填筑碾压过程中颗粒破碎对堆石体级配的影响最大。堆石料颗粒的破碎程度主要取决于岩块的强度以及压实功能等因素，而颗粒级配的变异将会直接导致堆石料工程特性的变化。对于软岩材料，严重的颗粒破碎将导致压实后的实际级配与原始级配的巨大差异。在这种情况下，材料的级配应以压实后的实际级配为依据选取相应的设计指标。

公伯峡大坝开始填筑之前按要求进行了碾压试验，试验针对不同的填筑材料分别进行模拟测试，通过试验前后同一种材料颗粒破碎变化，基本上可以掌握碾压前后级配变化情况。试验观测资料说明，对应硬岩，碾压前后颗粒破碎率不高，碾压前颗粒级配基本可以代表碾压后颗粒的级配。尽管如此，为确保施工质量，按规范要求定期检查碾压后材料的颗粒级配情况。碾压试验也发现，堆存在开关站附近的主堆石料，经过碾压发现其颗粒破碎率很高，原计划该材料用于主堆石区填筑，考虑到碾压后其细颗粒含量增加太多，使得该材料已不具备自由排水的条件。通过设计优化，将该材料用于主堆石下游区域，属于降低标准使用。

公伯峡大坝填筑在下游区使用了部分软岩，实际施工中发现其颗粒破碎率较高，一般以其碾压后的级配作为控制标准。

6.11 超径砾石掺配施工技术

大坝开始填筑前后，水车村砂石料场作为混凝土骨料的生产场地。由于砂砾石毛料的级配和混凝土浇筑所需要骨料不能很好的匹配，主要问题是毛料粗颗粒含量较多，而中等粒径的骨料含量相对较少，这就必然造成部分粗粒径材料无法使用，这部分材料称为超径石。如果对粗颗粒进行加工破碎以获得细颗粒，则需要建设破碎加工系统，经过经济技术对比分析，发现其成本太大，不作为混凝土骨料使用。如果堆存在水车村，则还需要征地，同时还存在一个临时征地今后需要恢复耕地的问题。经过反复研究，最终决定将这部分超径石堆存在开关站料场，其方量为 4 万 m^3 左右，这部分砾石材料的直径在 20～30 cm。由于该材料本身级配不连续，不能单独使用，如果弃掉还需要二次倒运，增加工程投资。而在大坝填筑过程中，部分材料在不同时间段级配不合理，缺乏 20～30 cm 直径的颗粒。经业主、监理和设计协商，确定在这些材料填筑过程中掺加部分超径砾石，实际操作中在 3BⅠ–1、3BⅠ–2、3BⅡ区的部分坝料进行了掺配。

为了掺配均匀，保证坝料填筑质量，具体施工工艺是采取前进法卸料，即先卸 2 车堆石料，再卸 1 车超径石，最后卸 2 车堆石料后，用推土机以半刀法推至摊铺工作面。这在一定程度上会降低设备的工作效率，对于掺配不均匀的局部区域，采用液压反铲进行处理。

经现场检测，三种坝料掺配超径石后，级配得到了一定程度的改善，提高了大坝填筑的施工质量，同时又解决了超径石堆存的难题，一举两得。当然在超径石掺配过程中施工设备的效率有所降低，建设公司通过合同手段对施工单位进行了补偿。总体分析其效益大于成本。由于掺配效果比较理想，后又从水车村运来部分超径石进行坝料掺配，经统计总计掺加了 6 万 m^3 的超径砾石。

在主堆石中掺合了部分砾石超径石，改善了坝料级配质量，节约了工程投资，同时也符合尽量采用当地材料的基本要求。

6.12 压实技术的发展

早期修建的堆石坝以抛填施工为主，无须进行碾压，后来逐步发展为大坝碾压施工。目前堆石坝施工中，绝大多数采用振动碾压技术，统计资料显示，其压实度一般在 80%~90%。大坝压实技术也在不断发展之中，其他行业中已经采用了冲碾压实技术，其特点是压实功能强大、施工速度快、压实效果好。目前在机场跑道等项目中进行了应用，该技术也值得在面板堆石坝中使用。

冲碾压实技术的工作原理是：靠碾压机具的冲击力、振动压力波和碾子自身的重量使堆石颗粒紧密压实，压实轮子采用等边多边形设计(例如，等边三角形、正方形、等边五角形和等边六角形)。冲碾压实与振动碾压技术相比，冲击压实为高幅/低频交替运动，冲压过程中产生一系列高冲击、高振动的撞击力。研究表明，这样的大振幅振动将会带动更多的堆石颗粒参与振动。

洪家渡面板堆石坝是国内面板坝施工中首次采用冲碾压实技术的工程，其冲碾压实施工的范围位于坝体次堆石区，如图 6-6 所示。该工程次堆石填筑厚度为 1.6 m，首先采用振动碾压施工，碾压 8 遍，干容重达到 2.09 g/cm^3，然后再采用冲碾压实技术进行施工，干容重达到 2.181 g/cm^3，满足设计标准。

图 6-6　洪家渡面板坝工程次堆石区碾压施工中所采用的冲击碾

该项技术的优点在于可提高坝料每层的填筑厚度。一般情况下，利用振动碾压技术的大坝，经碾压试验确定的施工参数，主堆石及次堆石的填筑厚度大多为 0.8~1.0 m，很少超过 1.0 m，而采用冲碾压实技术，可提高填筑厚度到 1.6 m，甚至更大的厚度，对于加快大坝填筑施工意义重大。公伯峡大坝施工中未采用该项技术，但曾对其进行过考察。该项技术特别适用于大坝填筑工期紧的项目，是对当前薄层碾压施工技术有益的补充。

由于该项技术不同于通常的做法，其对坝料颗粒破碎的影响需进一步研究。工程实践表明，振动碾压技术对于坝料破碎影响不是很大，但冲碾压实不同，其压实功能十分强大，可能会对颗粒的级配产生影响，应该在坝料碾压试验阶段进行评估。

6.13 大坝填筑质量控制指标监测

按照合同及技术规范的要求，在施工过程中，施工单位对坝料填筑质量控制指标进行了检测，建设公司试验中心作为试验监理单位，也按一定比例对坝料填筑的质量控制指标进行了检测。检测的主要项目有干容重、孔隙率、筛分级配试验等指标。对于干容重和孔隙率的检测主要依靠挖坑灌水法，虽然前期也使用了 K30 测量法，但仅限于参考对比，得到的数据也未参与质量评定。

其检测成果整理如下：

(1)表 6-9 为“公伯峡大坝各种坝料填筑质量干密度检测结果统计汇总”表。从 2002 年 8 月 4 日大坝填筑开始，到 2003 年 10 月 24 日，累计干容重取样 1 041 组、级配取样 374 组，合格率 99.9%，对于不合格部位进行了处理。检测数据代表填筑总工程量 439.1 万 m^3，填筑范围 1 877.51 ~ 2 005.9 m 高程。

(2)垫层小区(2B)料取样检测结果为：平均干容重为 2.22 g/cm^3，平均孔隙率 16.4%，变异系数 0.01，标准偏差 0.02，合格率 99.3%。对不合格部位进行了处理。

(3)图 6-7 为垫层区(2A)料取样级配曲线。检测结果为：平均干容重 2.23 g/cm^3，变异系数 0.01，标准偏差 0.02，平均孔隙率 16.2%，合格率 100%。

(4)过渡区(3A)料取样检测结果为：平均干容重 2.19 g/cm^3，孔隙率 17.6%，变异系数 0.01，标准偏差 0.02，合格率 100%。

(5)图 6-8 为主堆石区(3BⅠ–1)料取样级配曲线。检测结果为：干容重最大值 2.22 g/cm^3，最小值 2.05 g/cm^3，平均值 2.12 g/cm^3；离差系数 0.02 ~ 0.014；强度保证率 94.2%；孔隙率最大值 22.6%，最小值 16.5%，平均值 20.4%；合格率 100%。

(6)图 6-9 为主堆石区(3BⅠ–2)料取样级配曲线。检测结果为：干容重最大值 2.28 g/cm^3，最小值 2.15 g/cm^3，平均值 2.22 g/cm^3；离差系数 0.01 ~ 0.004；强度保证率 84.1%；孔隙率检测最大值 20.0%，最小值 19.9%，平均值 20.0%；合格率 100%。

(7)主堆石区(3BⅡ)料取样检测结果为：相对密实度最大值 1.0，最小值 0.80，平均值 0.87，离差系数 0.06；强度保证率 91.9%。

(8)次堆石区(3C)料取样检测结果为：干容重最大值 2.24 g/cm^3，最小值 2.15 g/cm^3，平均值 2.17 g/cm^3，离差系数 0.01；强度保证率 84.1%；孔隙率检测最大值 22.0%，最小值 17.9%，平均值 20.4%；合格率 100%。

检测数据显示大坝填筑质量较好，从大坝观测数据也印证了大坝的填筑质量。

表 6-9　公伯峡大坝各种坝料填筑质量干容重检测结果统计汇总

序号	工程项目	填筑工程量(万 m^3)	检测组数(组)	级配组数	规范规定取样频率(组/m^3)	检测取样频率(组/m^3)	干容重(g/cm^3)									密度(g/cm^3)	孔隙率(%)			
							设计值	最大值	最小值	平均值	达设计值(%)	标准差 S	变异系数 C_v	保证率(%)	合格率(%)		设计值	最大值	最小值	平均值
1	垫层小区(2B)	0.446 81	151	53	1 组/(500～1 000 m^3)	1 组/297 m^3	2.20	2.30	2.17	2.22	100.9	0.02	0.01	84.1	99.3	2.66	≤17	18.0	13.0	16.5
	垫层区(2A)	11.672 7	262	89			2.20	2.34	2.20	2.23	101.4	0.02	0.01	93.3	100	2.66	≤17	17.0	12.0	16.2
2	过渡区(3A)	30.013 1	215	69	1 组/(3 000～6 000 m^3)	1 组/1 378 m^3	2.17	2.29	2.17	2.19	100.9	0.02	0.01	84.1	100	2.66	≤18.5	18.0	13.9	17.6
3	主堆石区(3BⅠ-1)	54.475 4	98	44	1 组/(10 000～100 000 m^3)	1 组/6 684 m^3	2.05	2.19	2.05	2.10	102.4	0.04	0.02	89.4	100	2.65	≤22.5	22.6	17.0	20.9
							2.06	2.22	2.07	2.13	103.4	0.03	0.014	99.0	100	2.66	≤22.5	22.0	16.5	19.8
	主堆石区(3BⅠ-2)	85.095 9	114	53			2.15	2.23	2.15	2.17	100.9	0.02	0.01	84.1	100	2.69	≤20	20.0	17	19.2
							2.25	2.28	2.25	2.26	100.4	0.01	0.004	84.1	100	2.81	≤20	19.9	15.0	18.2
	次堆石区(3C)	150.969	74	27			2.15	2.24	2.15	2.17	100.9	0.02	0.01	84.1	100	2.73	≤22	22.0	17.9	20.4
4	主堆石区砂砾石(3BⅡ)	106.412	127	39	1 组/(5 000～10 000 m^3)	1 组/8 493 m^3	相对密实度≥0.8	2.41	2.17	2.31	108.8	0.05	0.06		100	2.70	相对密实度≥0.8	相对密实度≥1.0	相对密实度≥0.8	相对密实度≥0.87

注：从 2002 年 8 月 4 日开始至 2003 年 10 月 24 日止，合计：干容重取样 1 041 组、级配取样 374 组，合格率 99.9%。填筑总工程量 439.1 万 m^3，高程 1 877.51~2 005.9 m。

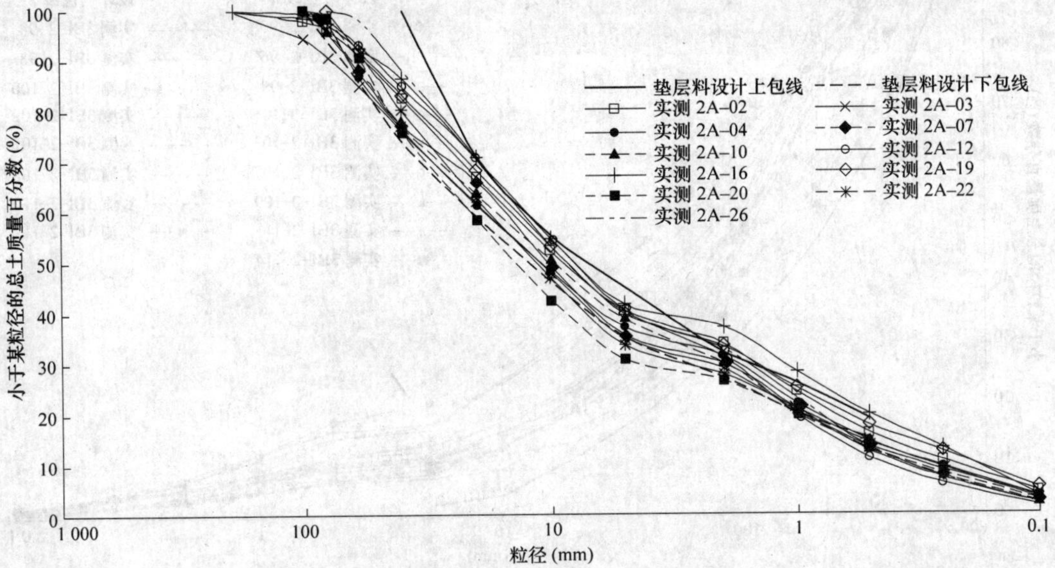

图 6-7　垫层区(2A)料取样级配曲线图

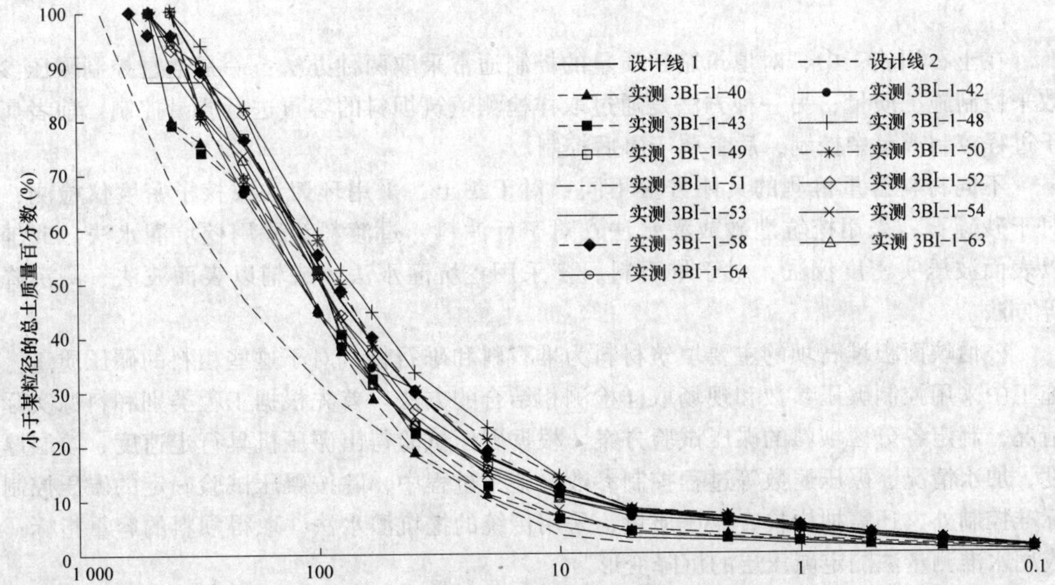

图 6-8　主堆石区(3BⅠ-1)料取样级配曲线图

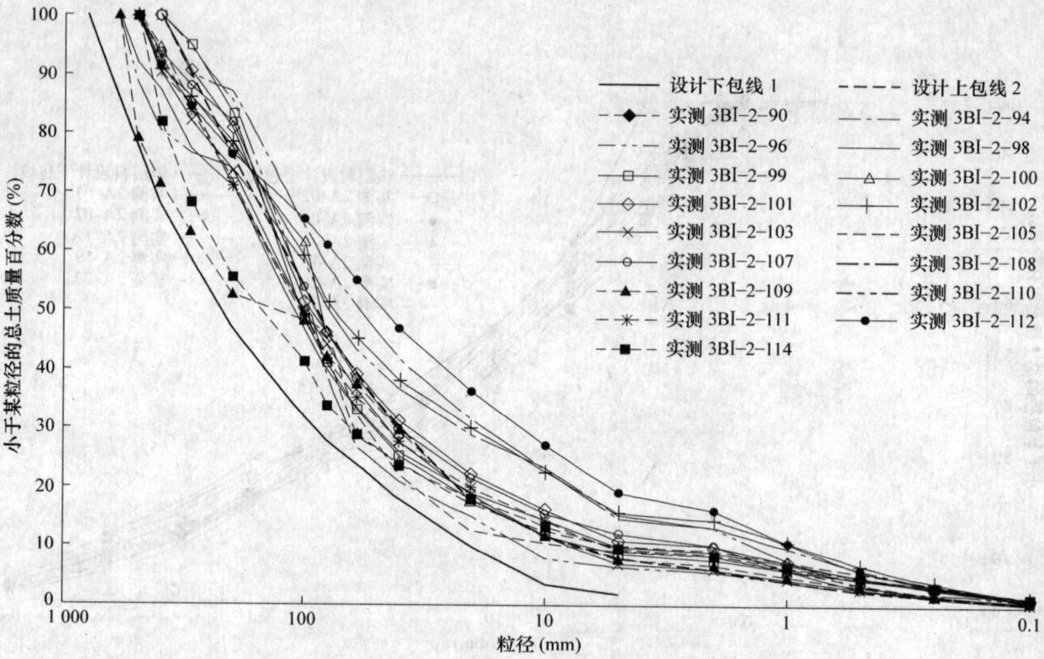

图 6-9　主堆石区(3BⅠ-2)料取样级配曲线图

6.14　填筑质量检测新技术研究

在土石坝施工中，对填筑施工质量的控制通常采取两种办法：一是通过控制碾压参数来控制施工质量；另一种方法是通过取样检测填筑坝料的容重进行质量控制。前者属于过程控制或事中控制，后者属于事后控制。

不同材料容重检测的具体方法不同：对于黏土，采用环刀法或核子密度仪检测；对于砂砾石，采用挖坑灌砂或灌水法；对于反滤料、过渡料等采用挖坑灌水法，或辅以表面波压实密度仪法；对于堆石料，多采用挖坑灌水法，或辅以表面波法、测沉降等方法。

公伯峡面板堆石坝的主要填筑材料为堆石料和砾石料，对于这些粗料的碾压质量，施工中采用控制碾压参数和现场取样检测相结合的方法。首先根据工程类别和料源实际情况，制定各分区坝料的碾压试验方案。根据碾压试验得出碾压机具行走速度、填层厚度、加水情况、碾压遍数等过程控制参数。施工过程中，除按碾压试验确定的碾压控制标准控制外，还需抽样检查碾压质量，采用传统的挖坑灌水法，取得坝料的容重指标；或用水准测量法测定碾压层的沉降变形。

这些传统的检查方法存在如下不足：首先由于大坝填筑材料粒径较大，超出了土工试验规程中的粒径范围，取样试验无法准确反映碾压质量的实际情况；另外实际坝料与碾压试验用料在级配、岩性等方面可能存在一定的差别。再者，按碾压参数控制施工质量是对压实密度的一种间接控制方法，不能直接得到坝体的实际填筑容重；此外施工中也可能发生漏碾现象，因此用碾压参数对填筑质量进行评价有一定难度。另外挖坑取样法检查，效率低、样本少、费工、费时，影响填筑施工，所得结果也难以全面反映坝体的整体填筑质量。因此，有必要探索新的填筑质量检测方法。

目前，为了适应大型土木工程建设发展需要，在沿用传统密实度指标的同时，国内外其他领域工程技术人员又推出了新的检测技术和标准。新方法直接检测填筑土石料的力学性质参数 K30，称为 K30 法，即小型载荷试验，是检测路基土石料压实质量的一种重要手段。该检测方法已在我国铁路、公路、油罐基础的施工检测中得到了广泛应用。但在水利水电工程中，由于填筑料粒径范围大，岩性复杂，开展的试验研究少，迄今应用尚属空白。

中国水利水电科学研究院岩土所和陕工局结合公伯峡大坝碾压试验，开展了 K30 方法检测坝料填筑质量的试验研究。K30 法试验与主堆石、垫层、过渡层碾压试验同时进行，具体研究不同碾压遍数和其他试验条件对 K30 值的影响，并与挖坑取样得出的干容重结果进行比较，参考 K30 方法在其他行业的应用，提出了采用 K30 方法在土石坝填筑质量检测中的应用方法、操作程序等。试验结果见表 6-10。

表 6-10　3BⅠ料 K30 试验结果分析

碾压遍数(遍)	分级点数 K30 值范围					均值		
	小于 150	150 ~ 200	200 ~ 250	250 ~ 300	大于 300	x	y	σ
2	5	6	6	1	0	185.7	52.7	51.2
4	3	8	3	2	1	200.5	56.6	54.9
6	1	2	4	6	5	268.5	84.7	82.3
8	0	1	7	4	6	278.5	63.8	62.0

采用 K30 方法对坝体填筑质量进行检测，任选过圆心两对称点其平均值遵循一定的规律，且为线性。初步分析结果与挖坑取样得到的结果基本一致，而检测速度快得多(一般为 10 ~ 20 min 一个点)。可见，将 K30 方法用于坝体填筑质量的检测，可以减少挖坑取样的数量，快捷、准确地进行坝体填筑质量的检测。

6.15　大坝基础充水试验

6.15.1　坝基拱效应现象

受业主委托，2003 年 7 月底 8 月初中国水电建设监理协会组织专家组对公伯峡大坝进行第七次技术咨询。当时观测资料显示，大坝沉降量较小，2003 年 7 月 22 日埋设在高程 1 920 m 的水管式沉降仪测得最大沉降量为 180 mm，2003 年 7 月 31 日电磁式沉降仪测得累计最大沉降量为 418 mm，总体沉降量未达到坝高的 0.5%。这一方面说明大坝填筑碾压质量好，另一方面也可能存在着大坝底部拱效应，因为大坝基坑相对较窄，基坑部位填筑施工和基坑以上一定范围内的施工速度较快，初步具备了坝基形成拱效应的基本条件。

公伯峡大坝于 2002 年 8 月 1 日开始填筑，至 2003 年 10 月 22 日填筑至坝顶高程 2 005.50 m。其填筑强度是不均匀的，最初在基坑内受工作面的限制，无法展开大规模的机械化作业，填筑强度较低；大坝脱离基坑后，具备了大规模机械化作业的条件，施工速度很快；而填筑到一定高程后，工作面又逐级变小，填筑强度又降下来。大坝填筑强度如图 6-10 所示，填筑高程进度如图 6-11 所示。

从图 6-10、图 6-11 可以看出，最大填筑强度发生在 2002 年 12 月，而其对应的填筑部位是大坝刚刚脱离河床基坑，这种填筑情况最容易形成大坝底部的拱效应。

大坝底部的拱效应对面板安全运行十分不利，因为拱效应的消除会使大坝产生不均匀沉陷，并且这种不均匀沉陷可能会突然发生，容易引起面板的结构性裂缝，进而影响到大坝的安全运行。为了消除大坝基础可能存在的拱效应，加快大坝沉降，经建设各方共同论证，专家建议对大坝基础进行充水试验。根据基坑部位的高程和现场实际情况，决定对大坝 1 908 m 高程以下部位进行充水浸泡，以使坝体达到稳定沉降变形。

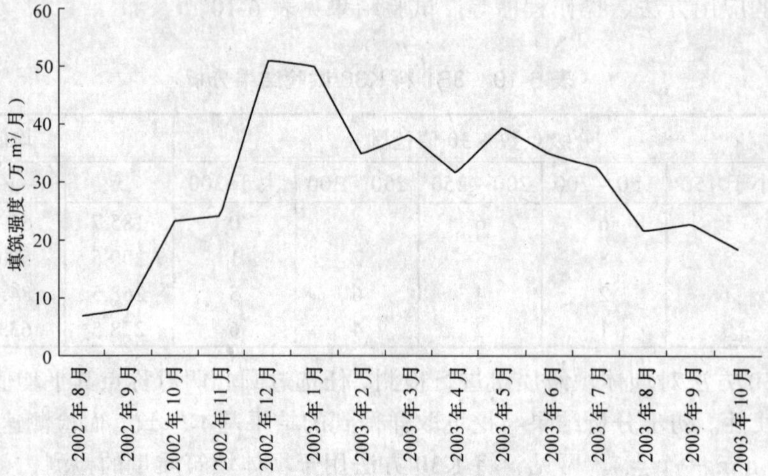

图 6-10　大坝填筑强度曲线图

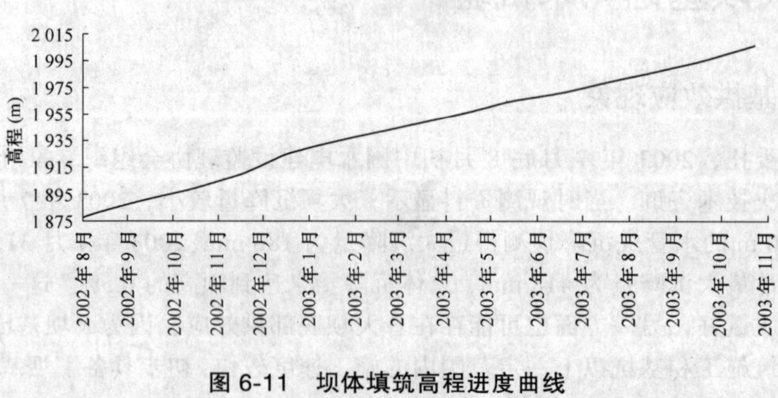

图 6-11　坝体填筑高程进度曲线

理论研究表明，坝体的受力结构是大小不等、彼此填充的块石，即块石骨架为其支撑结构。坝基充水试验的基本原理是：通过浸润大坝基础的石料，使水产生类似润滑剂的作用，降低块石之间的摩擦力，在上部重力的作用下，块石之间产生相对位移，块石的空间位置进行重新排列，密实度进一步提高。反映在宏观上，使大坝整体产生蠕动现象，进而起到促使大坝加速沉降的作用。

6.15.2 充水试验过程

大坝基础充水试验的基本过程是，前期靠施工用水和围堰渗水使坝前集水坑水位升高，达到浸泡的目的；后期从黄河中引水注入坝前集水坑。考虑到冬季冰冻的影响，水位达到预期后，稳定浸泡一段时间，即可开始排水。根据挤压墙和垫层料对渗透的要求，设计要求充水和排水期间每天的最大升降幅度不宜超过 40 cm。

因为围堰上游河床平均水位为 1 908 m 高程，前期坝前注水采取的具体措施是：拆除趾板前集水坑处的抽水系统，通过围堰渗水、左右两侧趾板灌浆施工用水、高趾墙混凝土养护用水、高趾墙冷却排水等，使集水坑水位达到预期要求上涨的目标。

2003 年 8 月 19 日完成了水泵的拆除工作，基坑内积水慢慢上升。充水试验过程中，加强了水位的观测工作。观测数据显示，自 8 月 19 日开始注水至 8 月 29 日坝后开始渗水期间，水位由高程 1 885.53 m 上涨至 1 890.29 m，累计上涨了 4.76 m，平均每天上涨约 43 cm，基本满足设计要求。

2003 年 8 月 29 日坝后开始渗水，此后坝前水位上涨非常缓慢，平均每天上涨不足 10 cm。为了加快坝前水位上升的速度，经建设各方充分讨论，决定从上游围堰架设水泵向坝前注水，以确保坝前水位上涨。9 月 26 日抽水系统形成并开始向坝前集水坑注水，至 10 月 8 日坝前水位高程为 1 896.73 m，为注水以来最高水位。注水期间，从测量观测数据显示，平均每天水位上涨约为 35 cm，满足设计要求。

随着坝前水位的上涨，坝后的渗水量逐渐增大，并影响着厂房标的正常施工，且坝前水位的上升速度逐渐变慢。另外，鉴于冬季已经来临，夜间温度已很低，为避免冰冻现象的发生，决定恢复坝前的抽水系统，从 10 月 8 日开始向外抽水，至 10 月 25 日结束了坝前集水坑的排水工作。

为了验证大坝基坑充水试验的效果，在试验前后一段时间内加强了沉降观测。电磁式沉降仪观测资料显示，在充水试验过程和试验以后相当一段时间内，大坝沉降速度明显加快；大坝充水期间，以 2003 年 8 月 15 日为基准，至 2003 年 10 月 14 日，坝体沉降 146 mm。统计结果为试验前沉降速度的两倍，说明充水试验达到了预期的效果。公伯峡水电站大坝基础充水试验有着特殊的意义，这与大坝面板的施工工期安排有关，通过试验加快了大坝沉降过程，缩短了沉降收敛时间，保证了大坝填筑质量，为面板提前施工创造了有利的技术条件。

对大坝基础部位进行充水浸泡，在国内外工程界很少见。大多数情况是在洪水来临之时，上游围堰设防标准不足的情况下，靠大坝挡水度汛，才被动地对大坝底部浸泡。而公伯峡工程大坝充水试验是在有组织、有计划条件下采取的主动行为，其探索方式和工程实践为其他工程提供了有价值的参考。

6.16 坝料管理

6.16.1 坝料基本情况

6.16.1.1 料场

公伯峡水电站面板堆石坝坝体实际填筑总量约 440 万 m^3(不含坝前填筑量)，其中直接上坝料 206 万 m^3(占填筑总量的 47%)、倒运料 234 万 m^3(占填筑总量的 53%)。直接上坝料有 5 个料场，分别是药水沟、水车村、溢洪道进水口及泄槽、电站进水口引渠、电站厂房；倒运料有 4 个料场，分别是开关站、左桥头、右桥头、石头沟。

(1)开关站料场。主要堆存弱风化料，其中弱风化花岗岩占 70%，弱风化片岩占 30%，用于大坝 3BⅠ区及部分超径砂砾石填筑。其岩性为花岗岩、片麻岩及片岩。石料来源于Ⅰ、Ⅱ、Ⅲ、Ⅳ、Ⅴ标。后根据设计优化方案，该料场的坝料大部分作为 3BⅠ–2 料使用，部分料作为 3C 料使用。

(2)左岸桥头料场。主要堆存强风化花岗岩和弱风化片岩，其中强风化花岗岩占 30%，弱风化片岩占 70%。用于大坝 3C 区填筑，料源主要来自Ⅱ、Ⅲ、Ⅴ标开挖料。

(3)石头沟和右岸桥头料场。主要堆存砂砾石料，用于大坝 3BⅡ区填筑，料源来自Ⅳ、Ⅴ标及右岸泄洪洞工程开挖料。

6.16.1.2 坝体区填料数量及来源

大坝断面从上游到下游分为垫层小区(2B)、垫层区(2A)、过渡区(3A)、主堆石Ⅰ区(3BⅠ–1、3BⅠ–2)、主堆石Ⅱ区(3BII)、次堆石区(3C)区共 7 种料。各区坝料工程量及其来源情况见表 6-11。

表 6-11　公伯峡大坝填筑 2 005.5 m 高程以下工程量及其来源

坝体分区	实际填筑量 (m^3)	料场								
		药水沟 (m^3)	开关站 (m^3)	左桥头 (m^3)	右桥头 (m^3)	石头沟 (m^3)	水车村 (m^3)	Ⅳ标引渠 (m^3)	Ⅴ标 (m^3)	溢洪道 (m^3)
2B	4 681.6	4 681.6								
2A	116 726.9	116 726.9								
3A	300 131.3	300 131.3								
3BⅠ–1	417 251.6	349 838.6	16 687.2							50 725.7
3BⅠ–2	978 462.4	46 935.8	460 888.2	43 090.1					11 574.0	415 974.3
3BⅡ	1 064 124.8		57 594.4		190 164.5	448 366.9	331 985.9	36 013.1		
3C	1 509 685.1	190 795.8	203 360.5	907 898.8						207 630.0
合计	4 391 063.7	1 009 110.1	738 530.3	950 988.9	190 164.5	448 366.9	331 985.9	36 013.1	11 574.0	674 330.1

(1)垫层小区(2B)、垫层区(2A)料全部由药水沟料场直接开采并经加工而成。

(2)过渡区(3A)料全部由药水沟料场开挖爆破后直接装运或经药水沟口倒运后上坝。

(3)主堆石Ⅰ区 3BⅠ–1 料主要由药水沟料场、溢洪道泄槽段开采后直接上坝，另有约4%的上坝料由开关站倒料场周边挑选上坝。

(4)主堆石Ⅰ区3BⅠ–2料的47.4%由药水沟料场、溢洪道泄槽及引渠、电站厂房直接开采上坝，其中52.6%由开关站和左桥头倒料场拉运上坝。

(5)主堆石Ⅱ区(3BⅡ)料，其中 34.6%的坝料由水车村料场和电站进水口引渠直接开采后上坝，剩下的65.4%来自右桥头和石头沟倒料场及开关站的部分超径砂砾石。

(6)次堆石区(3C)区，其中73.6%由左桥头和开关站倒料场倒运上坝，剩下的26.4%来自药水沟和溢洪道引渠直接开采上坝。

6.16.2 坝料管理组织机构

由于公伯峡坝料具有岩性复杂、参与标段多、料场分散等特点，坝料质量控制难度相当大。为此，建设公司专门成立了两个领导小组，一个是坝料协调组，一个是坝料质量组。建设公司、设计、监理和施工单位有关人员分别参加到上述两个工作小组，一般是各单位领导参加到坝料协调组，各单位质量控制负责人员参加到坝料质量组。小组定期开会，研究近期坝料存在的问题，如有特殊情况，随时可以组织会议。坝料协调组负责上坝料场规划和坝料的平衡工作，坝料质量组负责坝料岩性鉴定、坝料质量检测以及用途等。为加强坝料的日常管理工作，业主委托大坝标监理统一协调管理坝料。

6.16.3 坝料管理措施

(1)料场管理的主要内容是对料场上坝料的质量进行检测、监督，并负责倒料场的治安、保卫工作。

(2)筑坝料在开挖、倒运、堆存等施工过程中必须严格控制，以保证其数量和质量；倒渣场在起用之前，首先要进行覆盖层清理，场地平整压实；堆料分层高度严格控制在2.0 m以内；对可利用料的检测严格按照设计要求的频次和项目进行。

(3)施工单位成立了专门的料场管理办公室，负责对各段标开挖料的质控，各个料场设置值班室，固定专门的质检员，随时抽检运来石料的质量。一经抽检到不合格的来料，立即上报大坝标监理单位，由大坝标监理协调其他标段的监理和施工单位对不满足要求的材料进行清除。

(4)不同标段的开挖料往同一料场倒运时，按设计规定位置分开堆放，由施工单位按照不同标段、不同单位及地质、监理共同鉴定的岩性统一规划倒料场地和倒料面积。

(5)为防止堆存料场的上坝料的流失和维持料场正常的施工秩序，料场配备专门的保安人员进行巡视，料场值班人员24 h现场值班，与地方公安部门保持密切配合，共同维持渣场的治安工作。

(6)料场管理办公室每月将料场运行状况进行汇总，对各个料场进行测量收方，并将运行状况及收方结果及时呈报给建设公司、监理单位。料场管理结束后，及时将料场堆料平面图、剖面图呈报监理、业主。如因施工单位原因出现将可利用料挪用或弃往别处，或在开挖过程中因爆破参数控制不当造成级配达不到设计要求的，将由各施工单位及相应标段监理进行控制。

(7)监理单位安排一名副总监主抓料场管理，并配备专职监理工程师负责料场的监理工作。主要职责是监督施工单位对坝料实行全过程管理，包括岩性判断、坝料种类判断、坝料级配检测、坝料料场规划、坝料平衡等，采取巡视的方式对料场进行监督和管理。

(8)制定了严格的取料措施。运输司机必须按照要料单指定的料场拉运上坝料，车辆必须粘贴运料标识牌，标识牌要写明运输什么料种并放置在汽车挡风玻璃醒目的位置，所拉材料一定要和标识牌相符；料场取料时要按照自上而下的顺序进行，一般情况下取料分层高度不应超过 2 m；料场的超径石在上坝前应解小，或清理到附近的弃料堆，不允许不合格的料上坝；对于直接开采上坝的主堆石 3BⅠ–1 料、过渡料 3A 在装料时要派专人指挥，进行单车装料控制；车辆进入碾压区，司机必须听从坝面人员的统一指挥；车辆在坝区行走时注意不要损坏埋设的观测仪器。

(9)以爆破开采坝料为例，坝料管理程序如图 6-12 所示。

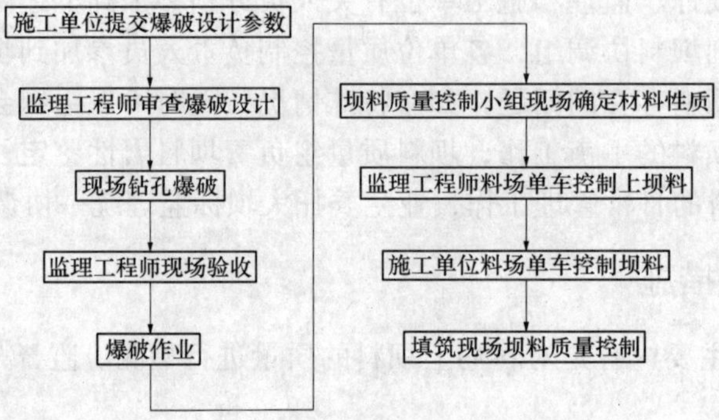

图 6-12　坝料管理程序图

6.17　结　语

根据实际情况，公伯峡大坝填筑采用了部分新的施工工艺和管理措施，并对传统的施工工艺进行了更新和改造。这些措施有：大坝不分期平起上升一次填筑到顶，为一次性拉面板创造了有利条件；为解决超径石的堆放问题，部分坝料中掺配了超径砾石；为适应西北地区冬季施工条件艰苦的实际情况，对坝料洒水问题进行了恰当的处理；为加快大坝沉降过程，对大坝底部进行了充水浸泡试验；为控制坝料质量，建立了专门的坝料管理机构，对料场进行管理和监督。这些工程措施对大坝的施工质量和进度都产生了积极的影响。电磁式沉降仪显示，施工期总沉降量为坝高的 0.5%左右，且基本稳定，为同类高坝中较小的，且公伯峡大坝填筑部分材料采用了软岩，这更有实际意义。在进度方面仅用 14 个月就完成了填筑任务，与原计划相比提前了半年时间，为大坝稳定沉降提供了有利的条件，为一次性拉面板创造了技术条件。

第 7 章　挤压式混凝土边墙新技术

7.1　传统施工工艺

为了进行对比说明挤压墙施工技术，首先回顾一下传统垫层料的施工工艺。混凝土面板堆石坝上游坡面的传统施工方法是：在垫层料填筑时，向上游侧超出设计边线 30 ~ 40 cm，垫层料填筑后分层碾压。填筑一定高度后进行机械或人工削坡处理、修整，为了保证碾压质量和设计尺寸，需要反复进行斜坡碾压和修整，工作量很大。为保护新形成的坡面，通常涂抹 8 ~ 10 cm 厚砂浆，也有喷涂乳化沥青进行保护的工程实例。

目前正在施工的重庆某水电站面板堆石坝采用传统工艺进行垫层料的施工，其具体施工方法是：

(1)垫层料施工时，向上游侧超填 30 cm，进行整平和垂直碾压。

(2)垫层每升高 15 m 左右进行一次坝坡斜坡碾压和防护。采用错距法碾压时，前后两次碾压应有搭接，碾迹重叠 5 ~ 10 cm。

(3)在上游坝面碾压前，应首先进行人工修坡，并用测量仪器进行坡面测量。考虑到碾压后坡面有所降低，设计要求修整后的坡面在法向方向上应高出设计 5 ~ 10 cm。

(4)坝坡碾压时，应先静碾几遍以固坡，然后半振动碾压几遍(即上行时振动、下行时不振动)，碾压遍数需经试验确定。碾压前必须对坡面洒水，洒水时禁止形成冲射水流冲蚀大坝坡面，也应避免含水量过大而形成“弹簧土”。

(5)应特别注意，雨季施工应缩短上游坡面的整坡、防护周期，并做好安坡排水工作，确保垫层料免遭径流冲刷。如被水流冲刷，应采用垫层料进行薄层回填压实，达到设计要求。

(6)垫层坡面压实合格后，应尽快按设计要求进行碾压水泥砂浆防护。

(7)碾压水泥砂浆强度为 M5，厚度为 7 cm，采用机械或人工摊铺，每条幅宽不小于 4 m。水泥砂浆施工宜在阴天和夜间进行，但禁止雨天或负温下施工，砂浆初凝前必须完成碾压，施工后养护 14 天以上。

传统施工工艺的特点是技术成熟，施工工艺易于掌握；其缺点是工序多，费工费时，且坡面垫层料的填筑密实度难以保证，直接影响整个大坝的填筑进度和质量，另外，高边坡施工也存在着一定的安全隐患。

7.2　国际实践经验

在研究垫层料的施工工艺过程中，逐渐形成了一套新的施工工艺，即混凝土挤压边墙施工方法。该项技术率先在巴西、秘鲁和阿根廷等国成功应用于面板堆石坝。

巴西依塔混凝土面板堆石坝是最早使用这一技术的工程。依塔工程坝高 125 m，坝顶长 880 m，大坝填筑工程量约 870 万 m^3，混凝土面板约 1.1 万 m^2。该工程 1996 年大坝开始填筑，1999 年基本建成。在大坝施工过程中，为解决大坝坡面垫层料压实质量和保护问题，采取了与常规方法不同的施工方法。

依塔混凝土面板堆石坝垫层料施工，采用在每层垫层料填筑碾压前，先沿上游坡线用混凝土浇筑一个三角形挡墙，墙高为 30 cm，待混凝土到达一定强度后，再开始填筑碾压垫层料。

在实际施工中，工程技术人员研制了一台专用设备，该设备可以沿上游坡边浇筑混凝土边沿坝轴线方向移动，这样在垫层料上游侧形成一个三角挡墙，随后进行垫层料的摊铺和碾压。三角挡墙混凝土，采用低标号、二级配混凝土。

巴西依塔面板坝为保证垫层料碾压质量，同时解决上游边坡保护问题而采用的这种新方法有如下特点：

(1)简化了施工程序。常规的施工方法是：分层填筑垫层料过程中，在上游适当超填 15 ~ 30cm，水平碾压后，进行坡面整修和坡面碾压，坡面碾压完成后，为保证上游垫层不致因雨水或临时挡水冲刷等损坏，一般都要采取喷洒乳化沥青、喷混凝土或砂浆等措施进行坡面保护。

(2)施工简单易行，施工方便、安全。通过自制的滑模施工，施工人员易于掌握、控制，避免了施工人员在斜坡上作业的危险。

(3)施工质量易于控制。首先，由于垫层料上游有混凝土三角挡墙支撑，碾压机具可以靠近上游对垫层料进行碾压作业，保证了上游垫层料的碾压质量；其次，由于上游有混凝土三角挡墙组成的较规则上游坝面，给面板混凝土施工时的施工质量控制提供了有利条件。

(4)降低劳动强度，避免垫层料的浪费。常规施工方法在坡面都要将上游坡面法线方向超填 15 ~ 30 cm 的垫层料，按照上游设计坡线，进行修整。整修施工在国内一般都采用人工进行，劳动强度大，质量控制难度大，而且修整下去的垫层料都浪费了。

7.3 理论计算分析

巴西依塔面板坝垫层料施工技术上突出的优点得到国内坝工界专家学者的广泛关注，主要表现在：其替代传统工艺中垫层料的超填、削坡、修整、斜坡碾压、坡面防护等施工工序，垫层料碾压质量得到了有效保证，施工进度大大加快，坡面抵御暴雨冲蚀能力显著增强。

2001 年公伯峡工程建设之初，建设公司经过多方调查，决定在公伯峡水电站开展挤压墙的生产性科研、试验和应用，由陕工局集团进行挤压墙施工设备和生产性试验工作，委托科研单位和高等院校进行分析计算。通过大量的科研试验和分析论证，表明混凝土挤压式边墙施工技术是可行的，业主决定在全国面板坝中首先使用挤压墙这一新技术，并应用于公伯峡水电站面板堆石坝工程中。

简单说来，挤压式边墙施工技术是利用挤压机械在垫层料边缘形成一道混凝土小墙，根据其应用特性，该混凝土为干硬性混凝土。挤压墙断面多设计为不对称梯形，其上游为斜面并与设计坝体坡面一致，下游面为近似垂直的坡面，高度为 40 cm，与垫层料填筑层厚一致。为加快混凝土强度的提高，在混凝土中掺配了一定量的速凝剂，在其内侧填筑垫层料，采用普通振动碾垂直碾压，根据现场实际情况，结合压实检测结果，如能满足压实度要求，最好采用静压。检验合格后在工作面上再做一层挤压墙，如此工序循环反复，最终形成连续完整的大坝上游坝面。

鉴于国内工程首次研究使用挤压式边墙技术，为深入研究挤压墙对坝体及混凝土面板受力状态产生的影响，建设公司分别委托中国水利水电科学研究院、清华大学、天津大学等科研单位和高等院校，研究采用挤压墙技术条件下，面板的应力应变状况、静动力对比分析、面板约束影响分析、面板对坝体应力应变分布影响。几家科研单位的计算分析结果基本一致，归纳为以下 3 条：

(1)挤压式边墙对坝体的应力分布状态影响甚微，对坝体局部拉应力区受力状态有一定程度的改善。

(2)挤压墙对上游坝面的水平位移具有一定的约束作用，从而使坝体的沉降量有所减小。

(3)理论计算表明，大坝运行期挤压墙顺坡向的压应力为 20 ~ 36 MPa，轴向压应力为 22 ~ 36 MPa，均大于墙体的抗压强度，因此运行期的挤压墙已被压碎，其性能基本与垫层相同；面板挠度有无挤压墙时分别为 27.3 cm 和 28.1 cm，顺坡向拉应力分别为 3.46 MPa 和 3.52 MPa、压应力分别为 6.8 MPa 和 7.1 MPa，有挤压墙的计算值反而略小。

因此，可以认为，挤压墙对面板的应力、应变无不利影响，挤压墙体型设计合理，不影响面板安全运行。挤压墙对混凝土面板的约束未有明显增大，因此不需采用挤压墙切断分缝等措施，坡面按面板坝施工规范要求处理即可。科研单位还建议，在面板施工前在挤压墙表面适量喷涂乳化沥青，以减小面板混凝土与挤压墙之间的黏结力。

综上所述，理论分析表明，挤压墙不会对坝体受力状态产生很大影响，也不会对面板的约束产生大的影响，不必因挤压墙的应用采取特殊的工程措施，因此挤压墙施工技术是可行的。

7.4 挤压式边墙施工机械及主要技术参数

7.4.1 挤压机的工作原理和技术参数

7.4.1.1 挤压机技术参数

BJY40 型边墙挤压机是陕西省水利机械厂研制生产的，是为面板坝边墙施工新工艺专门研制的一种新型混凝土施工机械。它的特点是断面规则、直线度好、工效高、操作简便，为国内首创。挤压机技术参数如表 7-1 所示。

表 7-1 挤压机主要技术参数

名称	型号	外型尺寸 (长 × 宽 × 高 mm)	自重 (kg)	功率 (kW)	前进方式	工作速度 (m/h)
挤压机	BLY40	4 400 × 1 390 × 1 280	2 600	45	螺旋连续推进	40~60

7.4.1.2　挤压机的工作原理

其工作原理是，液压泵将柴油机的机械能转换为液压能，一路通过低速大扭矩液压马达驱动搅龙旋转，将进入搅龙仓的混凝土拌和料输送到成型腔；另一路通过高速液压马达驱动振动器，使成型腔内的拌和料在搅龙挤压和振动器振力的综合作用下达到设定的密实度，在搅龙轴向推力的作用下，边墙挤压机以密实混凝土拌和料为支撑向前移动，机后则形成连续的混凝土边墙。

混凝土拌和料均匀进入搅龙仓，边墙挤压机均匀前进，机后亦匀速形成设定密实度大混凝土边墙；拌和料断续进入搅龙仓，挤压机前进速度为变值；当拌和料停止供应，挤压机前进速度为零，即挤压机前进速度无控自动调节的前提条件是成型腔内拌和料达到设定的密实度。

7.4.1.3　挤压机的内部结构

挤压机由成型腔、搅龙仓、动力系统、液压系统、支重轮、行走轮六大部分组成，外形如图 7-1 所示。

图 7-1　BJY40 型挤压机

成型腔为钢组合结构，在整机的后端，腔内有可供更换的耐磨衬板。振动器固定在外墙衬板的浮动段。衬板固定段保证端面规则的几何形状，浮动段使拌和料产生高频振动。成型腔顶部是工作平台。

搅龙仓是挤压机的主要工作部件，在整机的中部。其上半部为料仓，用来接收混凝土拌和料；其下半部为搅龙，前段输送拌和料，后段挤压拌和料，用耐磨材料制成，中段拌和料起保护作用。

动力系统由柴油机和油箱组成，为挤压墙提供机械能。柴油机为水冷发动机。油箱用薄钢板焊成，其容量可供挤压机连续工作 10 小时。

液压系统由高压油泵、低速大扭矩马达、高速液压马达、多路换向阀、液压管路、散热器和液压油箱组成。它们将柴油机的机械能转换为液压能，驱动搅龙和振动器，并按需要控制工作方式。液压油箱内设有粗细过滤筛器，外侧有油温油压计可供观察。散热器固定在发动机水箱前端，借柴油机风扇吸风强制冷却液压油。

支重轮共有三组，分别设置在搅龙仓两侧和整机的前端，其作用是降低整机对施工面的压力，减少挤压机的前进阻力，满足边墙设定的密实程度。

行走轮由后轮和转向轮两部分组成，它们都有独立的升降机构。各轮降低可将整机支撑实现短距离转移，转向轮借助操纵杆的调节适时改变整机行驶方向，保证直线度和外墙面的平面重合度。

7.4.1.4 挤压机的操作要点

施工前的准备：检查液压油位，必要时添加清洁并经过滤的规定品牌液压油；检查并加足柴油；检查并加足发动机的冷却水，转向机构压注润滑脂；检查并拧紧各联结部位的紧固螺栓；启动柴油机、预热，确认发动机工况正常；操作液压控制手柄，确认搅龙和振动器工作正常；将挤压机吊装到施工起点，就位时尽量满足前进的直线方向和外墙面的重合度要求，安装并固定起动板。

施工面的反滤层要均匀密实、平整，要清除表面突起的过大石块。使用经试验确定的拌和料配比、水灰比和添加剂，拌和料最大的粒径小于 2 cm。

施工时一人操作转向杆和液压手柄，观察直线度和外墙平面重合度并适时调节行走方向，监听挤压机各部工况是否异常并采取措施。另一人在挤压机后部平台上，控制拌和料供给的均匀性，监视并及时清除混入拌和料中过大的骨料；按要求供给添加剂；观察并调整左右轮始终压向地面。

一条边墙施工结束后应立即清理料仓和搅龙黏结的拌和料，并用水冲洗干净。清除成型腔内黏结的混凝土。清扫散落在挤压机各处的拌和料并擦抹干净。冬季施工要注意柴油机的保温，每班施工结束要放净冷却水。停机在 20 天以上要定期对电瓶作充电护养。

7.4.2 挤压式边墙断面形式

挤压式边墙设计为梯形断面，上游坡面同大坝坡面 1∶1.4，顶部宽度为 10 ~ 12 cm，分析认为过大的顶宽会降低挤压墙适应变形的能力。挤压墙高为 40 cm，与碾压后垫层料厚度一致；内侧坡比设计为 8∶1，以便垫层料碾压；底部厚度大约为 70 cm，每延米体积 0.162 m^3。实践表明，这种断面形式有利于挤压成型，也可满足垫层料铺填碾压的约束要求。挤压式边墙断面如图 7-2 所示。

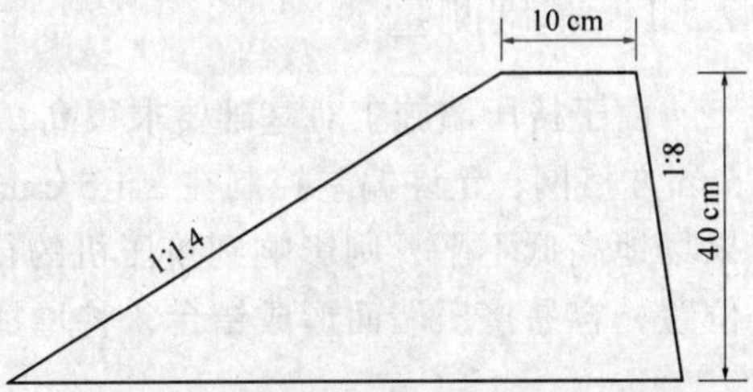

图 7-2 挤压式边墙截面示意图

7.4.3 挤压式边墙混凝土配合比

7.4.3.1 挤压墙混凝土配合比设计要求

挤压式边墙混凝土性能应具备低强度、低弹模、半透水的特点，为了满足与垫层料填筑同步上升的要求，混凝土又具有较高的早期强度。因此，挤压墙混凝土配合比设计主要考虑三个方面的因素：首先，要保证挤出的混凝土成型良好，这取决于挤压机挤压力的大小，同时挤压墙混凝土应满足设计渗透指标；其次，挤压墙混凝土作为垫层料的一部分，其性能应尽可能接近垫层料的技术参数，即挤压混凝土的强度和弹模值满足设计要求，应具有较低的抗压强度和弹性模量；再次，混凝土配合比应适应快速施工的要求。挤压墙设计技术指标见表 7-2。

表 7-2　挤压墙设计技术指标

项目	渗透系数	弹性模量	抗压强度	其他要求
设计指标	$10^{-2} \sim 10^{-3}$ cm/s	3 000 ~ 8 000 MPa	2 ~ 6 MPa	要求混凝土坍落度为零、低强度、低弹模

7.4.3.2　挤压墙混凝土配合比的确定

陕工局根据上述原则，选择合适的原材料和设备进行了混凝土配合比试验。试验表明，挤压机对混凝土配合比较为敏感，坍落度大的混凝土行进速度快，坍落度小的混凝土行进速度慢。经过多次试验和论证，确定配合比如表 7-3。

表 7-3　挤压墙混凝土配合比

水泥标号	水灰比	砂率(%)	材料用量(kg/m^3)				速凝剂占水泥量(%)	容重(kg/m^3)
			水泥	水	砂	小石		
	1.31	31	80	105	651	1 449	3	2 285

注：该配合比均为干硬性混凝土，砂石料均匀饱和面干状态。

7.5　挤压式边墙施工工艺

混凝土挤压墙与垫层料施工工艺流程见图 7-3。

7.5.1　基础测量

由于挤压墙施工对基础要求很高，测量仪器精度应满足规范要求，散点控制为 2 m × 5 m 方格网，允许偏差控制在 ± 1.5 cm。场地的平整度对挤压墙施工精确度影响很大，如果场地高低不平，则影响到挤压机的行走线路和行走姿态，进而影响到挤压边墙的空间位置，容易挤压墙面形成错台，将增加后期面板基础处理工作量。

7.5.2　碾压人工补料

如挤压墙基础部位平整度不能满足要求，则应进行人工局部补料，再进行补充碾压。

7.5.3　挤压墙位置测量放线

基础平整度达到要求后进行挤压墙位置测量放线，确定挤压墙的空间位置，主要是确定挤压墙的边线，并用白灰线洒出挤压机行走路线。按此边线，根据底层已成型挤压墙顶边线做适当调整，使坝体上游坡面水平方向偏差控制在 ± 5 cm 之内，根据调整后的

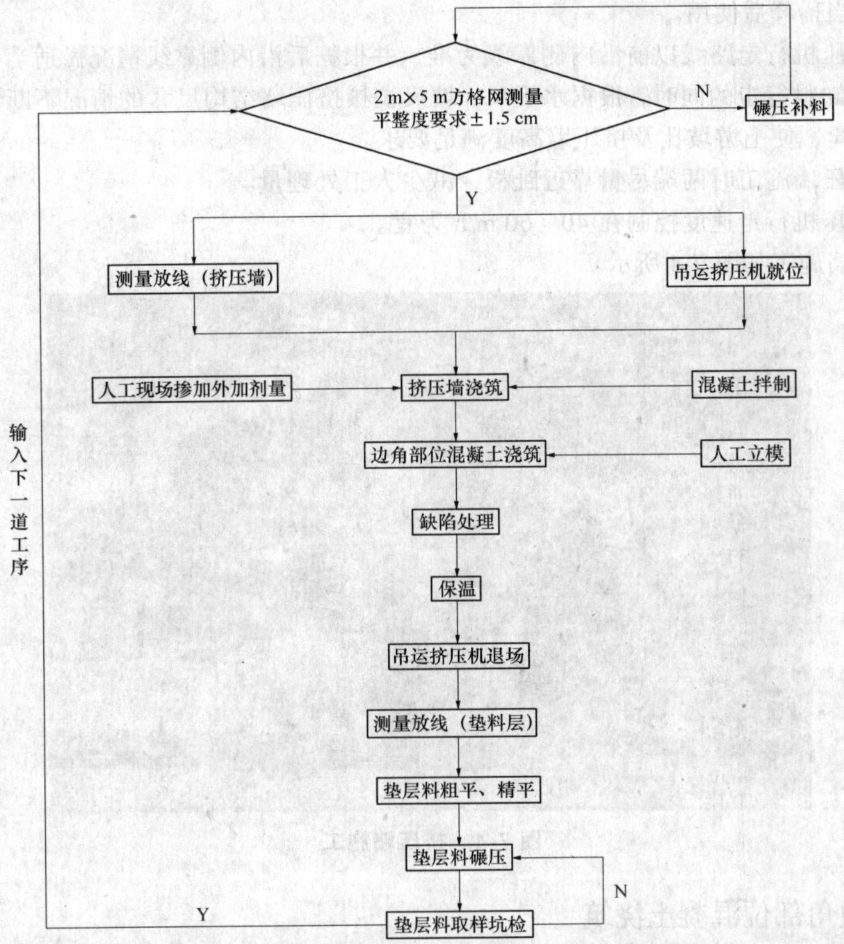

图 7-3　混凝土挤压墙与垫层料施工工艺流程图

边线分段挂线。公伯峡大坝挤压墙施工期间，考虑到大坝上游坡面可能存在的变形，根据专家建议及相关会议精神，结合同类工程坝体沉降规律，在高程 1 970 m 以下范围施工控制线向下游方向预退 5 cm，至高程 1 980 m 高程以上范围向上游超填 5 cm 预留沉降。

7.5.4　BJY–40 挤压机就位

由装载机或液压反铲将挤压机吊运到指定的位置，使其内侧外缘紧贴线绳。调平内外侧调节螺栓，用水平尺检查，使其在同一高程。用钢尺量挤压机出口高度，使其保持在 40 cm。挤压机就位后安放挤压墙三角形端头挡板并固定。

7.5.5　挤压式混凝土边墙施工

(1)混凝土罐车拉运混凝土进场，待罐车就位后，开动挤压机，并开始卸料，卸料速度均匀连续。在卸料的同时，人工掺加高效速凝剂，速凝剂的掺量为水泥用量的 3%，即每方混凝土掺加 2 400 g，每延米掺加 389 g。根据速凝剂添加器的流量大小，对速凝剂加水适当稀释后使用。

(2)挤压机行走路线以前沿内侧靠线为准，并根据后沿内侧靠线情况做适当调整。

(3)在卸料行走的同时，根据水平尺、坡尺校核挤压墙结构尺寸的情况不断调整内外侧调平螺栓，使上游坡比及挤压墙高度满足要求。

(4)挤压墙施工时两端尽量靠近趾板，减少人工处理量。

(5)挤压机行走速度控制在 40 ~ 60 m/h 为宜。

挤压墙施工如图 7-4 所示。

图 7-4　挤压墙施工

7.5.6　边角部位混凝土浇筑

挤压墙与两坝肩连接部位施工，由于挤压机无法到位，该部位需采用人工立模进行浇筑，每层铺料 10 cm，人工插捣密实，与趾板结合部位加强插捣。实践表明，接口处混凝土应适当加大水泥用量和速凝剂的掺量，否则容易发生坍塌。该部位混凝土按 100 kg/m^3 水泥用量控制，速凝剂掺量为 3 kg/m^3，即每延米掺加 500 g 左右。

7.5.7　缺陷处理

由于挤压墙首次在国内应用，施工中难免发生一些质量缺陷，这些缺陷主要有错台、倒塌现象，工程处理措施是挂线用砂浆抹平，对于错台超出设计线的部分，人工凿除抹灰处理。

7.5.8　混凝土养护

冬季施工应采取措施对挤压墙混凝土进行保温养护，一般情况下覆盖土工膜。

7.5.9　垫层料粗平、精平

挤压墙成型 2 小时后，用 20 t 自卸车拉运垫层料，采用后退法卸料，每车拉运料约

7 m^3，根据现场情况测算沿坝轴线方向每 5 m 倒一车料。采用液压反铲或推土机辅以人工整平，推土机采用后退法用推刀抹平或人工刮平。人工剔除挤压边墙处超径料及块石。机械粗平后，在挤压式混凝土边墙上挂高于边墙约 4 cm 的线绳，并经高程测量做相应的调整，此线绳作为机械、人工平料的标准。布设 2 m×4 m 高程网并挂线，由人工在此范围内按线整平。待验收同意后，进行下一高程方格网的平整。所有平整完后，再进行散点测量，使所有点高程相差在 ±1.5 cm 内。

7.5.10 垫层料碾压

整平后洒水，采用 5 t 洒水车运水，利用人工洒水，洒水应均匀，洒水量按坝料的 5%控制(体积比)，使垫层料上不出现明流水为宜，洒水 10～20 分钟后碾压。首先进行静碾压，然后进行振动碾压，在碾压的过程中注意观察挤压墙的变化，如果挤压墙有明显崩塌现象，则应相应调整碾压方式或碾压机行进速度。

碾压沿坝轴线方向，距挤压式边墙 15 cm。碾压参数：铺料厚度 44 cm、碾压 8 遍、频率 27.5～28 Hz、振幅 1.3 mm 左右、行走速度 3 km/h，边角部位可由液压夯板或小型冲击夯夯实。

碾压后，布设 2 m×4 m 高程方格网，取某一中间高程作为依据，人工补料至平整，碾压 1～2 遍，使其高差在 ±1.5 cm 内，若达不到要求，重新补料补压，直至达到要求。整平碾压完成后，清除挤压边墙顶面的垫层料。

7.6 挤压式边墙施工应注意的问题

(1)挤压墙施工前，垫层料的碾压检测必须合格，而且靠近坝面 90 cm 内必须精心整平。人工找平时，先将影响挤压机行走的石子捡去，然后人工挂线，水准仪测量、人工找平，以确保挤压机的行走方向始终保持直线方向，否则挤压墙每层之间的错台较大。垫层料人工整平后，再用振动碾压实 1～2 遍，满足挤压机的行走要求。

(2)混凝土搅拌车直接卸料入挤压机进料仓，卸料速度应均匀连续，宜将挤压机行走速度控制在 40～60 m/h，在卸料的同时按一定的比例掺加高效速凝剂，使挤压墙混凝土强度能在 2 小时内满足垫层料的填筑碾压要求。

(3)挤压墙之间搭接部位最好用砂浆人工找平，若直接用混凝土修补，将来修整挤压墙表面时，后补的混凝土很容易被损坏，造成挤压墙坡面处理的工作量加大。

(4)为确保垫层料全线的填筑压实质量，挤压挡墙施工浇筑宜紧靠左、右两岸趾板部位，对于挤压机无法浇筑到的部位，应及时采用人工钢模浇筑成型。同时将左、右两岸趾板周边缝底部铜止水的底部采用人工低标号砂浆抹平，并要特别注意保护好铜止水。

(5)在冬季负温下施工时，掺加适量防冻剂，以确保混凝土浇筑质量。

(6)挤压墙混凝土的标号不宜太低，否则面板混凝土施工期间，挤压墙表面易被破坏。

(7)为减少挤压挡墙对面板的约束和增强挤压挡墙适应填筑体的变形，在浇筑面板混凝土之前，可在挤压挡墙表面喷涂乳化沥青。

7.7 挤压式边墙施工的质量控制标准

公伯峡大坝在国内首次采用挤压墙施工技术，质量控制尚无规范和标准可以遵循，建设公司与设计、监理和施工单位在这方面做了大量的工作。确定质量控制标准的基本思路是：根据挤压墙混凝土的施工特性，初步确定抗压强度、渗透系数和弹性模量等质量控制标准，同时应充分考虑挤压墙是代替部分垫层料这一基本情况，要求挤压墙的性能尽量接近于垫层料的特性。

在初步确定挤压墙混凝土质量控制标准后进行配合比试验，根据配合比试验确定混凝土配合比；然后进行混凝土挤压墙生产性试验，在施工现场对混凝土取样，对混凝土试样进行相关质量标准测试；根据试验测试的质量标准对初步确定的质量标准进行反馈计算。根据前述的步骤最终确定挤压墙混凝土的质量控制标准为：混凝土 28 d 抗压强度为 2 ~ 6 MPa，渗透系数为 $10^{-2} \sim 10^{-3}$ m/s，弹性模量为 3 000 ~ 8 000 MPa。

在挤压墙施工过程中，施工单位试验室和建设公司试验中心按一定频率分别进行混凝土取样试验。取样试验显示，公伯峡大坝挤压式边墙混凝土强度最大值为 5.9 MPa，最小值为 2 MPa，强度满足设计要求。

7.8 挤压墙施工质量控制措施

7.8.1 优化混凝土配合比

(1)施工前精心复核和优化混凝土配合比，尽可能降低水泥用量，以降低挤压式边墙混凝土的弹性模量。

(2)拌和站设专人监督，严格按批准的混凝土配料单进行配料，严禁擅自更改。

(3)做好出机口和浇筑现场的混凝土取样工作，为混凝土质量评定提供详实的基础资料。

(4)混凝土骨料级配研究是当前挤压墙技术发展的一个特点，其趋势是级配不一定完全遵循混凝土级配料配合比。湖北清江水布垭面板坝工程创新使用坝体小区的垫层连续级配料混凝土配合比，研究采用粒径 20 mm 以下的河卵石混合料，以降低造价、提高挡墙成型质量及相关的技术指标。

7.8.2 低温季节挤压墙混凝土施工

为加快坝体填筑施工进度，确保边墙混凝土在冬季低温季节能照常施工，需采取必要的防寒保温措施。

(1)混凝土拌制。按照设计的混凝土配合比，在混凝土拌制时延长拌和时间，以常温拌和时间的 1.5 倍控制。混凝土拌和，采用热水拌制，并使出机口混凝土温度不低于 5 ℃、不高于 12 ℃(掺加防冻剂按水泥用量的 3%控制)。

(2)混凝土运输。为保证混凝土浇筑强度，同时保证混凝土运输过程中不受冻，运输车辆采用 1 430 g/m^2 复合土工膜保温材料包裹，并尽量缩短运输时间，将拌制成品混凝土及时运至现场。

(3)混凝土挤压墙成型体保温。浇筑成型的混凝土用棉被覆盖保温，以确保挤压混凝土质量。

7.8.3 高温季节挤压墙混凝土施工

(1)混凝土运输措施与低温季节相同，需要有必要的保温措施。

(2)对混凝土骨料及拌和站搭设凉棚，遮阳防晒。

(3)加强洒水养护，延长养护时间。

7.8.4 成型挤压墙的修整

在挤压墙混凝土施工中，由专人跟进挤压机，对已挤压成型的混凝土边墙及时进行人工修整。其方法如下：

(1)错台处理。对上、下坯层挤压墙在上游侧出现错台现象，其内错台由人工将 M5 砂浆补填；外错台由人工铲除修整。修整后的错台应小于±1 cm。

(2)鼓包处理。对挤压墙因拌制不均匀而出现的鼓包现象，人工铲除修整，并用 M5 砂浆进行抹面。

(3)坍塌处理。对挤压墙内侧边坡出现坍塌现象，由人工立模内填原坍塌混凝土或新拌制的混凝土或 M5 砂浆进行补填。挤压墙坍塌处理见图 7-5。

图 7-5 挤压墙坍塌处理照片

(4)顶面处理。对已挤压成型的边墙顶面 10 cm 以内，为确保上一层挤压墙施工质量，对下一层挤压墙顶面及时抄平测量，并用 M5 砂浆作抹面找平处理，其允许偏差为±1 cm。

7.8.5 垫层料施工质量控制

垫层料碾压质量，尤其是表面平整度，将直接影响混凝土挤压墙施工外观质量，故需对垫层料施工质量作专门研究和讨论。

(1)垫层料洒水碾压。根据公伯峡大坝施工过程来看，结合国内其他工程经验，垫层料碾压前，必须进行表面洒水。其有利于垫层料的碾压质量，从而为挤压墙混凝土施工提供平整的基础面，便于挤压墙外观质量控制。

(2)加强垫层料级配检测工作。垫层料碾压质量，其料物级配尤为重要。在坝体填筑过程中，除派专人在下游甘河滩加工厂不定期检测外，对拉运至坝面的垫层料在碾压前需进行级配检测，以防垫层料在装卸运输过程中出现大料集中，引起局部区域级配不良，从而使垫层料碾压面不够平整。

7.9 挤压式边墙施工的优点

通过公伯峡大坝混凝土挤压式边墙的研究和应用，与传统施工工艺相比，挤压式边墙施工具有以下优点：

(1)垫层料区由斜坡碾压变为垂直碾压，使用普通振动碾即可，这既方便施工又便于检测，施工质量更有保证。

(2)省去了人工削坡、斜坡碾压和坡面保护等工序，加快了施工进度。挤压墙施工速度可达 40 ~ 60 m/h，在混凝土成型 2 ~ 3 h 后即可进行垫层料的填铺碾压，两者几乎可同步上升。

(3)由于挤压墙在上游坡面的限制作用，垫层料不需要超填，也不需进行坡面修整和斜坡碾压等危险作业，施工的安全性大大提高，同时上游坝脚部位可安全地进行灌浆作业。

(4)挤压墙施工技术的应用使得垫层料施工的工序和设备、机具得到简化。传统工艺需要的坡面平整和碾压设备、沥青喷涂设备、水泥砂浆施工工具等被挤压机取代，人工修整作业大为减少。

(5)极大地简化了施工工艺，避免了垫层料的超填、削坡、修整、斜坡碾压和涂抹砂浆等工序，避免了垫层料的浪费。

(6)挤压墙对坝体和面板的应力应变影响甚微，但可一定程度地减小坝体的沉降。挤压墙在坡面形成一个规则、坚实、均匀的支撑区域，对垫层料起到很好的保护作用，同时为下一步混凝土面板施工提供了良好的基础。

(7)对大型工程尤其是导流标准较高的工程以及南方多雨地区，可提供一个抵御冲刷的上游坡面，从而使得导流度汛的安全性提高，避免了雨水对上游坡面的冲刷。

(8)工作面相对整洁，坡面可直接进行钢筋和面板的施工，减少混凝土超浇工程量。

(9)施工设备简单，挤压机是一种相对低成本设备。

(10)具有较高的效率，对于坝顶长 390 m 的工程，一天可以施工两层。

挤压墙施工技术在公伯峡工程成功应用后，国内水电建设、设计、施工和科研等单位纷纷来公伯峡水电站考察调研。湖北恩施芭蕉河面板堆石坝、甘肃龙首西流水面板堆石坝、清江水布垭面板堆石坝等工程中，也相继采用了挤压墙施工技术。

7.10 有待完善的问题

从公伯峡工程挤压墙的研究和应用来看，挤压墙施工技术在以下方面尚待改进和继续研究：

(1)现有施工机械和施工方法无法保证挤压墙内部和表面密实度的均匀性。

(2)目前尚无标准的质量检测手段。

(3)挤压墙的设计技术指标是否适宜有待进一步探讨。

(4)由于该施工工艺首次在国内应用，还存在一些需要解决的技术问题，如成墙施工过程中会发生错台、倒塌等现象，需要人工进行修复。

(5)挤压墙分层施工后，所形成的上游边坡整体平整度不太理想，需进行处理。鉴于挤压墙是代替垫层料的，其不平整度标准按垫层料执行，实际施工中控制在+5 ~ –8 cm 范围内。

(6)挤压墙混凝土虽然强度和弹模均较低，但其整体性比较好，如在其上直接浇筑面板混凝土，有可能对混凝土面板产生一定的基础约束作用，应采取措施尽可能减少基础约束。公伯峡工程在混凝土面板浇筑前，对挤压墙坡面喷涂 1 mm 厚的阳离子乳化沥青，以减少对面板的约束。

7.11 今后技术改进与创新发展的方向

从 2001 年国内开始研究挤压式混凝土边墙施工技术，并在公伯峡水电站、甘肃西流水大坝、甘肃多儿水电站大坝、湖北芭蕉河鹤峰水电站等项目中相继应用，取得了一定的施工经验和监测数据。实践表明，挤压墙技术具有强大的生命力，其优点得到充分发挥。但我们还应当看到，毕竟该技术在国内应用时间较短，还存在这样和那样的问题，需要克服缺点，继续完善和发展该项技术。目前国内工程实践研究的方向如下。

7.11.1 混凝土配合比优化

优化混凝土配合比设计，主要是对混凝土骨料的优化设计。目前湖北清江水布垭面板坝工程，对挤压墙混凝土骨料不一定选用传统的级配砂石骨料，取而代之采用坝体填筑特殊垫层料(2B)作混凝土骨料(筛除粒径大于 20 mm 的超径)，其优点在于：

(1)特殊垫层料(2B)级配优于砂石骨料(一级配)级配。

(2)便于挤压墙成型，尤其对边墙外侧底角处挤压密实，克服了 BJY40 型挤压机的机械缺陷。

(3)经济上更具有竞争优势。

7.11.2 混凝土挤压机性能改造

目前工程上应用的挤压机为第四代混凝土边墙挤压机，是由陕西省水利机械厂研制生产的。实际使用过程中还存在一些问题，根据工程实际需要对挤压机的成型尺寸进行调整，以满足工程需要。

(1)根据设计边坡，确定挤压机上游侧挡板坡比。例如公伯峡、西流水、水布垭面板堆石坝边坡均为 1∶1.4，而积石峡面板堆石坝的上游边坡为 1∶1.5。

(2)在挤压机内部增设(特殊)振动装置，确保边墙外侧底角处挤压密实。

(3)在挤压机内侧前、后处增设两个导向轮装置，使其与地面预埋槽钢相配合，确保挤压机在负荷时左右前进方向。

(4)在挤压机上安装红外线自动找平装置，随时调整挤压机上、下运动方向，以确保其在负荷时的上、下偏差。

7.11.3 垫层料摊铺机的研制

为提高混凝土挤压墙成型质量，混凝土边墙挤压机(BJY40 型)是问题的关键，其对垫层料碾压成型面的平整度要求很高(±1.5 cm)，这就要求对垫层料的碾压质量严格控制。目前的传统工艺与方法均通过人工采用网格(2 m×5 m)纵横向精平，其结果费工费时而不经济。分析原因，因为传统工艺与方法在垫层料摊铺过程中难免发生大面积不均匀现象，如垫层料卸料成堆，摊铺时反铲挖掘机在其上来回走动，其结果造成垫层料提前分段碾压(有些区段又没碾压)，且摊铺面不够平整，使最后振动碾碾压时局部地段出现波浪状，给后期垫层表面料精平带来诸多不便。故如何解决垫层料摊铺均匀是保证挤压墙成型的关键。

根据上述实际情况，客观上需要机械设备进行垫层料的摊铺，国外“埃塔”大坝曾使用过垫层料摊铺机，如图 7-6 所示。

图 7-6 垫层料摊铺机在“埃塔”大坝工程中的应用

7.11.4 其他正在研究的问题

(1)混凝土面板是薄板型防渗结构，混凝土厚度通常较薄。部分坝工界人士提出，改善挤压墙的体型和技术参数，加以表面防渗处理，例如采用喷混凝土等方法，取代混凝土面板，也是一个很有前途的研究课题。

(2)挤压墙对面板和坝体应力和应变产生什么影响、产生多大的影响，本章仅介绍了科研院所的理论计算成果，计算表明其影响不大，但实际情况如何，还有待于对观测数据的分析和有识之士的进一步研究。

7.12 挤压式边墙经济分析

挤压墙施工技术是一新型工艺，目前国内尚无定额可以套用。本书从公伯峡工程的实际情况，以施工 100 m^3 挤压混凝土为计算对象，将挤压墙与传统施工方法进行经济分析比较。

7.12.1 挤压墙人工投入

垫层料人工平整的费用包括在垫层料单价内，挤压墙施工时不考虑这部分费用；速凝剂添加、混凝土入仓需要 3 人；施工中墙体两侧边角部位需要人工立模板、振捣、抹面成型，浇筑过程中挤压墙需要进行缺陷处理和抹平，冬季需要覆盖保温材料进行混凝土养护，以上工作需要投入 10 人；混凝土搅拌车上司机和拌和站操作人员费用按规定进入设备台班费，人工费中不再考虑。

7.12.2 挤压墙材料投入

材料费用是其主要费用。根据挤压墙混凝土在施工过程中损失、坍塌等实际情况，混凝土浇筑过程中材料消耗率为 5%;零星材料费包括边角模板等取混凝土材料费的 1%。

7.12.3 挤压墙设备投入

现场配备的挤压机需 2 台，6 ~ 7 m^3 混凝土罐车 2 台，拌和站一座(2 × 750 L)。挤压墙混凝土的施工效率主要由挤压机控制，而挤压机的工作台时由 3 部分组成，即挤压机工作耗时、挤压机吊运和施工准备时间、混凝土罐车间隔时间。挤压机的工作速度为 40 ~ 60 m/h，平均工作速度为 44 m/h，根据挤压墙断面计算，每延米混凝土为 0.162 m^3，则 100 m^3 挤压墙混凝土耗时 14.73 h。因为每层挤压墙施工方量较小，从大坝底部到大坝顶部，平均 3 层混凝土墙工程量才能达到 100 m^3，每次生产准备时间为 0.51 h，测算标准内准备时间为 1.53 h。每车混凝土之间的间隔时间为 2 min，100 m^3 需灌车的搭接时间为 0.6 h。根据上述情况，施工 100 m^3 混凝土需用台时为 14.73+1.53+0.6=16.86 h。

挤压墙混凝土入仓后随即成型，由于挤压机的受料仓容积小，因此搅拌车必须与挤压机同步运行，则挤压 100 m^3 混凝土耗时 33.74 h。

拌和站需要与挤压机同时运行，则二者消耗的时间相同为 16.86 h。

根据上述资源分析和相关取费标准，混凝土挤压墙的单价为 230 ~ 250 元/m^3。

7.12.4 挤压墙与传统施工方法经济比较

传统工艺的费用包括：超填 30 ~ 40 cm 垫层料、相当于挤压墙本身体积的垫层料、斜坡碾施工、斜坡机械配合人工削坡、人工抹水泥砂浆。按 100 m^3 挤压墙混凝土施工与传统工艺同样斜坡面积比较，测算出传统施工方法相应挤压墙同体积垫层料的单价为 247 元/m^3(见表 7-4)。

表 7-4 传统施工方法相应垫层料(100m^3)费用

序号	项目	单位	单价(元)	工程量	总价(元)
1	相当于挤压墙本身体积的垫层料	m^3	41.79	100.00	4 179.00
2	超填 40 cm 垫层料	m^3	41.79	98.76	4 127.38
3	斜坡碾施工	m^2	8.00	424.80	3 398.40
4	斜坡面机械配合人工削坡	m^2	5.00	424.80	2 124.00
5	人工抹砂浆	m^2	25.78	424.80	10 951.34
合计					24 780.12

(1)计算选取 100 m^3 挤压墙混凝土为研究对象，测算单价采用竞争性报价。

(2)超填 40 cm 垫层料的体积为 100 m^3 混凝土对应的长度 617.28 m 与超填断面积之乘积，单价采用竞争性报价。

(3)斜坡碾施工、斜坡面机械配合人工削坡、人工抹水泥砂浆等项目根据 100 m^3 混凝土施工对应的斜坡面积 424.8 m^2 作为计算工程量。

通过以上的分析比较，可见采用挤压墙施工技术与传统施工方法投资大致相当，但挤压墙可有效保证垫层料的碾压质量，施工工序简化，工效提高，施工进度明显加快，坡面保护得到可靠保证。同时，挤压墙作为混凝土面板的基础，坡面平整均匀，其变形模量适中，可很好地协调面板与垫层料之间的变形，对防止面板混凝土产生结构性裂缝、延长面板的使用寿命起到有益的作用。

7.13 结　语

公伯峡工程建设者在借鉴国外工程经验的基础上，创造性地研究开发了垫层料施工的混凝土挤压墙新技术。这一技术填补了国内工程技术的空白，为同类工程树立了良好的榜样，目前国内大部分面板堆石坝采用了这一技术。该项技术还被评为 2004 年度电力系统科学技术进步二等奖。混凝土挤压墙技术研究带来了一批科技成果，这些科技成果主要有：挤压机研制成功，混凝土配合比研制成果，挤压墙混凝土质量控制标准研究。当然，我们还应当冷静地看到，挤压墙混凝土施工技术在我国应用的时间还不长，施工中还存在着不足，这需要我们工程界充分发挥科技攻关的主观能动性，解决和完善相关技术问题。

第8章　超长面板施工技术

8.1　大坝面板简介

大坝面板设计主要包括面板混凝土强度、钢筋含量和面板厚度等三个方面的内容。

8.1.1　面板混凝土设计

钢筋混凝土面板是坝体唯一防渗的柔性薄板，应力应变分析表明，在水荷载的作用下，面板的大部分区域受力情况为压应变，仅在周边缝和坝顶处有拉应变。可以认为，面板基本上不承担水荷载，而只是传递水荷载，把水荷载传递到坝体深处，且其承受的弯矩也可忽略。因此，面板混凝土设计要求强度适中，不能太高也不能太低，强度太高不利于其薄板结构柔韧性的发挥，容易产生裂缝，特别是产生结构性裂缝，而强度太低则影响面板的防渗性和耐久性。

根据防渗要求和柔性设计这一理念，结合其他类似工程的实际经验，公伯峡大坝混凝土设计标号为 C25W12F200，二级配。公伯峡位于青藏高原东麓，冬季气温很低，属于寒冷地区，有部分专家建议，在寒冷地区修建堆石面板坝需要适当增加其混凝土设计强度或提高面板厚度，以确保其耐久性和可靠性的要求。公伯峡大坝面板设计中并未采纳这一建议，从目前大坝运行情况看，气候的影响作用不是很大，由于缺少这方面的工程经验和观测数据，目前对这一问题还没有准确的答案，有待于坝工界进一步研究。

8.1.2　面板钢筋设计

早期修建大坝面板的配筋率比较高，一般双向配筋率均为 0.5%左右。随着面板设计理论的发展，柔性设计这一理念得到广泛的认可，面板的配筋率在逐步降低，目前大多数工程面板配筋率水平较低，一般双向配筋率均在 0.3%~0.4%之间。工程实践表明，面板的钢筋含量和钢筋直径对防止裂缝发生作用不大,但在面板发生结构性裂缝的情况下，钢筋可以起到限制裂缝继续发展的作用。大坝面板为薄壁结构，如果钢筋含量大，则钢筋制安工作量加大，对施工进度造成不利影响。

综合考虑各种因素，公伯峡大坝面板的双向配筋率均为 0.3%~0.4%。为施工方便，钢筋布置在面板的中部，为单层双向布筋；面板底部接缝处一定范围内和周边缝部位因受力复杂，为双层布筋，增加了钢筋用量，增加该部位面板的抗压强度。国内也有部分专家认为，面板钢筋宜采用细钢筋，分两层布置在面板的底部和顶部，起到限裂作用，但目前工程实践经验较少。

8.1.3　面板厚度设计

大坝面板厚度设计主要考虑两个问题，一是防渗需要，二是施工需要。目前中低坝基本上采用 30~40 cm 等厚设计，这样设计的目的是便于施工。贵州遵义水泊渡混凝土面板坝，坝高为 68.8 m，混凝土面板厚度为 35 cm，采用等厚设计。出于防渗需要，高坝则必须采用从上到下逐渐增厚的设计方案。为满足施工需要，通常顶部厚度最小为 30 cm，以下采用 $t=0.3+\alpha H$ 计算面板厚度，其中 H 为面板顶部至计算断面的高度，α为一般系数。根据已建面板堆石坝经验，α 的取值范围大致在 0.002~0.004 之间，也有个别大坝采用 0.001 系数的。国内高坝一般采用 0.003 系数，国内已建面板坝中仅白云大坝和大桥大坝是两个特例，采用 0.002 的系数，这种情况需要做专门的论证。应力分析表明，面板厚度与其应力和变形状态关系不大，且薄面板的刚度小，更有柔性，对面板的安全运行是有利的。因此，面板厚度取决于防渗耐久性的需要，并便于施工，能够满足安装钢筋和止水条件。耐久性要求水力梯度不大于 200，施工要求面板最小厚度为 30 cm。

国内部分面板堆石坝面板的厚度和配筋率参数如表 8-1 所示。

表 8-1　国内部分面板堆石坝面板的厚度和配筋率参数

序号	坝名	地点	坝高(m)	坝长(m)	面板厚度(m)	配筋率(%)	完成年份
1	小干沟	格尔木	55	104	0.3	0.4	1992
2	广蓄上库	广东从化	68	314	$0.3+0.003H$	0.4	1992
3	铜街子副坝	四川乐山	48	409	0.3	0.3	1992
4	十三陵上库	北京昌平	75	550	0.3	0.5	1994
5	万安溪	福建龙岩	93.5	212	$0.3+0.003\ 45H$	0.35~0.4	1995
6	天生桥一级	广西贵州	178	1 137	0.3~0.9	V0.4,H0.4,0.3	1999

公伯峡大坝工程混凝土面板为不等厚薄壁结构，厚度为 0.3~0.7 m，计算公式为 $t=0.3+0.003\ H$，其中 t 为该部位面板的厚度，H 为该部位承受的水头。

公伯峡大坝面板分块宽度为 12 m 和 6 m，共计 38 块，其中宽度 12 m 的有 34 块，宽度 6 m 的有 4 块，垂直缝长度约 5 000 延米，周边缝长度约 700 延米，面板最大单块长度约 218 m，面板表面积 5.8 万 m^2。面板混凝土设计标号为 C25W12F200，二级配混凝土，工程量 2.6 万 m^3。面板钢筋单层双向居中布置，钢筋间距为 20 cm × 20 cm。面板基础为挤压式边墙混凝土，边墙混凝土设计强度不大于 5 MPa，实测值为 2~6 MPa。

面板自右至左依次编号为 1~38，各面板块特性见表 8-2，面板分块如图 8-1 所示。

8.2　混凝土面板一次性施工技术背景

混凝土面板是坝体的主体防渗结构，与趾板和帷幕灌浆共同构成了大坝的防渗体系。混凝土面板属于薄板结构，在浇筑过程和养护期间，受外界环境因素的影响很大，如措施不到位，很容易产生裂缝。大坝蓄水后水库运行期间，受大坝坝体变形的影响，面板应力、应变将会重新分布，可能引发结构性裂缝，使其产生破坏。为保证面板混凝土施工质量，严谨的施工组织措施、严格的原材料质量控制、合适的施工时段、切合实际的混凝土养护措施是关键。

表 8-2　公伯峡水电站大坝混凝土面板特性

块号	面板顶宽度 (m)	面板顶厚度 (m)	底部高程 (m)	底部厚度 (m)	坡面总长 (m)	混凝土总量 (m^3)	钢筋用量 (t)
1	7.90	0.30	1 991.90	0.34	23.41	35.40	3.45
2	6.00	0.30	1 980.98	0.37	42.19	71.00	7.19
3	12.00	0.30	1 958.75	0.44	80.44	280.50	21.89
4	12.00	0.30	1 936.37	0.51	118.94	488.10	34.87
5	12.00	0.30	1 914.37	0.57	156.79	725.10	48.72
6	12.00	0.30	1 894.01	0.63	191.82	980.30	72.39
7	12.00	0.30	1 884.41	0.66	208.34	1 168.10	93.65
8	12.00	0.30	1 878.95	0.68	217.72	1 271.40	102.63
9	12.00	0.30	1 878.95	0.68	217.72	1 305.60	104.06
10	12.00	0.30	1 878.95	0.68	217.72	1 305.60	104.06
11	12.00	0.30	1 878.95	0.68	217.72	1 305.60	104.06
12	12.00	0.30	1 878.95	0.68	217.72	1 271.40	102.01
13	12.00	0.30	1 884.13	0.66	208.82	1 190.70	96.12
14	12.00	0.30	1 890.62	0.64	197.65	1 102.70	88.09
15	12.00	0.30	1 897.04	0.63	186.61	1 025.10	81.44
16	12.00	0.30	1 902.27	0.61	177.61	957.90	69.96
17	12.00	0.30	1 907.49	0.59	168.62	892.40	61.12
18	12.00	0.30	1 912.73	0.58	159.61	848.60	55.91
19	12.00	0.30	1 914.54	0.57	156.49	832.50	55.17
20	12.00	0.30	1 915.16	0.57	155.43	817.10	54.73
21	12.00	0.30	1 915.77	0.57	154.37	799.90	54.20
22	12.00	0.30	1 917.12	0.57	152.05	792.20	52.79
23	12.00	0.30	1 919.41	0.56	148.12	765.30	51.06
24	12.00	0.30	1 921.70	0.55	144.18	738.70	49.37
25	12.00	0.30	1 923.98	0.54	140.25	698.00	46.86
26	12.00	0.30	1 928.89	0.53	131.80	644.30	43.40
27	12.00	0.30	1 933.77	0.52	123.41	583.60	40.52
28	12.00	0.30	1 940.18	0.50	112.38	507.10	35.96
29	12.00	0.30	1 948.81	0.47	97.54	421.60	30.91
30	12.00	0.30	1 957.43	0.44	82.70	353.30	26.44
31	12.00	0.30	1 963.17	0.43	72.83	304.50	23.30
32	12.00	0.30	1 967.91	0.41	64.68	263.30	20.49
33	12.00	0.30	1 972.64	0.40	56.53	232.30	18.44
34	12.00	0.30	1 975.15	0.39	52.22	221.10	17.93
35	12.00	0.30	1 975.15	0.39	52.22	221.10	17.93
36	9.87	0.30	1 975.15	0.39	52.22	205.90	19.16
37	0.58	0.32	1 975.15	0.39	42.96	61.90	7.16
38	0.58	0.35	1 975.15	0.39	22.47	26.80	3.02
合计	420.91				5 024.29	25 716.00	1 920.46

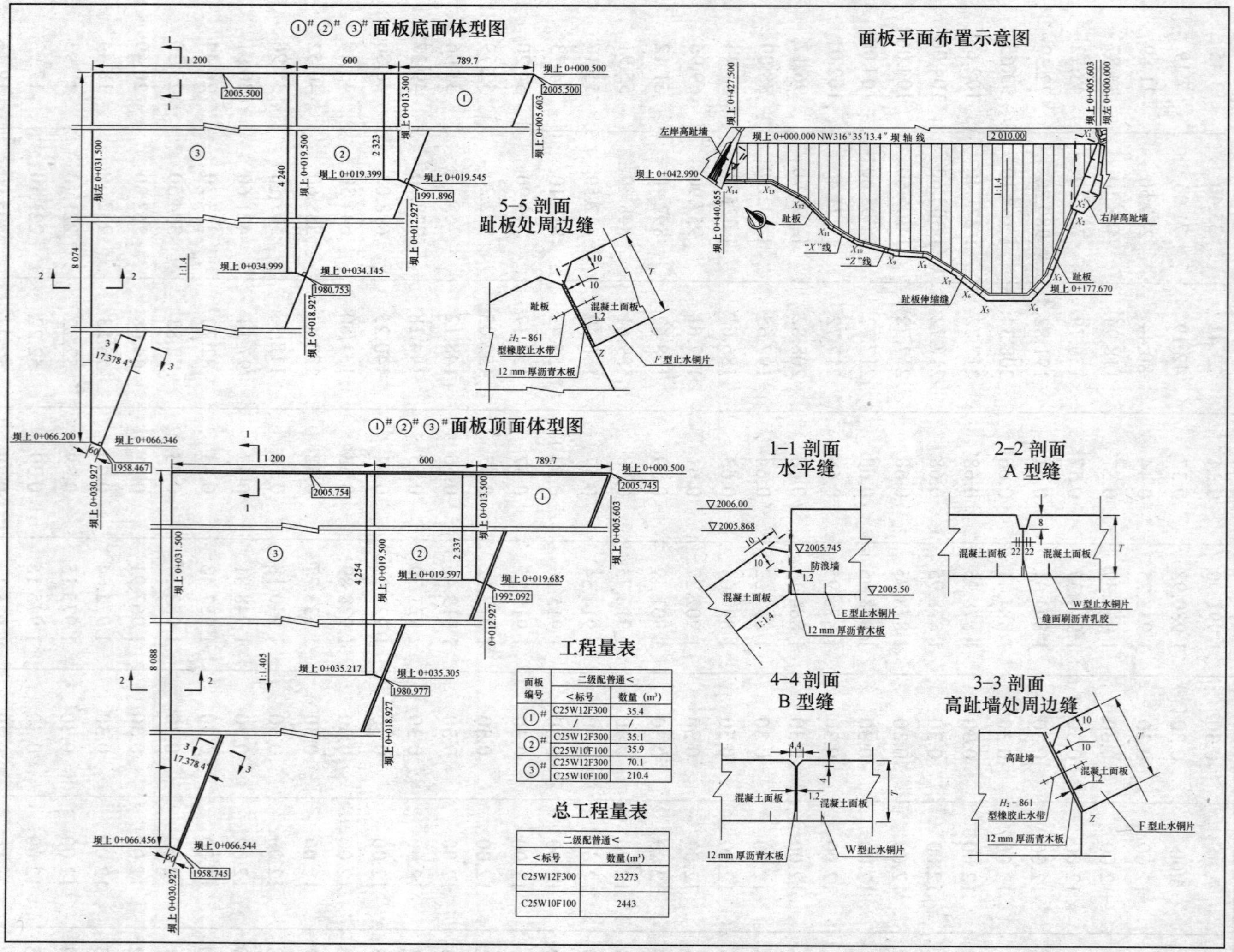

工程量表

面板编号	二级配普通<	
	<标号	数量（m³）
①#	C25W12F300	35.4
	/	/
②#	C25W12F300	35.1
	C25W10F100	35.9
③#	C25W12F300	70.1
	C25W10F100	210.4

总工程量表

二级配普通<	
<标号	数量(m³)
C25W12F300	23273
C25W10F100	2443

图 8-1　混凝土面板分块图

对于高坝，因单块面板的长度很长，一次施工的难度很大，对于防止裂缝的发生也不利，通常分期进行浇筑，一般根据面板斜长分为二期或三期进行施工。对于中低坝可以一次浇筑，也可根据度汛情况进行分期施工。分期施工面板间的水平缝作为施工缝处理，钢筋穿过缝面，浇筑后续面板时要清理、凿毛、铺砂浆。由于坝体继续填筑引起已填坝体局部变形，导致一期混凝土面板顶部与垫层之间可能脱空，这种现象在混凝土面板坝工程中并不少见，只是程度不同而已。天生桥一级面板坝就出现了这种情况，脱开现象比较明显，最大处可达 15 cm 左右，最大深度可达 7 m。其处理措施是，清理后用低收缩率的低标号水泥粉煤灰灌注密实，然后续浇二期面板，至今未发现异常现象。一般认为，将较长面板分期浇筑可以减少基础约束及温度干缩应力，而有利于防止裂缝发生。

公伯峡大坝单块面板最长为 218 m，原设计大坝面板分为两期浇筑，当临时断面填筑至 1 956 m 高程时，进行一期面板混凝土施工。随后坝体填筑保持全断面平起上升，达到设计高程，再安排二期面板混凝土施工。为慎重起见，建设公司邀请科研单位进行了大坝静力模拟计算。计算表明，分两期拉面板坝体的最大沉降量为 140.9 cm。计算同时表明，混凝土面板如按二期施工，在一期面板顶部 10 m 左右范围内可能脱空。同时两期面板施工前坝体应留有足够的预沉期，一般为 3~4 个月，这将对大坝进度造成不利影响，甚至会影响到整个枢纽工程提前发电，且面板的施工时段也不理想，会对大坝质量造成负面影响。

2002 年 9 月，公伯峡工程专家咨询组根据国内外高面板坝工程的经验教训，研究大坝的填筑形式。考虑到公伯峡工程的具体特点，有龙羊峡和李家峡水库的洪水调节作用，汛期采用高围堰挡水，坝体平起填筑，可不用坝体挡水度汛，为面板一次性施工创造了条件。上游坡面采用挤压式混凝土边墙固坡技术，提高了垫层料的施工质量和施工期坝体的度汛能力。另外，分期填筑施工坝体没有足够的沉降时间，且一期面板顶部有脱空的风险，而面板一次性施工可最大限度地回避这些问题。

从近年工程实践看，随着面板防裂措施的深入研究及施工工艺的不断提高，一次浇筑面板的长度不断增加，当时国内已建成的引子渡水电站堆石面板坝，一次浇筑最大块长已达 182 m。而从施工经验看，只要防裂措施得当，精心施工，一次性浇筑面板还是可能的。

基于上述情况，专家建议坝体全断面平起填筑至坝顶，安排适当的施工时段，进行面板混凝土的一次性施工。

8.3 混凝土面板一次性施工技术

根据近年来国内外面板混凝土施工的先进经验，结合公伯峡工程特点，采用剥肋滚压直螺纹钢筋人工现场组装、混凝土罐车运输、坡面半封闭式溜槽入仓、人工振捣、二次收面、无轨滑模跳槽浇筑、面板不分期一次性浇筑到顶的施工方案。

面板混凝土施工主要包括以下工序：垂直缝垫层及坡面整修、喷涂乳化沥青、钢筋制安、侧模止水制安、滑模制安、混凝土浇筑、拆模养护、周边缝和垂直缝施工等。面

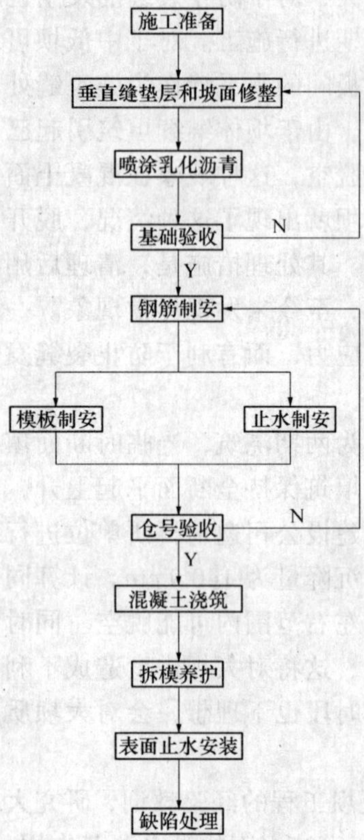

图 8-2 公伯峡大坝面板混凝土施工程序

板混凝土施工程序如图 8-2。

8.3.1 垂直缝砂浆垫层及坡面整修

面板垂直缝总长约 5 000 延米，垂直缝止水设计底部为砂浆垫层，厚度 5 ~ 10 cm，砂浆标号为 M25，和面板混凝土强度相同。砂浆垫层采用了挖槽法施工，即在挤压墙表面开槽。砂浆垫层施工前，先测量放出面板分缝线，沿分缝线每隔 6~8 m 竖直打一钢筋桩，测出该点基础相对高程，计算出设计高程，在设计允许的范围内计算实际高程，以此线为标准，坡面挂线人工将垂直缝清理至设计高程后，铺筑水泥砂浆，用木板刮平、找平，随后用钢抹抹光，并覆盖麻袋养护。为确保铜止水的施工质量，砂浆垫层表面平整度应控制在 2 m 长度范围内最大下凹和凸起量不超过 5 mm。垂直缝施工如图 8-3 所示。

修整坡面时，以混凝土面板分块为单位分别进行，坡面的修整在垂直缝施工后进行，以垂直缝砂浆平面为参照修整坡面。坡面与两垂直缝之间的高差按+5~-8 cm 控制，垂直缝两侧附近坡面按 1∶20 左右顺延削坡，坡面突变处也按 1∶20 控制削坡或找平。局部垫层料出露部位采用 5 cm 厚的水泥砂浆找平。受测量精度及施工人员技术的影响，混凝土挤压墙层与层之间易形成错台，在坡面修整过程中，采用砂浆进行找平。

图 8-3 垂直缝开挖处理施工照片

8.3.2 喷涂阳离子乳化沥青

理论计算表明，挤压墙性能与垫层料很接近，对面板混凝土约束很小，可以不喷沥青。但从安全角度出发，为了尽可能减少挤压墙对面板形成约束，降低面板出现裂缝的可能，还是对坡面喷涂了阳离子乳化沥青。原合同要求喷涂厚度为 2 mm，根据其他类似工程的经验，喷涂层无须太厚一样可以起到减少约束的作用，实际喷涂厚度为 0.5~1 mm。

在喷涂乳化沥青前，为掌握有关施工技术参数，施工单位首先进行喷涂试验。根据现场五种乳化沥青涂刷试验结果，经综合分析确定选用了合适的喷涂施工工艺，具体工艺是将沥青和柴油按 3：1 的比例拌匀，将 18 m^3 空压机和乳化沥青桶置于坝顶，喷枪加长吸管后，从上到下、从右到左依次喷涂，喷涂速度约为 1 m^2/min。需要说明的是，在实施喷涂前，要用高压空气将坡面浮灰及杂物吹干净，以提高喷涂质量。喷涂沥青效果如图 8-4 所示。

图 8-4 喷涂沥青效果

8.3.3 钢筋制安

钢筋布置在面板中部，采用单层双向布筋方式。面板每向配筋率为 0.3%~0.4%。根据计算，横向配筋的形式为Φ16~Φ22@20 cm；顺坡向配筋为Φ16~Φ28@20 cm；周边缝设置Φ16@20 cm 的抗挤压钢筋；在第 8 块至第 12 块面板之间的压性缝两侧的垂直缝从上至下布置了Φ16@20 cm 的抗挤压钢筋；其余面板只在下部 20 m 范围内布置了Φ16@20 cm 的抗挤压钢筋，防止面板边缘局部挤压破坏。

面板钢筋总量为 1 920 t，有Φ28、Φ25、Φ22、Φ20、Φ18、Φ16 六种规格钢筋。除第 1、2 和第 37、38 块面板钢筋为双层双向布置外，其余板块均为单层双向布置。同时在每块面板底部、顶部和垂直缝两侧一定的范围内布设有Φ16 挤压筋。单层钢筋布置在面板中间位置，双层钢筋和挤压筋保护层上部为 5 cm、下部为 8 cm，垂直缝两侧保护层为 10 cm，钢筋间距 20 cm。按重量计算，面板配筋率为 65~115 kg/m^3，其中第 9、10、11 三块长面板配筋率为 79.7 kg/m^3。

为了提高钢筋制作和安装的效率，减少现场接头和焊接工作量，经过施工单位申请，业主物资部门专门订购了 12 m 长的钢筋。实际施工中采用“剥肋滚压直螺纹套筒连接技术”用套筒将竖向钢筋连接起来，大大减少了钢筋的焊接工作量。剥肋滚压直螺纹套筒连接技术将在本书后面专题介绍。

钢筋安装时装载机牵引台车在坝顶水平运输钢筋，16 t 吊车将加工成型的钢筋按编号顺序置于坡面钢筋台车上，用 5 t 卷扬机牵引钢筋台车，每次输送 2~3 t 钢筋至安装工作面，人工现场组装。

钢筋架立采用板凳筋支撑，板凳筋安放位置距离垂直缝 50 cm，直径Φ22~25，间距 3 m×3 m~3 m×2.5 m，长度有三种规格：*L*=20 cm、25 cm、35 cm。在三角块和双层钢筋部位采用插筋，插筋直径Φ22~25，间距 3 m×3 m~3 m×2.5 m，插入挤压墙内 30~40 cm，长度有六种规格：*L*=60 cm、70 cm、80 cm、90 cm、100 cm、110 cm。在混凝土浇筑过程中割除插筋，以减少基础对面板的约束。

纵向钢筋连接采用加工成型的直螺纹套筒连接，套筒型式有Φ28、Φ25、Φ22、Φ20 四种等径套筒和Φ28~25、Φ25~22、Φ22~20 三种变径套筒。螺蚊加工后安装前应用塑料套进行有效保护，螺纹和套筒应按规定的频率进行检查试验。横向钢筋采用定做 12 m 钢筋加工为 11.80 m 长钢筋，纵横钢筋交叉点采用梅花型点焊、绑扎。局部采用搭接焊，单面焊长度按 10 *d*(*d* 为钢筋直径)控制。

8.3.4 止水制安

8.3.4.1 铜止水片制安

面板铜止水有垂直缝止水、周边缝止水和坝顶处防浪墙之间的止水等三种形式，分别是 W 型、F 型和 E 型止水。趾板施工时已经安装了周边缝铜止水，由于趾板施工和面板施工间隔时段很长，趾板铜止水安装后，为避免其遭到破坏，采用钢木盒对周边缝铜止水进行保护。面板施工时，要拆除保护装置，并对铜止水片进行仔细检查，必要时采用煤油进行渗漏检查，检查合格后才能进行仓号验收。面板混凝土施工时，要安装垂直缝止水和顶部止水。W 型铜止水片总长度 5 000 m，展开宽度 692 mm；E 型铜止水片总长度 430 m，展开宽度 712 mm。铜止水厚度均为 1 mm。铜带出厂时应进行退火处理。

铜止水采用专用压延机在坝顶进行现场压制，压制长度以施工实际情况确定。从方便运输角度出发，制作止水片长度不宜太长；而从保证施工质量和较少焊接工作量出发，则止水片的长度应尽可能长。综合考虑上述两个因素，实际制作铜止水长度一般为 6~7 m。铜止水现场加工过程中还应当控制延展率，需要对加工设备的机械性能进行鉴定，一般说来，加工过程中铜带的延展量不能太大，否则将影响其工作性能的充分发挥，另外对现场安装工作也不利。

垂直缝 W 型铜止水在周边缝附近 60 cm 处发生角度变化，为保证现场焊接质量，需要提前制作异型铜止水接头，该异型接头可以在厂家加工。

铜止水片安装前先铺橡胶垫片，同时在铜止水片中间凸体空腔内填入橡胶棒，并用聚氨酯塑料填满，与止水表面平齐，用胶带固定，防止砂浆等杂物进入。铜止水片就位后，与橡胶垫片接触的边角缝隙采用胶带封闭，防止混凝土砂浆侵入其间。

铜止水片采用现场拼接焊接，根据其厚度采用对缝焊接。对缝焊接时，采用形状相同的止水片和宽度为 60 mm 的贴片，先将两条止水片对缝点焊，再将贴片中心对准焊缝，然后将贴片分别焊于两条铜止水片上，焊接方法采用氧–乙炔黄铜焊。

铜止水片焊接好后进行质量检查、检测，避免出现漏焊、欠焊等现象，对发现的质量缺陷及时补焊，一般用煤油对焊接进行质量检查。铜止水片安装到位后，立即安设侧模，固定铜止水片。止水片的中心线做到与接缝线重合，最大偏移量不超过 5 mm。

8.3.4.2 橡胶止水安装

在每块面板垂直缝底部设有 10 m 长 H2–861 型橡胶止水带，总长约 380 m。

橡胶止水带按施工图纸要求的部位和高程进行安装，将止水带牢靠地夹在模板中。止水带的中间空腔体安装在接缝处，其空腔体中心线与接缝线偏差不超过 5 mm。不允许在止水带上钉钉子或穿孔。为防止混凝土振捣时止水带受振发生位移、翘曲等问题，每隔 25 cm 左右用钢筋支架将止水带固定在钢筋上。

橡胶止水带的连接采用硫化热粘合，搭接长度不小于 20 cm。接头处加工平整，打毛、采用橡胶硫化粘接机进行粘合。粘合处要密实，没有气泡。连接的接缝应予检查，对不合格者及时修补。

止水带的防渗效果与混凝土浇筑有密切关系。对于垂直方向上的止水带，应在止水带两侧均匀地浇筑混凝土。对于水平或倾斜方向的止水带，浇下部混凝土时宜先将止水带稍加翻起，混凝土浇满并排气后放下止水带，再浇上面的混凝土，以免气泡和泌水聚集在其背面。

在安装或浇筑前对止水片应仔细检查，检测其规格型号、材料性能，验收合格后方可使用。对于已老化、有孔洞或强度和防渗性能受损伤的止水带，不准使用。止水带分类存放，避免受阳光直接照射。

如发现有砂眼、缺口等缺陷，应予以及时焊补或置换，同时消除止水片表面的浮土、锈斑、污渍等。

8.3.5 模板制作和安装

8.3.5.1 侧模制作安装

侧模为钢木定型模板，厚度 5 cm，有三种结构型式：①常规模板，有一道铜止水，每副模长 3 m，宽度为渐变尺寸，每浇筑块左、右为一套；②组合模板，有一道铜止水和一道橡胶止水，每副模板长 2~3 m，宽度为渐变尺寸；③连接模板，有一道铜止水和一道橡胶止水，宽度为渐变尺寸，每块加工长 60 cm，计 29 m。

制作时，每块模板竖向用 50 mm × 5 mm 扁钢整体加固，内外共设六道，每道扁钢(内外)上、下部设有螺栓穿孔，共计六套螺栓拉锚杆组件，模板顶面安装∠50 mm × 50 mm × 5 mm 角钢作为滑模运行轨道，角钢轨道与侧面加固扁钢焊接，每块模板接头设置相邻模板联接板，加工后标识编号。

每块模板用三角架(∠63 mm × 63 mm × 5 mm)固定，分六种规格(依据面板厚度和模板结构型式而定)。每个三角架侧面设二道螺栓穿孔，孔位与模板孔相对应。三角架底部设两个ϕ22 mm 固定钢钎穿孔，加工好后标识编号。

侧模安装在垂直缝底止水安装完成后进行，侧模安装时，在仓面两侧布设坡面小车，3 t 卷扬机牵引运输材料。

侧模安装按照编号自下而上的顺序进行，依据分缝设计线安装模板，模板与固定三角架底部加楔调整，然后将三角架用Φ20 mm、长 40 cm 钢钎固定于垫层护面。当该垂直缝模板初步安装完成后，用连接螺栓外螺母调整位置及垂直度，并配合测量校核模板上平面，达到位置准确、上面平顺、牢固可靠。

垂直缝和周边缝“V”型槽模板采用木模板，每节长度 2~3 m，Ⅰ序块安装时按设计位置用钉子固定于侧模板上。Ⅱ序块安装时按设计位置用水泥钉子固定于Ⅰ序块混凝土上，随抹面随拆除。

侧模板安装偏差要求：偏离设计线 ± 3 mm，不垂直度 ± 3 mm，用 2 m 长的直尺检查最大偏差 ± 5 mm。

8.3.5.2 无轨滑模制作安装及就位

滑模设计尺寸为 160 cm × 1 400 cm，滑模重约 8 t，委托专业队伍加工。

侧模验收合格后，滑模水平台车运输至工作面，16 t 吊车吊装就位，并及时加载配重，用 2 台 10 t 卷扬机牵引，逐步下滑至仓面起始点。每台牵引钢丝绳直径为Φ21.5 mm，长度 250 m，卷扬机底座为钢结构(高 60 cm)，底座用钢丝绳锚固在坝后锚桩上，5 t 倒链紧固。滑模如图 8-5 所示。

图 8-5　面板混凝土浇筑所用滑模

8.3.6 混凝土浇筑

公伯峡大坝最长面板为 218 m，面板混凝土采用“半封闭式”溜槽入仓、人工振捣、脱模后人工两次收面的浇筑方案。

8.3.6.1 溜槽安装

根据混凝土入仓方式、布料、振捣和施工条件的要求，在每块面板上部布置有两道溜槽，溜槽搭设必须顺直，加固牢靠。溜槽顶部设有接料斗，底部设有移动式布料槽，尽可能使混凝土布料均匀。溜槽加固采用 10 号铁丝斜拉在钢筋网片上，间距以不大于 10 m 为宜。为了保护混凝土免受阳光直射、大雨的冲淋以及混凝土下滑过程中产生飞石，采用 EPE 卷材把溜槽表面进行封闭。

溜槽设计有两种形式：一种是半圆形，一种是倒梯形。公伯峡大坝面板施工时对这两种形式的溜槽都进行了尝试。两种溜槽形式如图 8-6 所示。

图 8-6　半圆形溜槽和倒梯形溜槽

实践表明，半圆形溜槽有助于混凝土的流动且骨料不易分离，但是当混凝土流动性差时，混凝土很容易溢出溜槽；倒梯形溜槽容易产生骨料分离，但混凝土很少溢出溜槽。比较好的办法是将半圆形溜槽的断面加大，既有利于混凝土下滑也不容易溢出。半圆形溜槽施工如图 8-7、图 8-8 所示。

图 8-7　面板浇筑使用的半圆形溜槽(一)

图 8-8　面板浇筑使用的半圆形溜槽(二)

8.3.6.2　混凝土浇筑

由于从坝顶到仓号之间的距离过长，混凝土从坝顶经过溜槽进入仓号这个过程中离析现象比较严重。为确保混凝土浇筑质量，特别是周边缝处混凝土和止水的紧密结合是防渗施工的关键环节，每块面板开仓的第一车采用同标号的砂浆，并用人工均匀地分散到周边缝附近，将止水覆盖，以防止止水附近骨料集中，无法振捣密实，将来产生渗漏；另外，也可防止分离的骨料对止水产生破坏。

混凝土入仓后进行人工平仓，使混凝土在仓面上均匀分布，每层布料厚度应为 25~30 cm，严禁铺层超厚，禁止出现骨料集中现象，及时振捣混凝土。滑模上安装 2 台ϕ30 mm 和 3 台ϕ80 mm 插入式振捣器，划段专人负责。原考虑ϕ30 mm 振捣器负责两侧止水部位混凝土振捣，后因振捣效果不理想更换为ϕ50 mm 振捣器。振捣器工作范围为 1.5 m，振捣必须密实周到，振捣器不能接触止水，严防损伤铜止水及橡胶止水带，必要时辅以人工布料填塞，确保止水周围混凝土浇筑密实。ϕ80 mm 插入式振捣器负责中间部位混凝土振捣，每人负责范围为 3 m。振捣时振捣器不得触及滑模、钢筋、止水片，振捣器插入方向必须在滑模前沿铅垂向下，严禁靠模板振捣和顺坡面伸入滑模底下进行振捣，以防漂模、跑模及影响钢筋握裹效果。振捣间距小于 40 cm，深入下层混凝土不小于 5 cm。振捣时间以混凝土表面不再明显下沉、不出现气泡并泛浆时为准，一般情况下每一处振捣时间控制在 15~20 s。面板混凝土浇筑如图 8-9、图 8-10 所示。

混凝土浇筑时要及时清除滑模前沿超填混凝土及模板、钢筋网上的干结混凝土。随浇筑面的上升，及时将钢筋网架立筋用电焊割断，并将焊渣清除干净，以避免挤压墙对面板的约束。

卷扬机控制电路布置在滑模上，由滑模上施工人员操作，这样可以保证操作精确到位。滑模每次滑升距离不大于 30 cm，滑升间隔时间一般为 10 ~ 15 min，最大不超过 30 min，滑模平均滑升速度为 1.2 ~ 1.5 m/h，最大滑升速度不超过 3 m/h。

图 8-9　面板混凝土浇筑现场

图 8-10　面板施工远景

8.3.6.3　混凝土收面

滑模滑升后，首先进行第一次人工收面，人工收面采用木抹、钢抹和振动抹，用 2 m 靠尺刮平，确保面板平整度用 2 m 靠尺检查不平整度小于 5 mm。振动抹面的具体情况如图 8-11 所示。为减少混凝土早期裂缝特别是表面龟裂现象，公伯峡大坝面板施工期间进行了混凝土第二次抹面工作。确定第二次抹面的时间非常重要，一般要求是在混凝土初凝以后，终凝前进行，此时混凝土因水分丧失开始收缩，混凝土内部应力开始调整，特别容易产生表面裂缝和浅层裂缝，进行二次抹面可以有效地减少表面裂缝，但如果该项工作进行得太晚，终凝开始后再做该项工作将会降低混凝土的强度。通过对混凝土进行试验，确定在混凝土浇筑后 4~6 h 人工进行二次收面。实践表明，二次收面对于预防混凝土表面出现龟裂和浅表层裂缝有一定效果。二次收面时拆除侧模板上的 V 型槽三角模板，并对缝面进行修整，使缝面平整度同样达到用 2 m 靠尺检查不平整度小于 5 mm 的要求。

图 8-11　面板施工振动抹面

混凝土浇筑完成 24 h 即可拆除侧模板，拆模后立即进行缝面处理，工作内容包括侧模拉筋孔封堵、侧模接头处打磨、乳化沥青刷涂等。封孔时采用 M25 水泥砂浆，表面必须平整；乳化沥青刷涂厚度达到设计要求 3 mm，刷涂时要认真小心，在底部 W 型铜止水片上铺盖塑料纸，严防污染铜止水或橡胶止水。

8.3.7　周边三角块混凝土浇筑

面板混凝土浇筑在趾板附近存在一个三角块问题，公伯峡大坝三角块如图 8-12 所示。处理三角块工程上有两种办法：一种是先施工三角块，然后再施工后续的面板，这样需要在三角块和后续面板之间设置施工缝或伸缩缝；另一种办法是三角块与主板连续进行施工，浇筑时滑模两端不必同步上升，具体施工方法根据实际条件又分为两种情况。

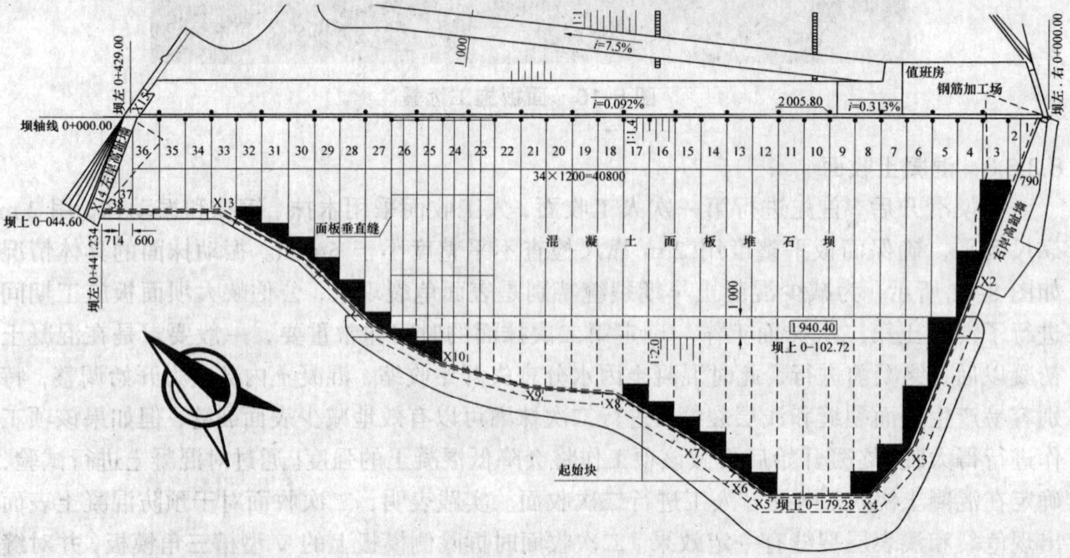

图 8-12　公伯峡大坝混凝土面板起始三角块示意图

(1)对于周边倾角小的三角块(如左岸部分)，浇筑时，先将滑模平行于周边趾板，在滑模的上缘从低端到高端逐步浇满混凝土，并逐步提升滑模较低的一端，高端不提升，使滑模旋转，直至低端滑升到与高端相平齐后进入正常滑升。

(2)对于周边倾角较大的三角块(如右岸部分)，在靠陡周边的一端滑模上加设三角形附加模板，斜边端部设有两只侧向滑轮，以约束滑动模板使其沿周边滑升。浇筑前，对于先浇块，将滑模平行于周边趾板，在滑模的上缘从低端到高端逐步浇满混凝土，并按低端快、高端慢的方法提升滑模，使滑模边上升边旋转，直至低端滑升到与高端相平齐后进入正常滑升。对于后浇块，将滑模依靠自重并在周边的约束下平移至相邻的已浇板块上，浇筑时两端钢丝绳同时提升，并保持同步运行，使滑模水平移动。提升时，端部侧向滚轮沿陡周边滚动，直至三角块浇筑完后脱离周边进入正常滑升。

8.3.8 混凝土养护

公伯峡地区的昼夜温差较大，气候干燥多风，保温保湿工作难度很大，为降低混凝土的内部温差及水分散失，采用以下养护方案：

在滑模上搭设棚架并用 EPE 卷材做屋顶，以遮阳和挡雨；滑模后挂 10 ~ 15 m 长的塑料布，对刚浇筑的混凝土进行保湿和保温；混凝土二次抹面完成后，待混凝土终凝时覆盖无纺布进行保温；在面板上部一定间距布设滴渗水管，及时补充水分，达到保温、保湿效果；混凝土浇筑时在垂直缝内预埋铅丝，用以固定无纺布。为防止面板侧面蒸发水分，在 I 序块面板混凝土侧面及时进行了养护，侧模板拆除后，混凝土侧面涂刷乳化沥青，防止混凝土水分蒸发。面板施工期间，遇有寒流、降雪、大风等恶劣天气，需要对已浇混凝土及时覆盖保温，加强洒水养护。

8.3.9 面板雨季施工措施

浇筑过程中遇有意外的大雨、暴雨应立即停止浇筑，并注意用塑料薄膜或彩条布遮盖。对两侧的铜止水部位应加强防护，以防止雨水沿铜止水高速冲至混凝土浇筑面，造成混凝土水泥浆的流失。雨后必须及时排除仓内积水，如已浇混凝土仍在初凝阶段，则清除仓内雨水冲刷的混凝土，加铺同标号的砂浆后继续浇筑，否则按施工缝处理。

降雨量不大时，一般可继续施工，但应对骨料加强含水量测定，及时调整配合比中的加水量。

8.3.10 混凝土温控措施

由于面板体形为薄板结构，表面积大，容易发生裂缝，特别是温度裂缝。为确保面板混凝土的浇筑质量，尽力避免裂缝发生，在面板混凝土的浇筑过程中采取了以下温控措施，这些措施包括管理措施和技术措施。

(1)加强协调管理，积极与拌和站联系，合理安排混凝土施工时间，避免和多家单位同时进行浇筑，从而减少混凝土拌和的等候时间。混凝土浇筑期间，施工单位派人在拌合站值班，确保随时联系和沟通。

(2)混凝土浇筑仓面搭遮阳篷，避免阳光直晒浇筑仓号，尽量降低浇筑过程中温度升高。

(3)混凝土罐车表面包裹保温材料，减少外部温度对混凝土的影响。

(4)合理配置运输设备，确保设备数量满足施工强度，尽可能缩短浇筑持续时间。

(5)混凝土浇筑后及时进行养护，按时进行洒水和覆盖，做好保温和保湿工作。

8.4 施工计划

8.4.1 合理选择面板施工时段

混凝土面板堆石坝防渗体系由混凝土面板、周边缝、趾板、防渗帷幕组成。面板依托堆石体支撑，显然浇筑之前堆石体的变形与面板受力变形无关，而面板浇后堆石体的变形将对面板产生很大影响，且面板浇筑选择在什么季节进行，对面板混凝土的质量影响很大，因此如何合理安排面板的浇筑时段是改善其受力状况、保证其以后安全运行的重要因素。

大坝填筑完成后，选择合适的时段进行面板施工非常重要。如果面板开始施工过早，坝体沉降还未收敛，将对面板的稳定安全运行产生不利的影响；而如果等待大坝沉降时间过长，当然会对施工质量有利，但贻误了时间，影响下闸蓄水和发电工作，对工程效益产生不利影响。因此，选择恰当的时段开始面板施工至关重要，目前大部分面板堆石坝工程选择大坝填筑完成后待沉降 3~6 个月，根据大坝变形观测资料确定进行面板施工时间。公伯峡大坝于 2003 年 10 月 22 日填筑到顶，根据大坝中埋设的观测仪器提供的数据分析，最终确定 2004 年 3 月 15 日开始面板混凝土施工，待沉降期为 4.5 个月。

另一个影响面板开始施工的因素是季节问题，主要是温度的影响，这一问题在西北地区特别突出。公伯峡水电站位于青藏高原东麓，地处西北地区，这里冬季寒冷，且昼夜温差很大，空气干燥，对混凝土施工不利，特别是大坝面板这种薄壁型的混凝土受周围环境的影响更大；夏季早晚温差很大，中午温度很高，对混凝土浇筑过程中坍落度的损失、对混凝土浇筑后的养护工作都非常不利，并最终会对面板混凝土的施工质量产生负面影响。因此，综合考虑多种因素，决定在春季开始混凝土施工，并在夏季来临之前将面板混凝土施工完毕，并最终确定了开始时间为 2004 年 3 月 15 日。

8.4.2 施工顺序及其工作面安排

考虑到坝前盖重施工的要求，面板混凝土施工分为两个阶段：第一阶段完成 5~27 块面板的施工，第二阶段完成剩余面板块的施工。关键在第一阶段，应先从第 5 块面板开始依次跳仓浇筑，当 I 序块浇筑 14 天后，再进行 Ⅱ 序块(合槽块或补空块)浇筑。

5~27 块面板分缝总长度 3 967.5 m，施工工期 55 天，按滑升速度 1.2~1.5 m/h 计算，需要三个工作面三套滑模同时流水作业，用一套滑模做好准备工作，以保证各工作面流水作业。

从施工总进度计划看，影响施工进度的主要因素在于 5~27 块 Ⅱ 序块的钢筋安装，这是因为 I 序块混凝土浇筑完成拆模后才能安装 Ⅱ 序块钢筋，因此为了不影响 Ⅱ 序块混凝土的浇筑，保证施工进度，Ⅱ 序块钢筋必须在 2004 年 4 月 14 日至 5 月 20 日安装完毕，Ⅱ 序块面板长度为 1 964 m，钢筋安装安排两个工作面同时施工。

为了适应 3 套滑模的同时施工，必须保证有 5 块面板的侧模板，因此侧模板的安装安排两个工作面同时施工。根据施工总体进度计划要求，关键在于 15、17、19、21、23、

25、27块的侧模安装，施工时段为4月5日至4月27日，缝长2 100 m，工期23天。

8.4.3 施工准备

2003年10月底完成大坝填筑后，立即进行坡面整修、垂直缝垫层施工、周边缝止水修整、钢筋加工场地平整以及坝顶道路、用水、用电设施完善工作。同时安排侧模板制作、滑模加工、封闭式溜槽制作、钢筋台车、坡面输送小车制安、钢筋直螺纹加工。以上准备工作须在2004年1月底完成。

8.4.4 5~27块面板施工

坝前盖重(1 940 m高程)所占的面板共有23块(5~27块)，分缝长度3 967.5 m，混凝土工程量22 000 m^3，占面板混凝土总量的85%。其中Ⅰ序先浇块12个，块长总计2 003.5 m；Ⅱ序块11个，块长1 964 m。

2003年11月初开始进行Ⅰ序块钢筋直螺纹加工制作，到12月31日结束，安排制作工期60天，制作数量600 t，计25 000个接头。临时堆存在坝面，做到整齐、架空、覆盖。日加工制作400根。根据施工进度要求，Ⅱ序块钢筋加工在Ⅰ序块钢筋安装时进行。

2004年2月15日起进行(5~17块)Ⅰ序块钢筋安装，面板长度1 365 m，到3月15日完成，工期30天，日平均强度46 m。

2004年2月25日开始仓面侧模安装，同时按设计要求铺设橡胶垫片、安装铜止水，3月15日前完成首先浇筑的四仓(5、7、9、11块)模板，并具备开仓条件，以后模板、橡胶垫片及铜止水安装不占用直线工期，穿插进行。

2004年4月1日开始面板混凝土浇筑，到5月17日前完成5～17、19、21、23、25、27块，工期48天，工程量18 400 m^3，日平均强度约为385 m^3，月最大强度12 000 m^3。

2004年5月14日至5月25日前完成18、20、22、24、26块面板混凝土浇筑，工期12天，工程量3 600 m^3，日平均强度约为300 m^3。

2004年5月20日至6月20日前完成坝前1 920 m高程以下(5～17块)面板施工缺陷处理及表面止水施工。工期31天，按日平均强度80～100 m计算，可完成周边缝和垂直缝工程量2 400～3 000 m。

2004年6月21日至7月10日前完成坝前1 920 m高程以下(17～27块)面板施工缺陷处理及表面止水施工。工期20天，按日平均强度80～100 m计算，可完成周边缝和垂直缝工程量1 600～2 000 m。

2004年6月21日至7月15日进行坝前1 920 m高程以下(5～17块)1A、1B压坡体填筑。工期25天，1A、1B工程量分别为2.5万m^3、13万m^3，日平均回填强度约为6 200 m^3。

2004年7月16日至7月31日开始进行坝前1 920 m高程以上(17～27块)1A、1B压坡体填筑。工期15天，1A、1B工程量分别为1.3万m^3、6万m^3，日平均回填强度为4 900 m^3。

8.4.5 其余面板施工

其余面板共有15块(1～4、28～38块)，分缝长度约900 m，混凝土工程量3 700 m^3。

2004年3月25日起进行钢筋安装，6月7日结束。

2004 年 5 月 23 日开始面板混凝土浇筑，到 6 月 20 日前完成，日平均强度为 135 m^3。

2004 年 7 月 11 日至 7 月 31 日前完成施工缺陷处理及表面止水施工。工期 21 天，按日平均强度 80 ~ 100 m 计算，完成周边缝和垂直缝工程量 1 600 ~ 2 000 m。

2004 年 8 月 1 日至 8 月 15 日为验收资料整理工作，进行蓄水验收。

8.4.6 关键线路及阶段性工期

(1)5 ~ 17 块(Ⅰ序块)钢筋制安，工期 2003 年 11 月 1 日至 2004 年 3 月 15 日。

(2)5 ~ 17 块(Ⅰ、Ⅱ序块)、19 ~ 27 块(Ⅰ序块)混凝土浇筑，工期 2004 年 4 月 1 日至 5 月 17 日。

(3)18 ~ 26 块(Ⅱ序块)混凝土浇筑，工期 2004 年 5 月 14 日至 5 月 25 日。

(4)其余面板混凝土浇筑，工期 2004 年 5 月 24 日至 6 月 20 日。

(5)坝前 1A、1B 压坡体填筑，工期 2004 年 6 月 21 日至 7 月 31 日。

(6)2004 年 8 月 1 日至 8 月 15 日，竣工验收。

8.4.7 资源投入计划

采用一次性面板施工，施工强度和难度都增大了。为了保证施工质量和进度，相应资源的投入都有所增加，经过测算，投入设备、人员如表 8-3、表 8-4。

表 8-3 大坝混凝土面板施工机械设备配置

设备名称	规格型号	单位	计划数量	备用量	备注
混凝土自卸车	3 m^3	台	12		
钢筋加工设备	ϕ40 mm	套	2		直螺纹
载重汽车	5~8 t	辆	2		材料转运
装载机	3 m3	台	1		
洒水车	5 t	辆	1		道路养护
平板车	自制,5 t	台	1		坝面运输
卷扬机	10 t、5 t、3 t	台	6、2、11	2	
吊车	16 t、8 t	台	1、1		
钢丝绳	ϕ14~21.5 mm	m	5 000	480	单根 250 m
电焊机	315~500 kVA	台	10		
电动冲击锤	ϕ20	台	10		
滑模	1 400cm × 160 cm	套	4		单重 7 t
侧模	300cm × (30~68)cm	m	2 300		钢木结构
钢筋台车	自制,3 t	台	2		坡面运输
坡面小车	自制,2 t	台	11		
溜槽	100 cm × 40 cm × 30 cm	节	1 600		铁皮厚 1.2 mm
振捣器	ϕ30/50/100	台	15	20	
倒链	5 t，3 t	台	19	2	
养护水管	ϕ20 ~ 150	m	6 200		
保温材料	塑料+EPE	m^2	64 500		
电缆	95、35、16 mm^2	m	3 000		
空气开关	600、200、100A	个	64		
配电盘		套	18	2	
镝灯	3 kW	套	6	4	
碘钨灯	1 kW	套	30		

表 8-4　面板施工人力资源配置　　　　（单位：人）

工种	钢筋制作安装	铜止水制安	侧模安装	混凝土浇筑	养护	表面止水	观测仪器	测量	合计
技术人员	6	2	4	12	2	4	6	4	40
质检	2	2	2	4		2	2		14
电气焊工	10	2	2						24
钢筋工	20								20
电工	2			2					4
起重工	2			2					4
管道工					2				2
卷扬机工	8		8						16
司机	6			16					22
木工			16						16
混凝土工				24					24
抹面工				24					24
普工	50	14	42	60	20	80		4	270
合计	106	20	74	144	24	86	8	8	470

注：(1)钢筋直螺纹加工提前制作、堆存，进入混凝土施工时安排一班作业。

(2)钢筋安装安排白班吊运，晚班焊接，两个工作面进行。

(3)侧模在混凝土浇筑完成两天后拆除，经修整后转运安装。

(4)混凝土在业主拌和楼拌制，搅拌罐车经坝后上坝公路运至坝顶，人工配合溜槽入仓。

(5)养护为终生养护，保持湿润至大坝蓄水。

8.5　剥肋滚压直螺纹钢筋连接技术

8.5.1　概述

传统钢筋连接方法为焊接和绑扎，其施工工艺在我国理论和技术方面都很成熟，使用也很广泛。但该工艺在一定条件下表现出明显的局限性，主要表现在：现场焊接耗用时间长，且占用直线工期，不利于工期控制；在高边坡施工材料运输和摆放困难，施工工人在此条件下操作，其施工质量难以保证，且存在安全隐患。

考虑到公伯峡大坝面板施工的有利时间仅有三个月，工期控制十分重要，且边坡施工存在着安全隐患，在借鉴其他工程经验的基础上，公伯峡大坝面板施工中钢筋制安采取了滚压直螺纹钢筋连接新技术，它是中国建筑科学研究院的专利产品。该技术不仅接头强度高，接头性能达到 JGJ107—96 中 A 级接头要求，而且接头的抗疲劳性能好，通过 200 万次疲劳试验。这种接头具有强度高、质量稳定、设备简单、生产效率高等诸多优点。

8.5.2　工作原理及制作工艺

滚压直螺纹钢筋连接技术是通过对钢筋连接端部先行剥肋，随后用滚丝轮将钢筋端部滚压出螺纹的一种加工工艺。用这种工艺制作的钢筋接头能充分发挥钢筋母材强度，接头试件破坏发生在母材上，而不在接通部位。其工作原理是利用钢材的冷轧硬化原理，通过滚压来提高材料的强度，并强化连接螺纹。研究表明，先行剥肋是为了消除不连续的横肋和纵肋对滚压工艺的不利影响，提高螺纹的精度和光洁度，同时也能提高滚丝轮寿命；滚压过程也是对钢筋端部进行冷轧强化处理的过程，在显微镜下观测表明，滚压后钢筋内部的晶格沿螺纹形状紧密排列。经滚压加工的螺纹有较高的精度和强化效果，剥肋、滚压后钢筋横断面面积虽有所减少，但冷轧强化后钢材强度的提高足以抵消截面面积减小的影响，从而达到接头强度不小于钢筋母材强度的效果。

滚压直螺纹钢筋连接技术的生产工艺简单，剥肋和滚压两道工序可在一台滚压机上同时完成。一次装卡钢筋后，剥肋和滚压连续进行。凯新技术开发公司的剥肋滚压设备结构简单、滚丝轮在现场可整拆整装，非熟练工人也可方便地安装和操作。该设备平均每台班可加工丝头 500~600 个，即 250~300 个接头，更换不同钢筋规格时，可整体更换一套滚轮盒，仅需数分钟时间。滚压螺纹的中径尺寸和螺纹尺寸由螺纹盒精确控制，不需要在现场进行调整，具有方便施工的特点。

采用这种技术钢筋连接的工艺是：钢筋准备，剥肋滚压直螺纹，利用套筒连接。

加工设备主要由台钳、剥肋机构、滚丝头、减速机、冷却系统、电器系统、机座等组成，如图 8-13 所示。其技术参数如表 8-5 所示。

图 8-13　滚压直螺纹加工设备

表 8-5　剥肋滚压直螺纹加工设备技术参数

设备型号	GHBG50 型	GHBG40 型
滚丝头型号	50 型	40 型
可加工钢筋范围(mm)	25~50	16~40
整机质量(kg)	600	590

8.5.3　剥肋滚压直螺纹钢筋连接接头的特点

8.5.3.1　强度高

滚压加工通过钢材的冷轧硬化原理，可显著提高材料的抗拉强度，从而弥补了剥肋滚压造成的钢筋截面减少对接头强度的影响，使接头强度不小于钢筋母材强度，试验表明断裂均发生在钢筋母材上而不在接头处。工程实践证明，剥肋滚压直螺纹钢筋连接技术生产的钢筋接头性能可靠，质量稳定。

8.5.3.2 抗疲劳性能好

研究表明，滚压螺纹的齿根部存在残余压应力，能部分抵消钢筋受拉时齿根部位由应力集中引起的拉应力，从而可提高接头的抗疲劳性能，特别适合于铁路桥梁中对钢筋接头有抗疲劳要求的工况。

8.5.3.3 设备简单

剥肋滚压直螺纹钢筋接头的加工设备简单而易于操作，剥肋工序与滚压工序由同一台设备、同一个机头一次性完成。制作不同钢筋直径的接头，只需整体更换一个滚轮盒即可，十分简单易行，对工人技术水平要求不高，简单培训后即可上岗操作，设备现场维护工作量小，故障率小。

8.5.3.4 效率高

剥肋滚压直螺纹加工生产效率高，平均每台班可加工钢筋接头 250~300 个，现场连接套筒也十分简便易行，用手工搬手拧紧即可。

8.5.3.5 螺纹质量好

剥肋后滚压出的螺纹光洁度高，外观整齐，不完整扣少，从而提高了螺纹总体质量。另外，滚丝轮的寿命也可明显延长。

8.5.3.6 适用性好

剥肋滚压直螺纹接头广泛适用于高空、水下及风雨季节等各种自然环境。

8.5.3.7 质量检查

公伯峡大坝面板工程使用的接头直径有 20 mm、22 mm、25 mm 和 28 mm 四种，变直径接头有 20/22 mm、22/25 mm 和 25/28 mm 三种。在加工后使用前按规定的比例进行了抗拉试验，试验结果如表 8-6 所示，试验结果满足要求。

表 8-6 面板剥肋滚压直螺纹接头连接钢筋检测汇总

序号	检测频率(个/次)	工程用量(个)	检测组数	牌号	检验日期(年·月·日)	钢筋直径(mm)	母材屈服强度实测值(MPa)	母材抗拉强度实测值(MPa)	伸长率(%)	套筒屈服强度实测值(MPa)	套筒抗拉强度实测值(MPa)	冷弯(°)	检测结果
标准							≥335	≥490	≥16.0		母材≥实测值 0.95 倍		
1	372	8 192	22	HRB335	2003.12.12 2004.04.15	Φ20	535~525 530	695~690 693	27~18 20	495~380 444	670~635 659	180	合格
2	254	6 344	25	HRB335	2003.12.09 2004.04.15	Φ22	445~430 437	635~605 621	28~18 25	420~390 410	610~595 605	180	合格
3	317	3 170	10	HRB335	2003.12.10 2004.04.16	Φ25	425~415 420	610~600 602	21~16 18	450~420 430	625~605 613	180	合格
4	143	856	6	HRB335	2004.01.03	Φ28	405~390 399	600~585 595	24.5~19.5 22.7	410~385 398	605~555 591	180	合格

注：抽样频率≤500 个套筒，满足 JGJ107—2003、J257—2003 规程。

8.5.4 结论

与传统钢筋连接技术相比，剥肋滚压直螺纹技术具有明显的优势，主要表现在：现场安装方便，只需人工扳手即可操作，安装时间短，便于工期控制；在高陡边坡施工中优势更加明显，不需要运输和摆放各种焊接材料和焊接工具，创造了良好的施工条件，同时也对提高施工质量有利；另外，由于减少了在高危边坡上的工作时间，有利于安全生产。目前在国内人工费不断上涨的情况下，施工单位更愿意采用这项技术，相信其应用前景会更加广泛。

8.6 长面板混凝土浇筑技术难题及关键措施

8.6.1 长面板施工存在的技术难题

实践表明，当面板长度过大时，混凝土浇筑技术难度明显加大，主要存在以下几个方面的问题：

(1)由于溜槽过长，混凝土在坡面上进行垂直运输过程中骨料很容易产生分离。特别是每车混凝土刚开始卸料时，仓号中飞石较多，这对混凝土施工质量和施工人员的安全产生一定程度的不利影响。

(2)面板施工过程中时常发生漂模现象，尽管监理和施工单位采取了很多措施防止漂模，起到了一定的作用，但很难完全杜绝漂模现象。漂模发生后需要对漂模进行处理，耽误施工时间。同时漂模增加了混凝土面板表面的不平整度，对于后续工作，特别是垂直缝表面止水施工的质量产生一定的影响，如果采用机械化施工则影响更大。

(3)当混凝土坍落度小时，溜槽容易堵塞，若巡视人员看管不到，就会发生混凝土溢出溜槽的现象，或者溜槽被拉开，导致大量混凝土散落到坡面上，仓号内一片狼藉，面板混凝土浇筑到该部位时，需要对干硬的混凝土废料进行处理。这样既浪费材料，又耽误施工时间，对面板施工非常不利。

(4)实践表明，混凝土在溜槽内滑动时坍落度损失很大，实测资料显示混凝土每下滑 50 m 左右，混凝土坍落度损失 1 cm，待混凝土溜到仓号底部时，混凝土坍落度往往很小，使混凝土平仓和振捣施工的难度加大。

(5)高边坡施工安全隐患比较突出。由于大量工作人员在高陡边坡上施工，且施工中需要各种材料在坡面上运输，部分材料特别是钢筋还需要在坡面上临时堆放，安全隐患较大。

(6)高陡边坡施工，对设备和人员的工作效率产生负面影响。

8.6.2 长面板施工技术措施

为了解决以上难题，我们采取了以下措施：

(1)为解决混凝土在坡面上垂直运输过程中骨料分离现象，经建设各方共同研究决定采取措施优化混凝土配合比，降低砂子细度模数，用粉煤灰等量替代部分砂子，以增加混凝土的和易性，尽可能减少飞砂走石现象。

(2)为防止混凝土浇筑过程中出现漂模现象，实际施工中增加了模板配重，具体采用废弃的履带和砂袋增加模板重量，配重物的放置应左右对称，均匀布置，且应考虑不影响施工；在提升滑模的过程中，两条钢丝绳受力应尽量均匀；混凝土入仓的坍落度应严格控制，坍落度太小也是出现漂模的一个原因；振捣棒应离开滑模一定距离进行振捣，杜绝将振捣棒插入滑模底部进行振捣。漂模发生后，应立刻采取措施，防止漂模进一步扩大，通常采取的措施是将滑模快速向上滑动一个滑模身位，将漂模部位的混凝土处理完毕后，退回滑模到原来的位置继续混凝土浇筑。

(3)适当提高混凝土坍落度，以增加混凝土的流动性。在混凝土运输途中，做好保温措施，减少混凝土坍落度损失。在溜槽上覆盖 EPE 卷材，在仓号内用 EPE 卷材搭设挡渣防护网，混凝土刚开始卸料时，安排专人压住 EPE 卷材，防止飞石伤人。一旦有飞石进入仓号内时，安排专人清理仓号中的不合格料，以保证混凝土的浇筑质量。

(4)混凝土入仓时，人工配合滑动溜槽布料，人工用铁锹沿垂直缝和周边缝附近均匀布料，尽量避免骨料集中现象。

(5)鉴于高边坡施工中存在诸多安全隐患，监理和施工单位把面板施工作为安全控制的重点，监理部定期组织业主、设计和施工单位对面板施工中存在的安全问题进行检查，并要求施工单位对检查中发现的问题进行整改。采取的具体安全控制措施是：面板施工前施工单位组织现场工作人员进行安全施工交底；在坝面上的工作人员必须戴安全绳；定期对坡面上运输材料的设备进行安全检查，定期对面板施工用滑模进行安全检查。通过采取这些安全措施，在面板施工期间未发生人员伤亡和机械设备事故。

通过以上措施，在一定程度上解决了混凝土运输、溜槽入仓、布料和浇筑的困难，确保了公伯峡大坝 218 m 长的面板混凝土浇筑一次成功。

8.7 结　语

公伯峡水电站面板施工中采用滑模施工、溜槽入仓、跳仓浇筑、直螺纹连接等多项技术，并创造性地实现了单块 218 m 超长面板混凝土一次施工到顶，在长面板施工方面取得了一定的先进经验，实现了新的突破，值得类似工程参考和借鉴。一次性施工面板同多次施工面板相比的优势是十分明显的：在施工质量方面，不需要施工临时断面，大坝坝体可以均衡平起上升，对碾压施工质量有利。在进度方面，大坝填筑可以一次性平起施工到顶，不需填筑临时断面，也不需要预沉降时间，对施工工期控制有利。当然面板过长时坡面处理、钢筋绑扎、溜槽搭设、混凝土入仓、滑模上升、混凝土养护和表面止水施工的难度都不同程度加大，特别是卷扬机、钢丝绳、安全绳、软梯和材料运输工作量明显加大，同时也存在更大的安全隐患。如何组织好超长面板的施工仍然是坝工界研究的一个问题。

第 9 章　面板表层止水施工新技术

本章主要介绍公伯峡大坝面板止水结构的设计情况，和面板表面止水 GB 材料机械化施工技术。

面板止水结构设计参考了其他工程成功的实践经验，并经计算论证确定。通过计算分析，确定了周边缝的设计标准和垂直缝中张性缝及拉性缝的具体位置。

公伯峡大坝面板表面止水施工中首次运用了 GB 材料挤出机，这一新技术填补了国内 GB 材料机械化施工的空白，解决了长期以来困扰工程技术人员的难题，取代了人工填充 GB 材料，解决了面板表面止水施工时施工人员投入多、工作效率低下、施工时间长、坡面材料堆放困难、施工质量难以保证和安全隐患突出等难题。

9.1　止水设计

面板的应力应变主要来源两个方面：一是面板混凝土本身的干缩及温度应力，二是由于其下部堆石体变形产生的。在这两种影响因素中，堆石体变形对面板应力应变产生的影响是主要的，且堆石体变形是面板结构性裂缝产生的主要原因，面板分缝的主要目的就是为了适应坝体堆石的变形。理论计算表明，一般情况下，在水库蓄水情况下，坝体堆石沿坝轴线方向的位移趋势是指向河谷中心，因而河谷段的面板处于受压状态，而坝肩部位的面板缝处于受拉状态。另外，当水作用在面板上，面板与趾板和高趾墙之间会产生相对变形，这种相对变形也会对面板的宽度产生影响。因此，面板的分缝主要受河谷形状和堆石体变形的影响，同时还需要考虑温度的变化和施工设备等因素。

公伯峡大坝面板止水有四种形式：周边缝 F 型止水、垂直缝 A 型和 B 型止水、面板与防浪墙之间的 E 型止水。其中周边缝设置了三道止水，从下到上依次是底部铜止水、中间为橡胶止水和顶部的表层止水；垂直缝设计为两道止水，分别是底部的铜止水和顶部的表面止水，而在每块面板垂直缝下端趾板以上 10 m 处设置有中间橡胶止水，橡胶止水与底部铜止水及表面止水都相互连接，端头进行封堵；面板与防浪墙之间的接缝设置了两道止水，分别是底部的铜止水和顶部的表层止水。公伯峡大坝面板表层止水均采用了 GB 柔性填料，填料表面加 GB 三元乙丙复合盖板覆盖保护。在实际施工中部分周边缝和垂直缝表层止水采用了机械化施工。周边缝和垂直缝嵌缝材料用后填法施工。在面板接缝顶部预留填塞柔性填料的 V 型槽，其形状和尺寸应满足设计要求。详细的止水设计情况分述如下。

9.1.1　周边缝止水结构

周边缝包括趾板与面板之间的接缝，以及面板与两岸高趾墙之间的接缝。由于周边缝位于面板与趾板和高趾墙这两种变形性质相差较大的界面上，其工作条件在面板的分缝系统中最差，这部分分缝变形也是最大的，并且受力情况十分复杂，它是混凝土面板堆石坝防渗系统中最薄弱的环节，也是现场质量控制的关键部位。周边缝的位移形式是三向位移，即沿面板方向的张拉位移，沿面板法向方向的沉降位移和沿岸坡方向的剪切位移。考虑到周边缝在防渗系统中的重要作用，且其受力状况极其复杂，在目前面板堆石坝周边缝止水设计中，一般设置三道止水，分别是底部 F 型铜止水、中间橡胶止水和顶部表面止水，表面止水采用柔性填料。

根据国内外已建工程成功经验，结合本工程施工特点，设计单位通过分析计算周边缝变位值，最终确定周边缝设计标准为：张开 20 mm、沉陷 40 mm、剪切 40 mm。根据上述计算的结果进行了周边缝的具体参数设计。具体情况是缝宽设为 12 mm，并设置三道止水，周边缝缝内充填 12 mm 厚的沥青木板；顶部设 GB 塑性材料，外部用 GB 三元乙丙复合板保护，缝口设橡胶棒(直径 50 mm)；中部设橡胶止水带；底部设 F 型止水铜片与面板垂直缝底部铜止水相接，F 型止水铜片(厚 1 mm)鼻高 105 mm、鼻宽 30 mm、两翼长 200 mm、立脚长 80.0 mm，鼻内设 $\phi30$ 橡胶棒，并用聚氨酯泡沫塑料充填，底部设 6 mm 厚橡胶片和水泥砂浆垫层。F 型止水铜片采用半硬铜，在出厂前需经退火处理。止水铜片的焊接采用两遍黄铜焊。具体周边缝止水结构型式如图 9-1 所示。

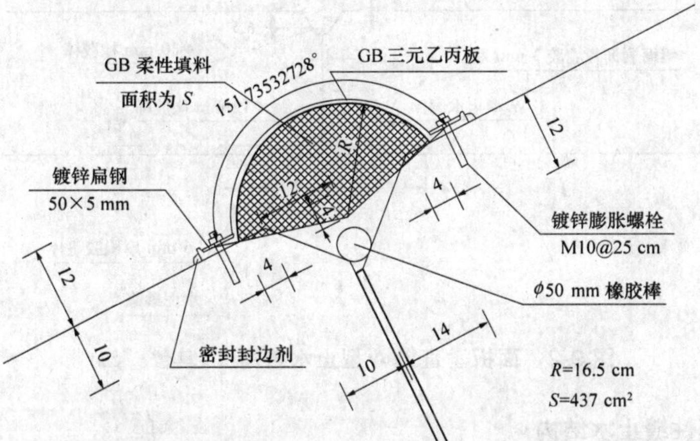

图 9-1　周边缝止水结构图　(单位：cm)

9.1.2　面板垂直缝

垂直缝是面板分块之间的分缝，它从坝顶一直延伸到周边缝附近，其方向与坝轴线和面板垂直，因此称之为垂直缝。在周边缝处，垂直缝与周边缝垂直。一般情况下，面板的垂直缝可分为两种形式：压性缝和张性缝，习惯上称张性缝为“A”缝，压性缝为“B”缝，需要根据应力应变计算分析来确定压性缝和张性缝的具体位置。面板垂直缝受拉或受压的状况取决于河谷的形状和岸坡的坡度。一般情况在岸坡附近的面板块处于受拉状态，而在大坝面板中部块体常处于受压状态。

具体采用何种止水结构型式需要通过计算分析确定，受坝高和河谷地形影响较大。

通常情况下，“A”型垂直缝一般设置两道止水，即底部的“W”型铜止水和顶部的表面止水，表面止水为柔性填料。“B”型通常设置一道止水，即底部的铜止水，上部不设置表面止水。

9.1.2.1 面板张性缝止水结构

张性缝设二道止水，即底部铜止水和顶部表面止水。顶部止水为 GB 塑性材料，外部用 GB 三元乙丙复合板保护。面板在距周边缝 10.0 m 范围内用 H2–861 型塑胶止水带与面板底部铜止水相接，底部设 W 型止水铜片，厚为 1 mm，止水片鼻高 80 mm，鼻宽 12 mm，两翼长 200 mm，立脚长 80 mm，鼻子内安装直径 12 mm 橡胶棒，然后用聚氨酯泡沫塑料充填，W 型止水铜片的底部设 6 mm 厚橡胶片和水泥砂浆垫层，缝面刷沥青乳胶。具体 A 型止水结构如图 9-2 所示。

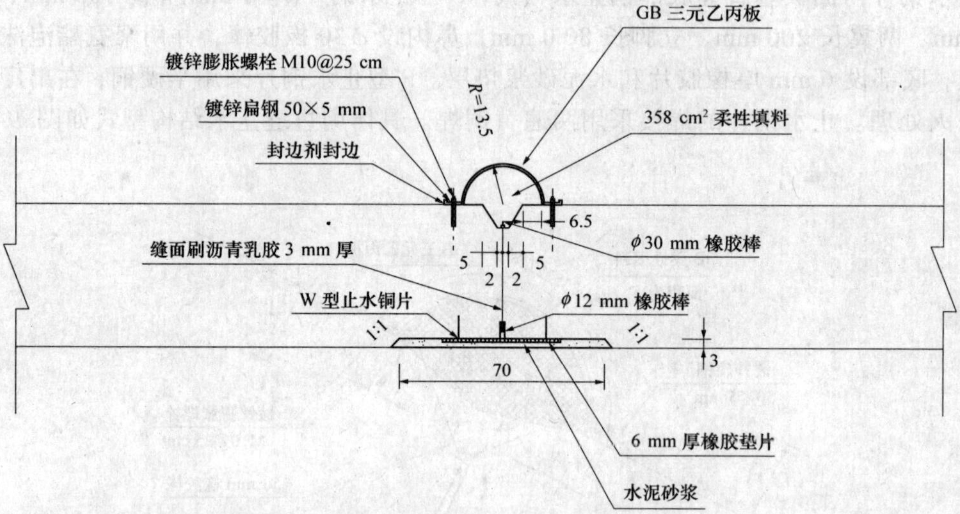

图 9-2 面板垂直缝 A 型止水结构 （单位：cm）

9.1.2.2 面板压性缝止水结构

出于面板安全运行考虑，公伯峡大坝面板压性缝采用了偏于保守的设计方式。面板压性缝设二道止水，即顶部表面止水和底部铜止水。顶部设 GB 柔性填料，外部用 GB 三元乙丙复合板保护。面板在距周边缝 10.0 m 范围内用 H2–861 型塑胶止水带与面板底部铜止水相接，底部设 W 型止水铜片，厚度为 1 mm，鼻子内设直径为 12 mm 橡胶棒，并用泡沫塑料充填，底部设 6 mm 厚橡胶片和水泥砂浆垫层，缝面刷沥青乳胶。在河谷部位的 4 条压性缝设置为柔性缝，缝内填沥青木板。具体 B 型止水结构如图 9-3 所示。

9.1.3 面板与防浪墙间接缝

面板与防浪墙之间的接缝设二道止水，顶部为表面止水，底部为铜止水。顶部设 GB 塑性材料，外部用 GB 三元乙丙复合板保护，底部设 W 型止水铜片，厚度为 1 mm，并与防浪墙伸缩缝内的铜片止水相接。W 型止水铜片的鼻子内设 ϕ12 橡胶棒并用泡沫塑料充填，底部设 6 mm 厚橡胶片和水泥砂浆垫层，缝面设 12 mm 厚沥青木板。

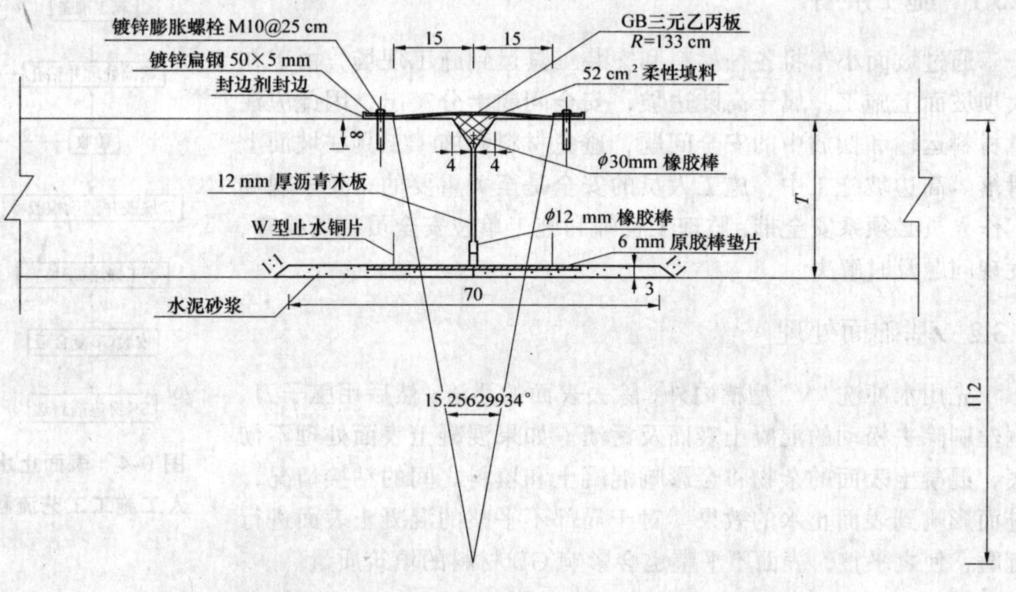

图 9-3　面板垂直缝 B 型止水结构　（单位：cm）

9.2　表层止水材料特性

公伯峡大坝面板表层止水所用 GB 填料和 GB 三元乙丙复合盖板均为橡胶基材料，是中国水利水电科学研究院研制成功的，并在国内多个工程中进行了应用，特别是在百米级高坝中得到了成功的应用，止水效果十分理想。GB 填料的特性是：具有良好的耐水耐化学特性，试验表明，经过 5 个月的浸泡其重量变化不超过 3%；与混凝土有良好的粘接性能；具有良好的流动止水性能；具有良好的耐久性，试验表明，经过 300 次快速冻融循环后，强度还保持在 90%以上，这一特性特别适用于西北寒冷的气候特点。

为了解决普通盖板和混凝土面板和趾板不能很好密封的问题，中国水科院研制了 GB 三元乙丙复合盖板，复合盖板不仅具有良好的自粘性，而且还能与混凝土、天然橡胶止水带、三元乙丙板、PVC 土工膜和铜片等材料很好地粘接。试验表明，在高压水作用下不会流动、不会击穿。采用 GB 三元乙丙复合盖板不仅充分发挥了 GB 填料良好的防水、耐老化、耐高低温性能，而且也解决了普通盖板与混凝土表面结合不良的难题。

9.3　传统施工工艺

在公伯峡大坝面板表面止水施工中，既采用了机械化施工方法，也采用了人工施工工艺即传统施工。为了进行对比，首先说明表面止水传统施工工艺。传统的人工表面止水施工包括下列工序：基础处理、钻孔、涂底胶、铺设橡胶棒、手工嵌填 GB 填料、安装 GB 复合板、SK 封边剂封边。其工艺流程如图 9-4 所示。

9.3.1 施工准备

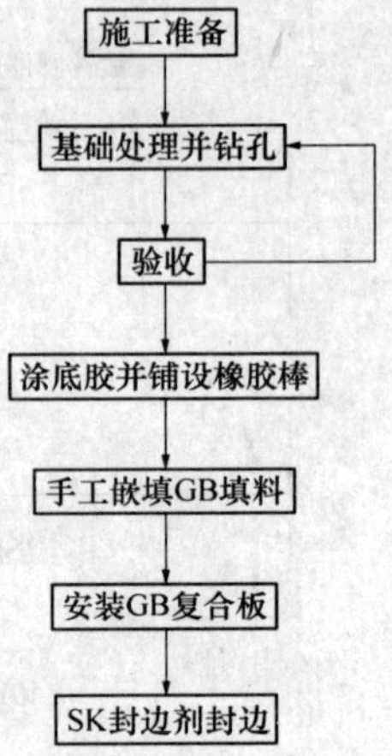

图 9-4 表面止水人工施工工艺流程

通过坡面小车将各种材料和安装工具运到施工现场，由于在大坝坡面上施工，属于高陡边坡，安全问题十分突出，因此应注意材料运输和摆放中的安全问题，避免材料和施工工具在坡面上滑落。高边坡施工中，施工人员的安全是至关重要的，要求现场工作人员必须系安全带，监理工程师和施工单位安全员现场检查，发现问题及时解决。

9.3.2 基础面处理

先用水冲洗“V”型槽内外，除去表面的浮渣；然后用腻子刀、钢丝刷除去松动的混凝土表面及污渍。如果混凝土表面处理不彻底，混凝土表面的杂物将会影响混凝土和填料之间的粘接情况，进而影响到表面止水的效果。对于局部不平整的混凝土表面进行打磨，使之平整，表面不平整也会影响 GB 材料的填筑质量。

9.3.3 钻孔及镀锌扁钢定位

经过测量放线，将镀锌扁钢按顺序放置在设计位置上，依据扁钢上的孔位钻孔，钻孔完成后，将扁钢放在对应的位置上。用水和湿毛巾将混凝土表面清理干净。接缝处清洗干净以后，晾干或采用酒精喷灯或电吹风将缝面烘干。

9.3.4 涂底胶及铺设橡胶棒

底胶采用 SK–I 材料，是 GB 材料和混凝土之间的胶结物。“V”型槽表面处理后，涂刷 SK–I 底胶，底胶涂刷均匀。涂刷完毕后，静停 10 ~ 30 min，具体视当时现场温度而定。底胶涂刷完毕后，及时在“V”型槽底部铺设橡胶棒，橡胶棒的结构尺寸及搭接方式应满足技术规范的要求。根据施工安全和环境保护要求，对已经拌和好而没有用完的 SK–I 底胶及时进行清理，以免材料固化后盛料的容器难以清洗。清洗剂使用汽油等有机溶剂。SK–I 底胶无毒，使用时若粘到皮肤上用水加洗衣粉进行清洗。

9.3.5 人工嵌填 GB 填料

开始嵌填之前，根据 GB 填料的设计断面确定嵌填形状，把 GB 填料切割成相应形状进行嵌填。为提高施工速度，事先要计算需要嵌填的块数和大小，按标定的位置顺序进行嵌填。

将准备好的 GB 填料填入缝内，边缘部位锤压密实，接头部分做成坡形过渡，以利第二层的粘贴，每层接头部分的位置均匀错开，具体形式如图 9-5 所示。

由于 GB 填料属于橡胶基材料，其软硬度情况受温度的影响比较大，如果温度较低，材料变硬不利于现场施工，则需用喷灯或电吹风烘热 GB 填料，使 GB 填料表面黏度提高，再进行嵌填。施工过程中要保持待粘面干燥，确保粘贴的效果。粘贴过程中应注意排出 GB 填料与混凝土粘接面之间的空气。由于 GB 材料容易沾染其他杂物，未使用前不要将防粘纸撕开，以防材料表面受到污染，影响使用效果。嵌填完成后，12 h 内不过水，也不能任意撕扯，避免造成人为破坏。人工嵌填 GB 材料现场情况如图 9-6 所示。

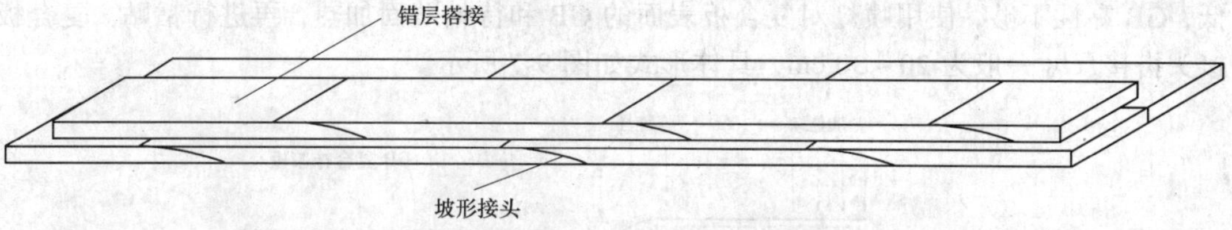

图 9-5 GB 柔性填料嵌填示意图

图 9-6 人工嵌填 GB 材料现场情况

9.3.6 GB 复合板安装

GB 填料安装完毕，经过检查外形尺寸符合设计要求后，方可开始安装 GB 复合板，GB 复合板的功能是保护 GB 材料、防止 GB 填料老化。在已处理过的混凝土表面均匀涂刷 SK 底胶，然后一边撕复合板上的防粘纸，一边将复合板粘贴在混凝土上。粘贴过程中排出空气，复合板铺展平整，与混凝土面粘贴处用手压密实，复合板在膨胀螺栓位置钻孔。

将固定用的扁钢安装在复合板上，扁钢紧贴复合板下部的填料包边缘安装，保证复合板与混凝土间的柔性填料结合紧密，不留空腔。在镀锌扁钢钻孔部位涂抹黄油，用膨胀螺栓紧固，使扁钢、复合板与混凝土紧密结合，无脱空现象。膨胀螺栓的拧紧分三次进行。第二次与第一次紧固时间间隔为 2 天，最后一次紧固在铺盖或下闸蓄水前进行。

复合板的连接为搭接。先将待接头处的一侧复合板与下部 GB 填料粘贴，按压密实，然后将该侧复合板表面用湿棉纱擦洗干净，若表面有油污，可使用汽油擦拭。将接头另一侧复合板的防粘纸撕去，搭接在已粘贴好的复合板上，按压密实，若此时现场温度较低，GB 黏性不够，使用喷灯对复合板表面的 GB 和待粘贴面加热，再进行粘贴。复合板接头搭接尺寸一般为 20 ~ 30 cm，具体形式如图 9-7 所示。

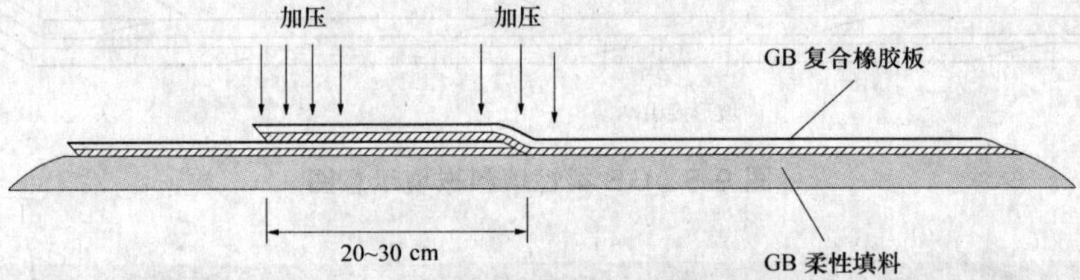

图 9-7　复合板接头搭接结构示意图

9.3.7　封边剂封边

SK 系列封边剂包含三种成分，分别是 A 成分、B 成分和普通水泥，常温下 20 ℃使用配比为 A：B：C=10：3：(18 ~ 22)(质量比)。现场使用时，根据现场温度做调配试验，确定出最佳使用配比。

将复合板表面和混凝土面用钢丝刷、棉纱或毛巾清理干净，无灰尘、杂物和油污。将封边剂 A、B 组份按照使用比例拌和均匀，再按比例掺配普通水泥，并搅拌均匀。拌料使用浅的广口容器和硬制拌料铲。施工时一次配料重量不超过 2 kg，以免发生爆聚。

用油灰刀将拌和好的 SK 封边剂涂刷在复合板边缝处，封边宽度为混凝土面和复合板表面各 5 cm。涂刷时倒角平滑，无棱角、无漏涂，封边密实均匀。常温 25 ℃时，SK 封边剂的适用期为 1 ~ 1.5 h，固化时间为 3 h 左右。材料拌匀后在适用期涂刷完毕。涂刷完毕后，不踩踏、触碰，让封边剂自然表干。

SK 封边剂在雨雪天不施工。涂刷用的油灰刀和拌料容器使用后及时清理，以免材料固化后难于清洗。清洗剂使用汽油等有机溶剂。SK 封边剂为有机化学品，在施工现场注意防火，不使用明火。SK 封边剂无毒、挥发性小，使用时若粘到皮肤上，可使用热水加洗衣粉进行清洗。

9.3.8　镀锌扁铁的安装

SK 封边剂涂刷 3 个小时后，即可进行镀锌扁铁的安装。公伯峡大坝面板表面止水采用 50 mm × 5 mm 的镀锌扁钢固定 GB 三元乙丙复合板。固定扁钢采用的是 M10 × 120 mm 的镀锌膨胀螺栓，间距为 25 cm。镀锌扁钢上钻孔，直径为 15 mm。把扁钢放在 GB 三元乙丙复合盖板上相应的位置，透过扁钢上的孔直接用冲击钻钻孔，打到足够安装膨胀螺栓的深度为止。用高压空气吹干净孔内的碎屑，放入膨胀螺栓并进行紧固。膨胀螺栓的紧固应分三次进行，第一次在安装时进行，第二次应在安装后一星期左右再次紧固，第三次在蓄水前进行紧固。

9.4 GB 填料机械化施工的背景

传统 GB 填料人工嵌填方法存在的主要问题是影响施工质量和施工进度。影响施工质量的关键因素是嵌填不密实，施工质量得不到保证。工程实践表明，人工嵌填柔性填料的密实度一般为 90%左右，有些工程甚至达不到 80%。人工填 GB 材料施工进度很慢，劳动力消耗很大，且大量的人员在 1∶1.4 的高陡坡面上施工也存在很大的安全隐患。一般说来，对于面板堆石坝工程，从面板浇筑完成到蓄水发电通常时间很紧张。公伯峡大坝面板于 2004 年 6 月 3 日施工完毕，而 8 月 8 日具备下闸蓄水条件，这中间有许多工作要做，如面板缺陷处理工作、坝前铺盖施工等。因此，留给面板表层止水施工的时间非常有限，而人工填 GB 材料速度太慢，迫切需要一种快速的施工工艺，在这种情况下，机械法施工 GB 材料便应运而生。

9.4.1 GB 填料挤出机工作原理

在前述背景下，工程施工需要采用机械化，而国内研制 GB 填料机的技术已经成熟。中国水利水电科学研究院与西安理工大学联合开发研制了 GB 柔性填料挤出机，并在公伯峡大坝首次应用。其工作原理是利用螺旋挤压挤出压力，利用挤出压力成型，在现场直接将柔性填料挤入半圆形模具内，而半圆形模具满足设计嵌填断面要求；其反向推力提供了挤出机的驱动力，工作人员通过向投料口连续投放 GB 柔性填料，机器便可自行前进，进行填料嵌填。挤出机的物理参数见表 9-1。

表 9-1 GB 填料挤出机物理参数

名称	长度(cm)	宽度(cm)	高度(cm)	自重(kg)
GB 填料挤出机	180	50	50	200

根据现场施工需要，施工单位共购买了 4 台挤出机。检查表明，挤出机施工的 GB 柔性填料不仅密实，而且在挤出力的作用下，还可以使填料与混凝土面的粘结更加牢固。使用挤出机进行嵌填可以大大降低工人的劳动强度，提高施工速度，一般情况下挤出成型的速度可达 6～10 m/h。挤出断面均匀，嵌填量完全能够满足设计要求。

GB 柔性填料挤出机还需要利用固定镀锌扁钢的膨胀螺栓来固定机器的外模板。挤出机施工时，先将膨胀螺栓按照安装扁钢的位置及尺寸预先装在混凝土上，混凝土表面处理干净后涂刷 SK 底胶，将橡胶棒放入槽底。然后将机器底部放入槽中，并用膨胀螺栓固定挤出机的外模板，接通电源机器便可正常运转。施工人员通过进料口放入 GB 柔性填料，机器螺旋杆挤压运送填料在机器前端的内模挤出，在外模板中成型。内模在反向作用力的推动下带动机器运行，直到内模快要从外模中退出时，马上安装另一块外模板，这样机器就可以连续不断地前进。每台挤出机上配有 5 块外模板，每块长 50 cm。等第 5 块模具安装完后，马上拆开第 1 块外模板，即可形成表面光滑、均匀一致的成型 GB 柔性填料。因 GB 柔性填料粘结力极强，很容易造成黏膜，挤出机外模具的内侧需涂刷专用的脱模剂才能顺利脱模。

9.4.2 GB 填料挤出机施工平台车

机械化施工 GB 柔性填料过程中，需要利用膨胀螺栓来固定挤出机的外模具，这必然会对膨胀螺栓造成一定的损伤。如果安装不得当会导致膨胀螺栓无法正常使用。为避免这种现象，施工单位联合科研院所研制了专门辅助挤出机施工的平台车，配合 GB 柔性填料挤出机的施工。挤出机放在平台车上，平台车上留有挤出机的运行空间和运行轨道。平台车放置于坝面斜坡上后，即成为一个操作平台，向挤出机里投放 GB 柔性填料及安装挤出机外模具的工作都在操作平台上进行。平台车自身有方向控制系统，能够上下左右自由移动，可沿着施工缝移动运行。平台车的运行需要靠坝顶卷扬机的牵引，随着 GB 柔性填料挤出机的运行而向前移动。平台车自重约 800 kg，通过中部两排可以升降的轮子进行加压，加压轮行走在挤出机外模的边缘上，起到固定外模具的作用。每安装一块模具，平台车就向前移动一下，提高了安装机器外模具的速度。每块模具之间用“U”型连接卡进行连接，使挤出机可以不中断地连续工作。在面板 A 型缝工作面上，挤出机在平台车上施工速度可达 10 m/h。平台车的加压轮共有两排轮子，可以一直压在两块挤出机外模上，保证挤压成型的 GB 柔性填料有一个稳定的过渡，使填料形状不致变形。平台车移动离开后，取下模具“U”型连接卡，即可拆去平台车后的模具。为了便于操作，平台车后装配有两排操作钢梯。施工平台车如图 9-8 所示。

图 9-8 GB 填料挤出机施工平台车

9.4.3 机械嵌填 GB 填料

挤出机施工程序与人工嵌填 GB 材料施工基本相同，所不同的是挤出机填料代替了人工填料。其工序为：基础处理、钻孔、涂底胶、铺设橡胶棒、挤出机嵌填 GB 填料、安装 GB 复合板、SK 封边剂封边。施工程序如图 9-9 所示。

首先厂家根据表面止水结构做相应的外模。外模采用膨胀螺栓或工作平台固定，为减少机械化施工对膨胀螺栓的破坏作用，施工中多采用工作平台车来固定。如采用螺栓固定，则两侧螺栓位置与断面中心的距离一致，并且尽量保证每侧的螺栓位置在同一条直线上。

外模安装前需要涂脱模剂，装上外模并拧紧螺栓，将内模平行放入外模中。开始向挤出机进料口喂料，保证喂料均匀。喂料过程中，避免掺入石子和其他硬物，以防损坏机器。机械化施工现场如图 9-10 和图 9-11 所示。

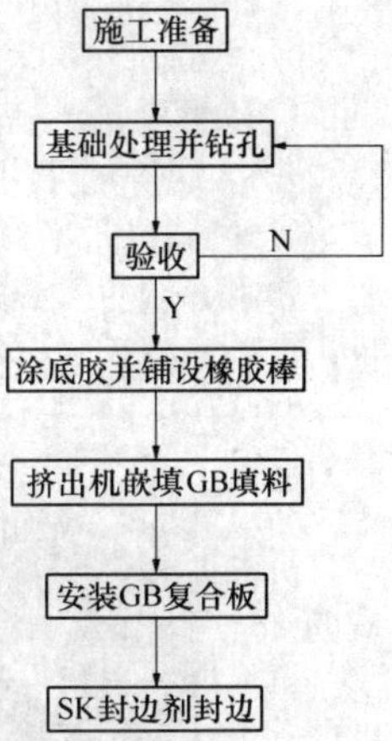

图 9-9　表面止水机械化施工工艺流程

当填料挤满外模，内模将从外模出来时，用同样的方法装第二块外模，如此反复(长度 50 cm 的外模装 4 个)。到外模用完时，卸掉已挤好部位的外模，但不能同时全部卸掉，保证挤好部位挨着机器有两块外模，卸一个用一个，用完后再卸另一个，这样可以防止挤好部位出现“鼓肚”现象。若挤出的填料不密实，可适当在机器上增加配重，保证填料挤出密实。

图 9-10　GB 材料机械化施工现场(一)

机器使用前先检查电源是否正常，开机空转检查机器是否正常。准备工作就绪后，将机器平行放入已固定好的外模中，固定好安全绳开始挤出。挤到一定压力后，机器会自行前进。在此操作过程中，要随时对安全绳进行调整固定。

施工中间休息时，固定好安全绳。如果现场温度过低，填料挤出困难，可对机器挤出部位(机身、机头)用喷灯烘烤预热，烘烤时间依现场具体环境而定。

图 9-11 GB 填料机械化施工现场(二)

9.5 挤出机的优缺点

9.5.1 GB 填料挤出机的优点

根据前面对比说明，挤出机的优点可以总结如下：

(1)面板表面止水施工质量得到明显提高，与人工施工相比，GB 填料密实度显著改善，基本杜绝层间空隙；成型止水外观表面光滑，均匀一致；有利于 GB 三元乙丙盖板安装；表面止水 GB 填料嵌填量得到保证。

(2)通过在公伯峡大坝面板表面止水施工中的应用，面板 GB 材料表面止水施工的机械化施工工艺与人工施工工艺相比，提高工作效率近两倍，施工速度达 10 m/h；人工减少一半以上，工人劳动强度明显降低，劳动效率显著提高。

(3)采用挤出机，并配置有施工平台车，有利于高陡边坡安全施工，降低了施工风险。

(4)施工机具结构简单，易于操作，利于推广。

(5)可在一定程度上降低施工成本。对此虽未进行详细的经济分析对比，但根据施工所投入的人员数量和施工效率，对比机械化施工的投入和效率，并综合考虑进度加快对早日发电的积极影响，粗略测算认为，机械化施工可在一定程度上节约投资、提高效益，特别是在人工费用不断上涨的今天更有实际意义。另外，考虑到挤出机推广后作为一个成型产品，其价格将会进一步降低。

9.5.2 GB 填料挤出机的局限性

尽管 GB 填料挤出机有上述优势，但也有一定的局限性，主要有以下几个方面：

(1)挤出机对混凝土表面平整度要求严格，要求接缝两侧混凝土 50 cm 范围内、2 m 长表面起伏差小于 10 mm。

(2)对“V”型槽尺寸要求严格。挤出机是按照具体接缝断面设计的，缝口尺寸应严格满足设计要求。施工中曾发生过缝口尺寸偏小、挤出机底部无法卧在缝口槽中，致使挤出机无法正常运行的情况，在这种情况下，需要对缝口进行修整。

(3)对于止水缝转弯和转角的适应性较差。因此，在周边缝的大部分位置未采用机械化施工，仍然是人工嵌填。

(4)挤出机的行进是靠反力提供的动力前进的，对于垂直缝的施工比较有利，但对于平行于坝轴线的止水缝则因无处着力而无法采用,例如防浪墙和面板之间的止水缝施工。

综合考虑挤出机的优劣特点，现场施工中可以扬长避短，综合采用机械化施工和人工施工：对于大规模长施工缝宜采用机械化施工，而对于小部位的施工则辅以人工；考虑到挤出机固定问题和行进过程中反力作用，对于垂直缝部位采用机械化施工，而平行于坝轴线的部位则多采用人工施工。

9.6 结 语

面板在大坝防渗体系中处于核心地位，而止水和表面止水则在面板施工中处于关键的位置。由于传统施工工艺质量无法保证、人员投入多、工期长，且施工过程中存在很大的安全隐患，公伯峡大坝参建各方联合科研院所和制造单位，共同研究和开发了 GB 柔性填料挤出机，并创造性地制作了挤出机平台车，首次成功地应用于工程。挤出机的使用提高了施工质量，减少了施工人员，加快了施工进度。尽管这项技术还存在着一些不足，需要在今后的实践中进一步完善，但这一新技术对面板表面止水施工有着极其重要的意义，对同类工程的施工有一定的参考价值。

第 10 章 面板裂缝及处理措施

面板堆石坝的面板裂缝一直是一个难以解决的问题，特别是在我国昼夜温差较大和空气干燥的西北地区问题更突出。面板裂缝不仅要投入大量的资金进行处理，较大的裂缝甚至威胁到坝体的安全运行，特别是砂砾石面板堆石坝更是如此。公伯峡工程虽然对面板混凝土配比设计进行了认真的比选，在实际施工中对混凝土的拌和、振捣、养护等工艺进行严格的标准化作业控制，对坍落度进行了严格的控制，但裂缝仍不可避免。本章着重介绍公伯峡面板裂缝原因分析、限裂设计和裂缝处理技术。

10.1 面板裂缝产生情况调查

面板混凝土浇筑养护期间已发现部分面板出现了裂缝，大坝蓄水前已发现 32 个仓号有裂缝。从最初发现裂缝开始，监理工程师和施工单位就着手对裂缝进行系统而全面的调查，为面板裂缝的分析和处理工作提供依据。调查的主要内容是裂缝发生的时间、位置、裂缝长度、裂缝宽度、裂缝深度和裂缝发展状况。调查人员分为两个小组，第一组工作人员每天巡视面板，以便准确掌握裂缝发生的时间，并对裂缝定期进行观测，观察裂缝的发展趋势，测量裂缝发展的长度、宽度和深度；第二组工作人员利用测量仪器确定裂缝在面板上的具体位置。裂缝调查情况见图 10-1。

图 10-1 面板裂缝调查

通过调查，发现裂缝有以下特点：

(1)裂缝一般发展为水平方向，基本与面板垂直缝相垂直，未见到有与坝轴线方向垂直的裂缝。

(2)裂缝发展的宽度均不大，绝大部分裂缝宽度在 0.1~0.2 mm 之间，只有 3 条裂缝宽度大于 0.3 mm，分布在 13 号、19 号、23 号仓。统计表明，0.2 mm 以下的裂缝占裂缝总数的 66.5%。

(3)裂缝发展长度大多与面板宽度相同，一般为 12 m。统计表明，0~7 m 长度的裂缝占裂缝总数的 9.6%，12 m 通缝占裂缝总数的 90.4%。

(4)钻孔取芯试验表明，大于 0.3 mm 的裂缝为贯穿性裂缝；小于 0.3 mm 的裂缝为非贯穿性裂缝，裂缝发展到钢筋处即行尖灭。

(5)裂缝多发生在混凝土浇筑后 5~11 天内，也有面板混凝土浇筑 3 天后就开始出现裂缝，但裂缝数量很少；8~14 天是裂缝的高发期，此时发生的裂缝较宽；以后也会产生一些裂缝，但裂缝数较少，且裂缝的宽度逐步变小。

(6)裂缝发生的位置多在面板顶部以下 1/3 至面板底部的位置(且在此范围内没有明显的规律性)，具体分布在面板 0+050~0+150 m(从顶部计算的面板斜长)范围内；Ⅰ序面板比Ⅱ序面板裂缝数量少；单块面板长度大于 100 m 的裂缝发生较多，而短面板裂缝发生得较少，其中第 29 号、31 号、33 号等Ⅰ序面板未发生裂缝，其最大单块长度为 129 m。

(7)观察表明，裂缝的宽度随温度的变化而呈现规律的变化，温度高时裂缝闭合，宽度减小；温度低时裂缝张开，裂缝变宽。

裂缝具体情况见图 10-2、图 10-3。

图 10-2　面板裂缝情况(一)

图 10-3　面板裂缝情况(二)

10.2 裂缝产生的原因分析

对公伯峡大坝面板裂缝产生的原因从两个层面进行了分析，一方面进行宏观分析，即结合施工条件和环境进行分析；另一方面通过观测数据分析裂缝产生的内在规律。

10.2.1 宏观施工条件裂缝原因分析

面板裂缝成因十分复杂，是多种不利因素的综合作用，主要有以下几个方面。

10.2.1.1 气候原因

公伯峡位于高原寒冷气候区域，多年平均气温 8.5 ℃，极端最低气温–19.9 ℃。气温低、暴雨频繁、温差大、风速高、湿度低，气候干燥、寒潮频繁，这样恶劣的气候条件极大地增加了防止面板裂缝发生的难度。从裂缝的性状分析，面板混凝土裂缝多为收缩性裂缝。在混凝土前期抗拉强度还不高的情况下，温度应力是产生裂缝的主要原因。

图 10-4 为面板混凝土浇筑期间 2004 年 3 月 15 日至 6 月 3 日气温变化资料。从图中可以看出，浇筑期间日均气温变化较大，且昼夜温差很大。其中 5 月 1 日前后工地下了一场雪，温降幅度过大。

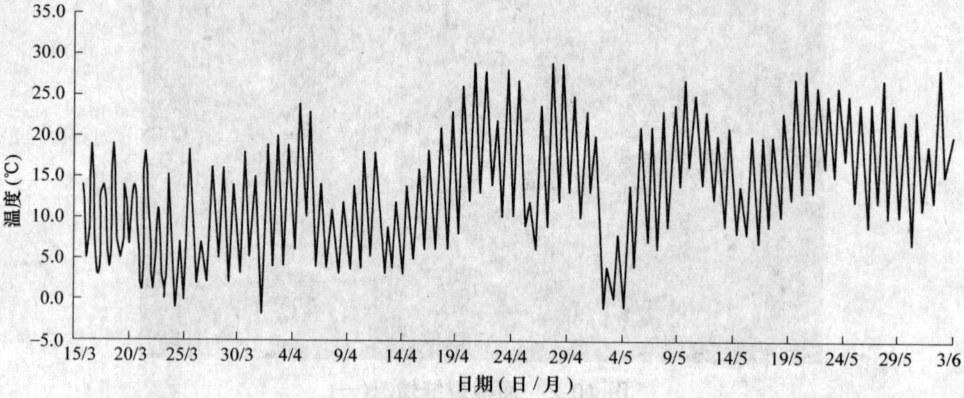

图 10-4 日气温过程线

10.2.1.2 面板一次性拉至坝顶，长度较长

统计表明，有 18 块面板长度超过 150 m，有 7 块面板长度超过 200 m，最长的面板达到 218 m。由于面板太长，其累计收缩量必然较大，对防止收缩性裂缝的产生有不利的影响。

10.2.1.3 入仓混凝土料的稳定性难以保证也是产生裂缝的主要原因之一

面板混凝土浇筑过程中采用了三种配合比，在这三种配合比中，无论哪种配合比现场施工最难控制的是混凝土坍落度，关键问题是混凝土从拌和楼运输到坝顶坍落度损失太大，从坝顶经过长溜槽输送到仓号，坍落度又有一定程度的损失。混凝土来料的时干时稀对混凝土施工质量控制有着较大的负面影响。另外，混凝土的坍落度、含气量、均匀性也不是很好，差值变化有时较大，这些都是面板裂缝产生的原因。

10.2.1.4 混凝土浇筑后养护、表面止水施工和外部环境之间的协调情况可能是裂缝产生的部分原因

表面止水施工时，要求混凝土表面干燥无水，这与混凝土保湿养护相矛盾，而表面止水施工工期很紧，无法做到二者兼顾。这类现象在其他同类工程中普遍存在，其产生的后果是，表面止水施工期间面板混凝土养护欠佳，面板表面处于外露状态，加之风大、降雨和降温的影响，对面板后期防止裂缝的发生非常不利。

10.2.1.5 坝体填筑质量对面板的影响

从坝体填筑和挤压墙施工各项质量指标结果看，坝体的填筑质量是好的，未造成坝体坡面挤压墙不均匀沉陷，使面板产生结构性破坏。电磁式沉降仪观测资料表明，截至 2004 年 4 月 10 日坝体沉降量为 60 cm，面板施工期大坝沉降量仅为 3 cm，说明面板混凝土施工时段坝体沉降已趋于收敛。至 2004 年 10 月底，电磁式沉降仪测量大坝总沉降量为 70.1 cm，相当于坝高的 0.5%，与国内外同类工程相比属于领先水平，说明大坝填筑质量很好，不是面板裂缝发生的原因。

10.2.2 观测数据分析裂缝产生的原因

为进一步了解裂缝产生的机理，揭示裂缝产生的规律，通过观测资料分析裂缝产生的原因是非常必要的。公伯峡大坝面板内部埋设有混凝土应变计和钢筋应力计，仪器全部完好，观测数值基本符合规律，为裂缝产生的原因进行分析提供了可靠的科学依据。

10.2.2.1 面板混凝土技术指标

混凝土配合比设计参数见表 10-1，混凝土实测性能结果见表 10-2。

表 10-1 面板混凝土配比设计参数

设计标号	级配	坍落度(cm)	水灰比	砂率(%)	粉煤灰(%)	水泥标号	强度保证率(%)	砂细度模数
C25W12F200	Ⅱ	7~9	0.4	34.5	20	中热 525	90	FM=2.8

表 10-2 混凝土浇筑技术指标实测结果

混凝土浇筑温度(℃)	气温(℃)	坍落度(cm)	含气量(%)	抗压强度(MPa)	实测强度保证率(%)
8~23	3~29	4~9.5	4~8	30~40	99

10.2.2.2 面板内埋设的观测仪器

面板混凝土内埋设的观测仪器主要有混凝土应变计和钢筋计。其中三向混凝土应变计 78 支，分为 26 组，每组三支应变计，并配合一支应力计。每组应变计为平面布置，方向分为顺坡向、45° 和水平向三种，各组应变计水平间距为 25 m。钢筋计 42 支，分为 21 组，每组 2 支，其布置方向为顺坡向和水平向两种，每组应变计水平间距 25 m。

10.2.2.3 用观测资料分析面板裂缝方法

对面板裂缝产生过程和观测仪器进行同步观察是裂缝产生原因分析的基础。观测人员每天对混凝土面板内埋设的观测仪器按规定的频度进行观测，根据需要可加密观测。

选取裂缝位置与仪器埋设位置在 1 m 之内的裂缝资料与观测资料进行整合分析，并绘制出相关过程图。本节略去具体的数据统计计算分析过程，仅叙述分析结果。

10.2.2.4 裂缝原因分析

(1)设计要求混凝土极限拉伸应变为 100 με,表 10-3 为埋设应变计板块的实测极限拉应变平均值。从表中可以看出，实测极限拉伸应变值普遍较低，在 5 个极限拉应变均值中，仅有 1 个符合设计要求，另外 4 个均不满足要求，最小的 1 个极限拉应变均值仅为 43.5 με,与设计值差别较大，这也可能是裂缝发生的一个重要因素。

表 10-3 实测混凝土极限拉应变均值 （单位：με）

桩号	0+052	0+111	0+159	0+232	0+304
实测极限拉应变平均值	100.3	80.2	68	43.5	78.3

(2)根据观测结果对混凝土内部顺坡向应力和水平应力进行了比较，比较表明，蓄水前同一时期坡向应变与水平向应变存在差值，坡向应变明显偏向拉应变区，这也是面板产生水平裂缝的原因。而蓄水后应变进入压应变区。

(3)观测资料还显示，根据裂缝发生的时间不同，可以把裂缝分为两类，这两类裂缝产生的机理是不同的。一类裂缝发生在面板水化热完成后混凝土内温度下降到最低点，此时混凝土内部大量水分发生了水化反应而生产了新的物质，游离水分的减少使混凝土产生了干缩变形，温降和干缩共同作用，使混凝土内部拉应变达到峰值最高点，在峰值最高点附近均有可能发生裂缝。调查表明，裂缝大多发生在混凝土浇筑后 1~2 周内，而此时混凝土抗压强度大约是 28 天标准强度的 0.45~0.75，则对应的抗压强度为 16~26 MPa，混凝土的抗拉强度也很低，为 1~3 MPa，拉应变大。这些因素共同决定了这一时期属于混凝土裂缝的高发期，产生的裂缝约占面板裂缝总数的 70%。通过对观测资料分析，坡向拉应变峰值和入仓温度关系相关性不明显；混凝土拉应变峰值与水化热的峰值及混凝土入仓温度和峰值温度相关性不明显；混凝土拉应变峰值大小与峰值—谷点间温差有对应关系，即温差越大，拉应变峰值越大。因此，可以认为混凝土坡向拉应变峰值大小除了与坡向位置、混凝土干缩有关外，还与水化热过后的谷点间温差有关。

观察表面另一类裂缝发生在混凝土面板浇筑后的夏季高温时，这类裂缝占裂缝总数的 30%。夏季阳光直射下，面板混凝土温度上升了近 10 ℃，钢筋和混凝土受热膨胀，而混凝土和钢筋应变不同步，由此引起的钢筋压应变比混凝土大 20 με，内部形成应力集中。在面板混凝土粉煤灰掺量过多、极限拉应变偏低的情况下，这部分应变偏差有可能给面板增加新的裂缝。掺粉煤灰可以有效地降低水化热后拉应变的峰值，但掺量过多时，在拉应变峰值较小时也可能发生裂缝。

(4)蓄水后面板是否还会发生裂缝，虽然无法取得检查资料，但从观测资料看，面板 90%点位已进入压应变区。除坝顶个别点位处在较小的拉应变区外，其他点位随着水深增加，压应变也随之增加。由此可以推论，蓄水后面板发生裂缝的可能性很小。但由于水荷载作用，坝体局部产生不均匀沉降，面板发生结构性裂缝是有可能的。

(5)钢筋与面板裂缝是否有关，单从温度变形看，钢筋线膨胀系数是 1.2×10^{-5}，混凝土线膨胀系数为 1.0×10^{-5}，两者之差为 0.2×10^{-5}，即温度变化 1 ℃，钢筋要多变化 2 με

的应变。因为有这个差值存在，钢筋对混凝土裂缝是有影响的，但由于钢筋布置在面板中部，且目前混凝土中配筋率很低，故影响可能不大，但究竟能有多大影响，还需要进一步的研究。

实测资料表明，在混凝土浇筑后的水化热阶段，温度开始升高，但此时混凝土还没有形成强度，钢筋与混凝土不同步变化，谈不上钢筋对混凝土裂缝产生了影响，而在水化热过后的降温阶段，钢筋则会对混凝土裂缝产生影响。

(6)面板下部挤压墙的不平整度与面板裂缝相关性到底有多大，根据现场不同部位施工情况比较看，挤压墙的不平整度对裂缝的影响不是很大，但是，当不平整度太大时，肯定会造成面板应力集中现象。挤压墙的不平整度与面板裂缝之间的关系究竟如何，还需要进一步研究，毕竟挤压墙的使用时间还不长，有关挤压墙相联系的问题都应该深入研究。

10.3 预防面板裂缝措施

通过前面对面板裂缝产生的原因分析，可采取下列有针对性措施预防裂缝的发生：

(1)混凝土配合比设计阶段，应做混凝土干缩、极限拉伸应变值、水泥水化热对比试验。

(2)在混凝土配合比基本确定后，应进行现场生产性试验，以验证混凝土和易性。

(3)降低骨料、拌和水温度，从而降低水化热温度；减少水灰比，减少干缩；采用中低热水泥，降低水化热温度，避免采用早强水泥，以免水化热过程过于集中。

(4)使用高标号水泥设计配合比，减少水泥用量，降低水化热温度；添加外加剂，减少水用量，进而减少水泥用量，降低水化热温度；添加粉煤灰，减少干缩；选取好的骨料级配，降低混凝土收缩性；采用碎石混凝土，提高混凝土的抗拉能力；挤压墙面洒水降温。

(5)严格控制坍落度，减少用水量，从而减少混凝土的干缩。

(6)提高面板下部挤压墙的平整度，从而减少面板应力集中现象。

(7)混凝土浇筑过程中加强振捣，提高混凝土的密实度，减少干缩。

(8)在水化热温度峰值来临之前，大约在混凝土浇筑后 48 h 内，加大洒水降温力度。若面板过长，则不要等整块面板浇筑完毕后再洒水养护，每浇筑 15 m 长的面板即开始进行养护，以平抑温度峰值；而在水化热温度过后，不应再用大量冷水进行混凝土养护，应该采用间断和小剂量洒水法，将养护的重点转入保温保湿状态，特别是晚上，更应该保温。

(9)面板混凝土及时洒水养护，降温保湿；为准确控制洒水养护时间，每块面板埋设适当的电测温度计，对面板温度进行适时检测，有指导性地进行洒水养护。

(10)研究和改进钢筋配置，以便提高混凝土的极限拉应变。

(11)在面板下部铺设塑料薄膜隔离层，既可减少地面约束力，又可达到保湿作用。

10.4 裂缝处理措施

10.4.1 裂缝处理施工方法

目前国内面板裂缝处理通行的做法是，根据裂缝的宽度和是否贯穿分别采用表面封闭处理或化学灌浆处理。在借鉴其他工程经验的基础上，设计要求表面封闭材料为 GB 胶板及 GB 三元乙丙复合板；嵌缝材料为 GB 填料，灌浆材料为 LW、HW 水溶性聚氨酯等化学材料。

裂缝处理的工艺按缝宽分为两类：

(1)裂缝宽度小于或等于 0.2 mm 的裂缝，采用“GB 胶板及 GB 三元乙丙复合板”表面粘贴封闭处理方法。

(2)裂缝宽度大于 0.2 mm 的裂缝，采用化学灌浆、柔性 GB 止水材料表面粘贴封闭(GB 填料嵌槽处理方法)。

10.4.2 宽度小于 0.2 mm 裂缝的处理措施

设计要求宽度小于 0.2 mm 的裂缝采用“GB 胶板及 GB 三元乙丙复合板”表面粘贴封闭处理方法。具体施工工艺是：裂缝两侧混凝土面清理—涂刷 SK 底胶—粘贴 GB 胶板—涂刷 SK 底胶—粘贴 GB 三元乙丙复合板—封边处理。表面粘贴封闭处理结构见图 10-5。

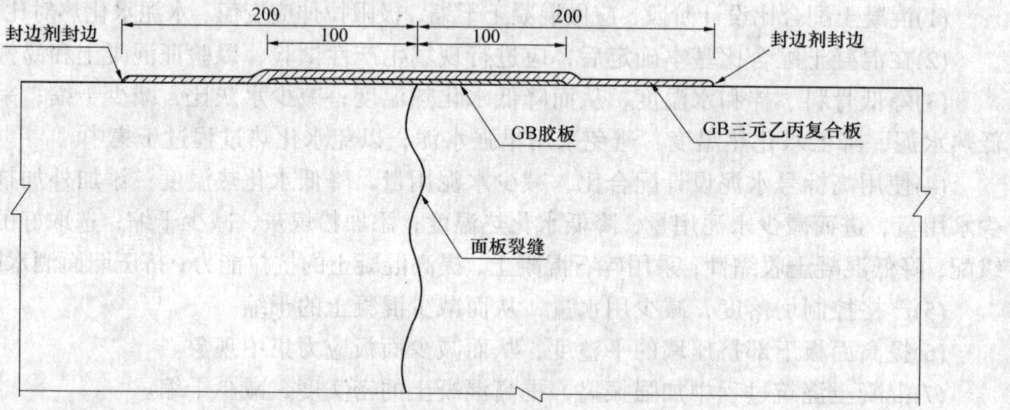

图 10-5 表面粘贴封闭处理结构图 (单位：mm)

(1)将裂缝两侧各 20 cm 范围内的混凝土表面用钢丝刷刷毛，除去松动的浆皮及凸出部位，并将混凝土表面的油渍、浮土、灰浆皮及杂物清除掉，用湿棉纱将清理后的混凝土表面擦拭一遍；要求混凝土表面平整、无灰尘、无明水；晾干后立即进行下一道工序，以防止混凝土表面再次受污染。

(2)待基础面干燥后，沿缝两侧各 10 cm 宽范围内，均匀涂刷 SK 底胶(均匀涂刷，不能涂厚及漏涂)。SK 底胶涂刷范围为待粘贴 GB 胶板的混凝土面，SK 底胶晾干后(静停 20 ~ 40 min，用手触拉胶面能拉丝，细丝长度为 1 cm 左右断即可)，揭掉 GB 胶板保护纸，沿裂缝一端逐步向前；采用橡胶手锤适度锤击的方式，挤压密实，排尽空气。GB 胶板接头的搭接长度不小于 3 cm。

(3)在已粘贴 GB 胶板两侧各 10 cm 宽范围内的混凝土表面均匀涂刷 SK 底胶，待 SK 底胶晾干后(用手触拉胶面能拉丝，细丝长度为 1 cm 左右断即可)，揭掉 GB 三元乙丙复合板保护纸，沿裂缝一端逐步向前粘贴 GB 三元乙丙复合板，粘贴时同样采用橡胶手锤适度锤击的方式对其挤压密实，排尽空气，使用配套的封边剂封边处理。

GB 胶板主要性能指标见表 10-4，GB 三元乙丙复合板主要性能指标见表 10-5。

表 10-4　GB 胶板主要性能指标

测试项目	单位	性能指标	说明
水中浸泡	%	± 3	浸泡 5 个月
饱和氢氧化钙溶液	%	± 3	浸泡 5 个月
10%氯化钠溶液	%	± 3	浸泡 5 个月
20 ℃抗拉强度	MPa	≥0.05	
20 ℃断裂伸长率	%	≥800	
–30 ℃抗拉强度	MPa	≥0.7	
–30 ℃断裂伸长率	%	≥800	
相对密度(20 ℃)		≥1.15	
与混凝土(砂浆)粘接		材料断，粘接面好	
冻融循环耐久性		冻融循环 300 次粘接面不破坏；拉伸试验时，材料抗拉强度≥0.05 MPa，粘接面好	
流淌性能(60 ℃、75° 倾角、48 h)	mm	不流淌	

表 10-5　GB 三元乙丙复合板主要性能指标

测试项目	单位	性能指标	说明
硬度(绍尔 A)	度	± 3	浸泡 5 个月
拉伸强度	%	± 3	浸泡 5 个月
10%氯化钠溶液	%	± 3	浸泡 5 个月
20 ℃抗拉强度	MPa	≥0.05	
20 ℃断裂伸长率	%	≥800	
–30 ℃抗拉强度	MPa	≥0.7	
–30 ℃断裂伸长率	%	≥800	
相对密度(20 ℃)		≥1.15	
与混凝土(砂浆)粘接		材料断，粘接面好	
冻融循环耐久性		冻融循环 300 次粘接面不破坏，拉伸试验时，材料抗拉强度≥0.05 MPa，粘接面好	
流淌性能(60 ℃、75° 倾角、48 h)	mm	不流淌	

10.4.3　宽度大于 0.2 mm 裂缝的处理措施

设计要求对宽度大于 0.2 mm 的裂缝采用“化学灌浆、柔性 GB 止水材料表面粘贴封闭(GB 填料嵌槽)”方法处理。

面板裂缝的化学灌浆材料采用华东院研制的 HW 和 LW 两种水溶性聚氨酯材料，其特点是遇水立即发生聚合反应，聚合后的固结体具有良好的延伸性、弹性和抗渗性，固结体在水中浸泡后对人体无害、对水无污染、对混凝土和钢筋无腐蚀；而且 HW 和 LW 两种材料各有特性：LW 固结体为弹性体，可遇水膨胀，具有弹性止水和以水止水的双重功能，适用于变形缝的防水处理；HW 固结体有较高的力学性能，适用于混凝土或基础的补强加固处理。表面封闭材料采用 GB 柔性止水材料，具有高塑性、耐老化的特点，施工简便，且与混凝土有良好的粘接力。LW、HW 水溶性聚氨脂主要性能见表 10-6。

表 10-6　LW、HW 水溶性聚氨酯化学灌浆材料主要性能

项　目	LW	HW
粘度(厘泊，25℃)	190 ± 30	75 ± 20
密度(g/cm^3)	1.08	1.10
凝胶时间	几分至几十分可调	几分至几十分可调
粘接强度(MPa)	1.0	2.4
抗压强度(MPa)	—	19.8
伸长率(%)	＞130	—
抗渗性能	1.8×10^{-9} cm/s	S_{12}
包水量(倍)	2 ~ 27	—
遇水膨胀倍数(%)	＞100	2 ~ 4

具体施工工艺是：裂缝两侧混凝土面清理—钻孔—压水试验—配置浆液—灌浆—灌浆管封堵(凿“V”型槽—冲洗槽面—涂刷 XYPEX 浓缩剂—GB 填料嵌槽)—GB 止水材料粘贴。宽度大于 0.2 mm 裂缝处理结构见图 10-6。

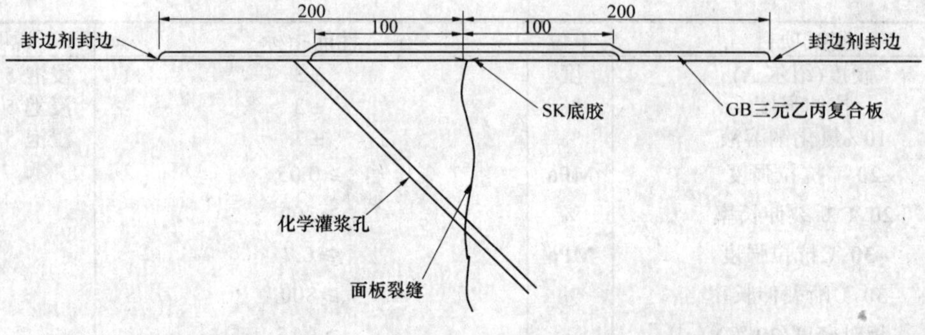

图 10-6　宽度大于 0.2 mm 裂缝处理结构　(单位：mm)

10.4.3.1　清理裂缝

沿裂缝用铲刀清除混凝土表面析出物、灰尘，用钢丝刷或电动打磨光机打磨，使混凝土面洁净、新鲜。清洁宽度为裂缝两边各 2~3 cm，总宽度 4~6 cm。

10.4.3.2　钻孔和埋设注浆管

沿裂缝一侧 10 cm 位置，用冲击钻沿缝间隔 30 cm 打斜孔，倾角 45°～60°，孔径 16 mm，孔深 25 cm，使其穿过缝面，并用风冲洗干净。灌浆塑料管直径 10 mm,用棉纱将灌浆塑料管包紧,并浸透 HW 浆液,待浆液滴净后插入孔内 6 cm, 外露长度 10 ~ 15 cm，用螺丝刀、手锤将棉纱塞紧。

10.4.3.3　**封缝**

沿缝面及灌浆嘴周围均匀涂刷 1 cm 宽 HK961 环氧增厚剂，保证缝面及灌浆嘴外密封，避免浆液外漏。

10.4.3.4　**灌浆浆液配制**

灌浆浆液配制按设计提供的配合比配制。

(1)LW：HW=30：70。

(2)根据缝宽加入适量稀释剂丙酮：缝宽 $d \leqslant 0.25$ mm，丙酮加量为 15%～20%；缝宽 $d>0.25$ mm，丙酮加量为 10%～15%。

(3)加固化剂 5%(通过现场试验确定其较优添加量)。

(4)加催化剂三乙胺 0.5%～0.8%。

各组成部分加入顺序：LW→HW→稀释剂→固化剂→催化剂，按顺序加入后，搅拌均匀，随配随用。

水平方向分布的孔逐孔依次灌浆，竖直方向分布的孔自上而下灌浆。灌浆压力 0.3 MPa，当邻近孔出浆后，维持 0.3 MPa 压力 3 分钟为止，然后用铁丝扎紧灌浆管。浆液固化 72 h 后，割断灌浆嘴，再进行表面封闭处理。

10.4.3.5　**试压**

灌浆前做压水试验，以了解吃浆量、灌浆压力及各孔之间的串通情况，同时检验止封效果。

10.4.3.6　**灌浆**

采用华东院研制的手压灌浆泵，灌浆压力 0.3～0.5 MPa，灌浆顺序由上而下、由深而浅。当邻孔出现纯浆液后，将灌浆管用铁丝扎紧，继续灌浆，所有邻孔都出浆后，继续维持 0.3 MPa 压力灌浆 3 min，停止灌浆。

10.4.3.7　**割落浆嘴**

待浆液固化(一般 24 h 即可)后，割掉灌浆嘴，进行下一步表面处理。

10.4.3.8　**清理混凝土表面**

将裂缝两侧各 20 cm 范围内的混凝土表面用钢丝刷刷毛，除去松动的浆皮及凸出部位，并将混凝土表面的油渍、浮土、灰浆皮及杂物清除掉，用湿棉纱将清理后的混凝土表面擦拭一遍；要求表面平整、无灰尘、无明水；晾干后立即进行下一道工序，以防止混凝土表面再次受污染。

10.4.3.9　**粘贴 GB 胶板**

待基础面干燥后，沿缝两侧各 10 cm 宽范围内，均匀涂刷 SK 底胶(要求必须均匀涂刷，不能涂厚及漏涂)。SK 底胶涂刷范围为待粘贴 GB 胶板的混凝土面，SK 底胶晾干后(静停 2～4 min，用手触拉胶面能拉丝，细丝长度为 1 cm 左右断即可)，揭掉 GB 胶板保护纸，沿裂缝一端逐步向前；采用橡胶手锤适度锤击的方式，挤压密实，排尽空气。GB 胶板接头的搭接长度不小于 3 cm。

10.4.3.10　**粘贴 GB 三元乙丙复合板**

在已粘贴 GB 胶板两侧各 10 cm 宽范围内的混凝土表面均匀涂刷 SK 底胶，待 SK 底胶晾干后(用手触拉胶面能拉丝，细丝长度为 1 cm 左右断即可)，揭掉 GB 三元乙丙复合板保护纸，沿裂缝一端逐步向前粘贴 GB 三元乙丙复合板，粘贴时同样采用橡胶手锤适度锤击的方式对其挤压密实，排尽空气，使用配套的封边剂封边处理。

10.4.4 裂缝处理质量控制

(1)混凝土裂缝两侧表面处理应达到表面干燥，无油渍、浮浆、碎砂石，混凝土表面无蜂窝、麻面。

(2)GB 复合板覆盖前要求 SK 底胶涂刷均匀不漏刷，涂刷范围为待粘贴 GB 复合板的混凝土面；复合板粘贴平整密实，排出空气；复合板接头部位搭接紧密，搭接长度为 25 cm，搭接边缘使用 GB 填料封边密实；混凝土面和 GB 复合板各 3 cm 范围内用封边剂封边，封边平滑、无棱角。

(3)施工过程中要保持粘贴面干燥，雨、雪天需采取遮蔽保护措施，否则不进行施工作业。

(4)GB 胶板及 GB 三元乙丙复合板在未使用时，不得将防粘纸撕开，以防止材料表面受到污染，影响使用效果。

(5)施工完成后，12 小时内禁止过水，避免养护水浸泡，也不要任意撕扯，造成人为破坏。

10.5 面板裂缝处理效果

10.5.1 质量检查

对于表面封闭粘贴的 GB 复合板及 GB 胶板，现场检查其处理效果的做法是采用一看、二按、三剥离的方式进行施工质量检查。对于 GB 填料与混凝土面粘贴比例小于 80% 的进行返工处理。

10.5.2 取芯试验

为检查化学灌浆的效果，对面板裂缝进行了处理前后取芯对比试验。考虑到钻孔取芯对面板的破坏性，应尽可能少布置取芯孔，但其数量应能说明问题。

实际试验中在面板 5 号仓及 23 号仓分别取芯，结论如下：

灌浆前 5 号仓裂缝(坝左 0+55.24，坝上 0–34.369，高程 1 981.814 m)采用取芯机取芯样，芯样直径 120 mm，芯样长度约为 20 cm，混凝土芯样完整，整体较为密实、坚硬，局部含少量气泡孔。其中发育一条陡似裂隙，顶宽约 0.3 mm，向下部逐渐减小，至 20 cm 处已基本尖灭，判断该处裂缝未贯通面板混凝土。取芯试验如图 10-7 所示。

灌浆后 5 号仓采用取芯机取芯样，芯样直径 120 mm，芯样长度约为 15 cm，混凝土芯样完整，整体较为密实、坚硬，局部含少量气泡孔，裂缝缝面填充密实，充填化学灌浆材料，而且具有一定强度，说明灌浆取得预期的效果。

灌浆前 23 号仓裂缝(坝左 0+257，坝上 0–50.8，高程 1 976 m)采用取芯机取芯样，芯样直径 120 mm，芯样长度约为 19 cm，混凝土芯样完整，整体较为密实、坚硬，局部含少量气泡孔，其中发育一条陡似裂隙，判断该缝为贯穿性裂缝。

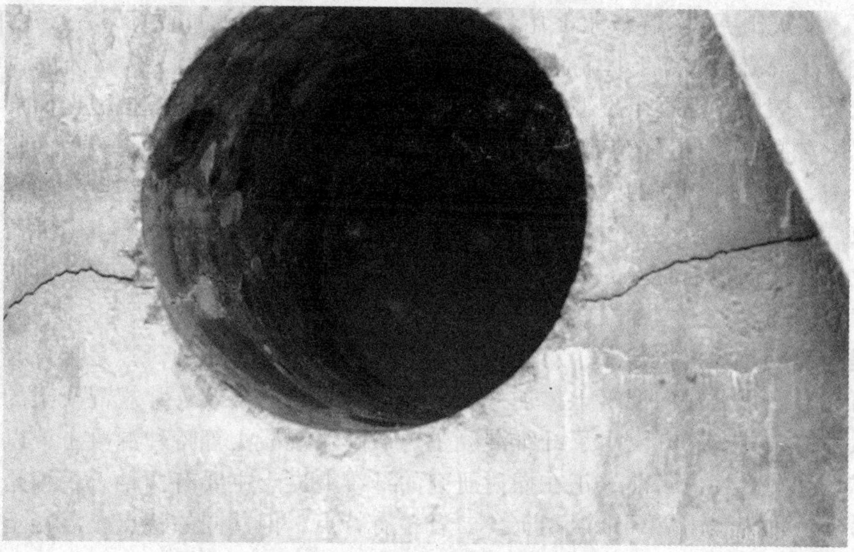

图 10-7　面板裂缝取芯试验

灌浆后 23 号仓采用取芯机取芯样，芯样直径 120 mm、长度约为 17 cm，混凝土芯样完整，整体较为密实、坚硬，局部含少量气泡孔。其中发育两条陡似裂隙，两缝于深约 10 cm 处交会，主缝宽约 0.6 mm，侧缝宽约为 0.2 mm。经化灌后，两缝中均填充有化灌材料，浆材填充较密实，而且具有一定的强度，说明灌浆效果明显，满足设计要求。

10.5.3　压水试验

为进一步检查裂缝处理效果，决定随机布置点位进行压水试验，确定在面板 19 号仓、15 号仓、12 号仓、9 号仓布设检查孔，水压力为灌浆压力的 80%，保持压力 3 分钟。压水前检查孔深、孔斜角度。压水后，面板缝面均未出现渗水现象，压完后采用灌浆方式进行封孔，说明灌浆效果明显，满足设计要求。

10.5.4　大坝渗漏观测

2004 年 8 月开始下闸蓄水，在水库蓄水后长达两个月的时间内，坝后量水堰未发生流水现象。经过长期观察，其渗漏量基本维持在 3~5 L/min，在同类高坝中，渗漏量是比较少的，这也说明裂缝处理的效果良好。

10.6　面板混凝土防裂设计

10.6.1　面板混凝土配合比研究理论与实践

决定混凝土性能的最基本技术参数为水灰比，水灰比小则混凝土孔隙率也小，渗透性能随之减小，其抗冻性能和抗溶蚀性也随之提高；反之，情况则相反。我国已建和在建的面板堆石坝，其水灰比一般不超过 0.5，多数情况在 0.4~0.5 之间。在西北和东北等严寒地区，水灰比更低。降低水泥用量也是增加混凝土性能的重要环节，水泥用量减少，可以有效减少混凝土收缩，提高混凝土抗渗性能，进而提高混凝土的耐久性和可靠性。

理论分析表明，混凝土裂缝是由于混凝土内部拉应力超过其抗拉强度而产生的，而通常情况下混凝土抗拉强度实际仅为其抗压强度的 1／8～1／14。浇筑后面板混凝土失水产生干缩，受到基础面的约束作用，也可能受到混凝土内部钢筋约束，外界环境温度变化导致混凝土产生温度应力，这些因素都是造成面板混凝土内部产生较大拉应力的原因。因此，提高面板混凝土的设计抗拉强度，采用抗拉性能好的混凝土，对防止面板裂缝是非常有利的。

为提高混凝土的抗拉强度，对面板混凝土原材料和配合比的研究是十分必要的，目前主要研究方向是通过向混凝土掺加外加剂和掺合料，以便改善常规混凝土的抗裂、抗渗和耐久性能，并实际开发出了纤维混凝土、微膨胀混凝土等特种混凝土，以提高混凝土的可靠性和耐久性。目前，正在探讨研究的纤维混凝土主要有两种，一种是钢纤维混凝土，另外一种为聚丙烯纤维混凝土。二者各有特点，但共同的特点是混凝土拌和物和易性较差。

龙首二级水电站大坝为混凝土面板堆石坝，一期面板以常规混凝土为主，在靠近趾板部位及顶部 5 m 范围内，也就是对面板约束较大的部位采用了钢纤维混凝土，以提高混凝土自身抗拉强度、改善混凝土性能。

钢纤维采用上海贝卡尔特二钢有限公司生产的佳密克丝®ZP–805 型钢纤维。其具体技术参数为：单根钢纤维长度 l_f=60 mm，直径 d_f=0.75 mm，长径比为 l_f/d_f=80，抗拉强度≥1 070 MPa，每公斤钢纤维含量 4 600 根。经试验证明，加入 35 kg/m^3 钢纤维，混凝土的抗拉强度提高 5%。

混凝土设计指标 C30W8F250，二级配低流态。为了改善混凝土和易性、减少水化热、减小内部温度应力、降低干缩率，掺入了 25%的粉煤灰。

混凝土拌和采用 JS–1 000 自落式搅拌机进行拌和，以利于对拌和混凝土进行掺气。投料顺序为：中石、小石、砂料、水泥、粉煤灰、钢纤维干拌 30 s，再加入 LRFH 复合溶液和 KDSF 引气剂，搅拌 5 min，以保证混凝土拌和物的和易性和保水性，出机口坍落度控制在 6～7 cm。

现场浇筑过程中钢纤维混凝土在收面过程中部分钢纤维外露，这会导致锈蚀。实践表明，钢纤维外露不会造成混凝土局部脱落进而影响钢筋受到锈蚀，但外露情况使混凝土在收面过程中局部压光效果不理想。龙首二级工程在混凝土浇筑后分三次进行人工收面，在一定程度上解决了混凝土表面早期的龟裂现象。

龙首工程经验表明，加入 35 kg/m^3 钢纤维的混凝土比普通混凝土抗压强度提高 10%左右，其抗拉强度和抗折强度有明显提高，试验显示其平均抗拉强度为 2.7 MPa、平均抗折强度 3.5 MPa。面板浇筑完成后对一期裂缝情况统计：钢纤维混凝土面板为 1 295.8 m^2，裂缝共计 1 条，折合 0.77 条/1 000 m^2。这说明纤维混凝土的抗裂性能优于普通混凝土。

国内工程也有采用聚丙烯纤维混凝土的先例，水布垭大坝趾板采用了这种混凝土。

实践证明，这种混凝土对裂缝的产生和发展有一定的抑制作用。

在混凝土面板防裂设计方面，国内还有很多成功的经验：

(1)万安溪面板坝工程坝高 94 m，粉煤灰掺量 19%~30%，替代水泥细砂，精心施工，及时养护，面板施工期间未发现裂缝。

(2)珊溪面板坝工程，坝高 132.5 m，面板混凝土采用 VF–2 防裂剂，VF–2 有补偿收缩功能，混凝土体积稳定性好。具体配合比是：一级粉煤灰掺量 15%，VF–2 掺量 8%，NMR 减水剂掺量 0.75%，BLY 引气剂掺量 1%，选择有利季节浇筑，加强养护，蓄水后未见裂缝。浙江梅溪、八都、白水坑和河南盘石头一期工程等，使用 VF–2 防裂剂后混凝土面板都未发现大的裂缝，其中白水坑面板一次浇筑长度 160 m。

(3)白溪工程坝高 124.4 m，一期面板为常规混凝土，二期面板为聚丙烯混凝土，聚丙烯纤维掺量 0.9 kg/m^3，掺加聚丙烯有利于抑制混凝土早期塑性裂缝和提高混凝土抗冻标号。现场观察表明，二期面板裂缝条数少于一期面板,裂缝也较一期面板短而细。

(4)小溪口工程坝高 60.3 m，面板混凝土掺加 WHDF 增强密实剂 6.8 kg/m^3,促进水泥水化程度，可进行二次水化，提高混凝土密实性。面板一次浇筑斜长达 108 m，未发现裂缝。此外，重庆鱼跳工程、清江高坝洲隔水墙工程、水布垭导流洞工程等掺加 WHDF 后混凝土均未发现裂缝。

(5)新疆榆树沟工程，坝高 67.5 m，位于严寒地区。面板混凝土掺 HPC 外加剂，掺高活性、高细度的矿渣铝粉，水泥用量 233~271 kg/m^3，混凝土平均抗压强度 51 MPa，裂缝较少。

10.6.2 公伯峡大坝混凝土配合比研究

为防止公伯峡大坝面板出现裂缝，水电四局试验室和建设公司试验中心对面板混凝土配合比进行了长达一年半时间的研究。在配合比设计中，裂缝的预防采用了抗裂和防裂两个方法。抗裂是提高混凝土自身的物理学性能及变形性能，以增加混凝土的抗裂能力。防裂是根据混凝土裂缝的成因，采取相应的预防措施，防止裂缝的发生。在面板混凝土配合比设计中采用了以下方法：

(1)使用低水化热水泥，降低混凝土的水化热，减少收缩。

(2)在保证混凝土和易性的基础上，最大限度地减少胶凝材料的使用量。

(3)在面板混凝土中掺用一定量的粉煤灰，以降低水泥用量，改善混凝土热学性能和变形性能，减少混凝土收缩。

(4)使用优质外加剂，改善混凝土和易性，降低混凝土单位用水量和干缩变形。

(5)使混凝土具有较高的抗拉强度和极限拉伸值。

10.6.3 原材料试验及配合比参数选择

10.6.3.1 水泥

使用甘肃永登水泥 525 号硅酸盐水泥，这种水泥的水化热相对较低。试验室对水泥的物理性能检测结果见表 10-7。

表 10-7　面板混凝土用水泥物理性能检测结果

检测项目	细度(%)	标准稠度(%)	安定性	凝结时间(h:min)		抗压强度(MPa)		
				初凝	终凝	3 d	7 d	28 d
国标	小于 12	—	合格	大于 1：00	小于 12：00	20.6	31.4	52.2
永登 525 号	3.28	24	合格	2：49	3：38	26.0	34.0	61.4

10.6.3.2　粉煤灰

优质粉煤灰可显著改善混凝土的各种性能，还具有一定的减水作用，有固体减水剂之称。面板混凝土配合比试验采用平凉粉煤灰。粉煤灰检测结果见表 10-8。

表 10-8　粉煤灰性能检测结果

检测项目	等级标准		检测结果
	Ⅰ级	Ⅱ级	
细度(%)	12	20	17.8
需水量比(%)	95	105	88
烧失量(%)	5	8	0.14
SO_3(%)	3	3	0.68

10.6.3.3　骨料

砂石骨料采用黄河漫滩天然级配料。试验结果满足国家规范要求。

10.6.3.4　外加剂

优质的混凝土外加剂可有效改善混凝土的工作性能，在提高混凝土强度、耐久性的同时，可降低单位用水量，减少水泥用量。考虑到面板混凝土使用要求初凝时间为 6~8 小时，试验采用江苏建筑学院生产的 JM–A 型高效减水剂，引气剂采用 DH–9。为减少混凝土的干缩变形、增强抗裂能力，试验还掺加了江苏建筑科学院生产的 JM–SAR 型减缩剂。

在确定外加剂品种后，还要选择合适的掺量。试验和工程实践表明，在一定范围内，减水剂的减水效果随着掺量的提高而增加，但超过一定范围后，则会随着掺量的提高而逐渐降低。因此，应根据厂家推荐的掺量，通过性能试验选择最佳掺量。经试验，减水剂掺量为 0.6%时效果最好；当引气剂掺量为 0.006%时，可使混凝土含气量达到 4%～6%，满足混凝土抗冻要求。

10.6.3.5　坍落度

部分面板坝工程面板混凝土的拌和系统布置在坝顶，这样可以减少运输时间，减少坍落度损失。公伯峡大坝坝顶十分狭窄，不便于拌和系统的布置，因此混凝土集中在拌和站生产。混凝土生产系统距离坝顶 10~15 分钟的行程，考虑到混凝土坍落度损失，出机口混凝土坍落度控制在 7~9 cm，可保证坝顶卸料口坍落度为 5~7 cm，到达仓面的坍落度为 3～5 cm，使混凝土在溜槽中下滑顺利、不离析，入仓后易振实，模板滑动后不坍落、不拉裂。因此，试验采用的混凝土出机口坍落度为 7~9 cm。

10.6.3.6　水胶比

水胶比是混凝土配合比主要参数之一，合理选择水胶比可获得性能优良且经济的混凝土。水胶比越大，混凝土孔隙率越大，强度越低，耐久性越差；反之则反。通过大量试验，最终水胶比选择 0.40，单位用水量为 110 kg/m^3。

10.6.3.7 骨料级配和砂率选择

骨料应具有良好的颗粒级配，以减少孔隙率，增强密实性，保证混凝土拌和物的和易性、强度及耐久性，且可以节约胶凝材料的用量。试验中最终确定的骨料级配为小石：中石=1：1。

砂率的大小对混凝土拌和物的流动性、黏聚性影响很大。在胶凝材料用量一定的条件下，若砂率过大，骨料的总表面积和空隙率增加，骨料表面水泥砂浆层相对减薄，混凝土拌和物显得干稠，流动性差。要保持一定的流动性，必须增加胶材用量。砂率过小，则砂浆量不足，不能在骨料周围形成足够的砂浆层起润滑作用，将降低混凝土拌和物的流动性，导致混凝土拌和物黏聚性和保水性差，骨料离析、水泥浆流失。因此，要求砂率的选择适中，既满足施工和易性要求，又能使单位用水量最低。经试验比选确定34%为最佳砂率。

通过上述试验分析，初步确定的混凝土配合比参数如表10-9所示。

表 10-9 面板混凝土初选配合比参数

编号	级配	坍落度(cm)	水胶比	粉煤灰(%)	减水剂(%)	GK–9A(%)	JM–SAR(%)	砂率(%)	小石：中石
0.40J	2	7~9	0.40	20	0.6	0.006	—	34	1：1
0.40S	2	7~9	0.40	20	0.6	0.006	1.5	34	1：1

10.6.4 混凝土性能试验

面板混凝土配合比试验的主要内容为混凝土拌和物性能试验、混凝土物理力学性能试验、混凝土耐久性试验和干缩变形试验。

10.6.4.1 混凝土拌和物性能试验

混凝土拌和物性能试验包括和易性、含气量、坍落度损失和凝结时间等项目的检测。试验表明，混凝土拌和物浆体丰富、黏聚性好、易于振捣、无泌水，具有较好的和易性；当掺入减水剂后，混凝土在相同用水量的情况下其检测结果变化不大，表明减水剂对混凝土拌和性能无不良影响。混凝土拌和物性能试验结果见表10-10。

表 10-10 混凝土拌和物性能试验结果

编号	减缩剂(%)	坍落度(cm)		和易性				凝结时间(h:min)	
		出机	30 min	棍度	含砂	黏聚性	析水	初凝	终凝
0.40J	—	11.8	6.8	上	中	好	无	8:15	12:25
0.40S	1.5	9.4	6.2	上	中	好	无	8:05	12:30

10.6.4.2 混凝土力学性能试验

为掌握混凝土不同龄期时的力学性能，对混凝土抗压强度、抗拉强度、极限拉伸试验分别进行了7天、14天和28天龄期试验。检测结果表明，混凝土抗压强度达到保证强度要求，掺减缩剂后，混凝土抗拉强度、极限拉伸值有一定提高。混凝土抗压、抗拉强度试验结果见表10-11。混凝土极限拉伸试验见表10-12。

表 10-11　混凝土抗压、抗拉强度试验结果

编号	减缩剂(%)	水胶比	坍落度(cm)	抗压强度(MPa)			抗拉强度(MPa)		
				7 天	14 天	28 天	7 天	14 天	28 天
0.40J	—	0.40	7~9	28.1	34.1	40.8	1.74	2.00	2.50
0.40S	1.5	0.40	7~9	31.6	38.6	45.4	2.02	2.34	3.22

表 10-12　混凝土极限拉伸试验结果

编号	减缩剂(%)	水胶比	极限拉伸率(10^{-4})			抗拉模量(10^4MPa)		
			7 天	14 天	28 天	7 天	14 天	28 天
0.40J	—	0.40	0.91	0.96	1.01	3.57	3.84	4.21
0.40S	1.5	0.40	0.88	1.05	1.12	3.58	3.76	4.06

10.6.4.3　混凝土耐久性试验

混凝土耐久性试验主要为检验抗冻、抗渗性能。抗冻试验采用快冻法，以相对冻弹性模量降低值(≥60%)和试件重量损失率(≤5%)来评定混凝土的抗冻标号。抗渗试验采用逐级加压法。试验结果见表 10-13。

表 10-13　混凝土抗冻、抗渗试验结果

编号	减缩剂(%)	快速冻融				抗冻标号	抗渗标号
		相对冻弹模量(%)/重量损失(%)					
		50	100	150	200		
0.40J	—	98.4/0.0	96.6/0.0	95.8/0.3	92.5/0.7	＞F200	＞W12
0.40S	1.5	98.1/0.0	97.3/0.0	96.2/0.0	93.8/0.3	＞F200	＞W12

10.6.4.4　混凝土干缩性能变形试验

根据试验规程要求，混凝土拌和物用湿筛法剔除大于 30 mm 骨料后成型，立即送至养护室，48 h 后拆模，记录初长，随后进行 1 天、3 天、7 天、14 天、28 天龄期的干缩试验检测。试验结果表明，混凝土中掺入减水剂后，干缩率明显降低，降低幅度在 25%~35%之间，减缩效果明显。干缩试验结果见表 10-14。

表 10-14　混凝土干缩试验结果

编号	减缩剂(%)	平均干缩率(10^{-4})				
		1 天	3 天	7 天	14 天	28 天
0.40J	—	–0.249 6	–0.728 0	–1.816 6	–3.423 4	–3.878 4
0.40S	1.5	–0.210 4	–0.695 7	–1.338 4	–2.354 6	–2.526 3

10.6.5　混凝土配合比的确定

通过上述试验，最终确定了混凝土的初步配合比，具体内容见表 10-15。

表 10-15　面板混凝土推荐配合比

设计标号	级配	坍落度 (cm)	水胶比	粉煤灰 (%)	减水剂 (%)	DH–9 (%)	JM–SAR (%)	砂率 (%)	小石：中石
C25F200W12	2	7～9	0.40	20	0.6	0.006	1.5	34	1：1

公伯峡大坝面板混凝土级配设计时对聚丙烯纤维混凝土进行了认真研究，首先对使用聚丙烯纤维混凝土的有关项目进行了实地考察，在此基础上对聚丙烯纤维混凝土进行了试验。试验研究发现，其对限制早期裂缝的产生起不到太大作用，但可限制表面浅层裂缝的进一步发展，在一定程度上可以限制混凝土裂缝发展的宽度和深度。公伯峡大坝面板实际施工中也采用了水电十二局科研所推荐的微膨胀混凝土。使用微膨胀混凝土的面板也出现了裂缝，每块面板产生的裂缝数量较少，但每条裂缝的宽度和深度都较大，且部分为贯穿性裂缝。聚丙烯纤维混凝土和微膨胀混凝土在其他工程都有良好的表现，但在公伯峡工程试验和施工中出现一些问题，这说明混凝土配合比适用范围有很大的局限性，在一个项目成功使用的混凝土配合比，在其他项目未必可以采用，这主要受制于当地的工程地质条件和环境条件。西北地区空气干燥，昼夜温差很大，在内地和南方成功使用的配合比，在公伯峡工程就很难采用。

10.7　结　语

尽管公伯峡工程建设者在质量控制方面做了大量工作，如浇筑前对混凝土配合比进行了长达一年半的研究，对聚丙烯纤维混凝土、微膨胀混凝土、防裂混凝土进行了认真的试验和研究，监理工程师对浇筑过程进行了严格的控制，施工单位对混凝土养护工作也作了周密的安排，但大坝面板还是不可避免地出现了裂缝。统计资料显示，国内高海拔地区施工的混凝土面板坝也不同程度地存在裂缝，这向我们提出了一个非常现实的问题，即在高寒地区进行面板混凝土施工如何避免出现裂缝？值得国内同行进行认真研究，进而找出合理的思路和办法。

另外，也应当客观和辩证地看待面板出现的裂缝，认真分析和评估面板裂缝对大坝运行产生的影响。随着面板坝技术的发展，有些工程实例对于较小的裂缝可以不采取任何处理措施，例如对于小于 0.2 mm 的裂缝不进行任何处理，这在理论上是有根据的，因为大坝蓄水后，除周边缝部和坝顶部位，面板的大坝部分区域均处在压应力区；而随着河水中细颗粒沉淀，原先的裂缝可以实现自动弥合。客观地讲，面板出现裂缝并不可怕，关键是如何采取有效的裂缝处理措施。公伯峡大坝面板混凝土裂缝发生后，监理和施工单位对裂缝进行了详细的统计和仔细的观察，并对裂缝产生的原因进行了认真的分析，为裂缝处理方案提供了科学的依据。根据设计要求对裂缝进行了认真处理，观测数据显示裂缝封闭效果十分理想，坝后渗水量不大，不影响大坝安全运行。

第 11 章　观测仪器安装及应用

公伯峡大坝观测仪器有内部观测仪器和表面观测仪器，这些观测仪器又根据其不同的测量功能分为位移观测、应力应变观测和渗漏观测等，其中位移观测又分为垂直位移观测和水平位移观测。大坝观测仪器主要埋设于大坝坝体、面板和左右岸高趾墙处。

大坝坝体设置的观测仪器和设施主要有：电磁式沉降仪、渗压计、土压力计、套钢丝引张线测点、水管式沉降仪、上游边坡土位移计、修建观测房、观测点和强震仪。

埋设于面板的观测仪器有：三向应变计、无应力计、钢筋计、温度计、三向测缝计、两向测缝计、测斜仪和电平器。

左右岸高趾墙埋设的观测仪器有：测压管、测缝计和温度计。

11.1　主要观测项目

11.1.1　坝体内位移观测

为监测坝体内部垂直、水平位移情况，原设计设置了 4 个垂直观测断面和 4 层观测仪器布置。后经过各方讨论，并咨询大坝专家，从满足观测基本要求和方便施工角度出发，设计对观测断面进行了优化。设计最终确定：取消 0+109.5 断面，将 0+140.00 断面移至 0+130.00；水管式沉降仪、钢丝水平位移计由原设计四层改为三层，取消原设计 1 910.00 层，将原设计 1 935.00 层改为 1 920.00，1 960.00 层改为 1 950.00，1 985.00 层改为 1 980.00；电磁式沉降仪由原设计四根改为两根，取消坝上 0+073.0、坝下 0+120.0，将 0+000.00 改为坝上 0–015.00，坝下 0+060.0 改为坝下 0+015.000，测点间距由原设计 10 m 改为 5 m。

根据设计优化情况，实际布置了 3 个垂直监测断面，依次为坝左 0+075.00、坝左 0+130.00 及坝左 0+230.00；在监测断面内分 3 层布置水管式沉降仪、铟钢丝水平位移计，分层高程为 1 980.00 m、1 950.00 m 和 1 920.00 m，监测坝体内部垂直、水平位移及坝基沉降，其测点数分别为高程 1 920.00 m 层每套 7 测点，高程 1 950.00 m 层每套 5 测点，高程 1 980.00 m 层每套 3 测点。上述所设水管式沉降仪、铟钢丝水平位移计应在施工期投入使用，即在坝体填筑到仪器埋设高程立即埋设安装相应高程的仪器同时建好下游坝面监测室(永久监测室)，确保观测资料在施工期和永久运行期的完整。

由于水管式沉降仪无法观测坝体 1 920 m 高程以下 40 多米坝体及基础的沉陷，设计决定设置电磁式沉降仪。原计划设置 4 根沉降仪器，后考虑到电磁式沉降仪埋设与大坝填筑之间的干扰，经进一步论证，设计将原设计的 4 根电磁式沉降仪优化为 2 根，这样既能满足监测需要又可以避免对大坝填筑造成大的影响。实际施工在坝左 0+130.00 断面，监测坝上 0+030.00、坝下 0+015.00 两条线布置电磁式沉降仪，测线沿垂直方向每 5 m 设置一个测点。

坝内仪器通过电缆引至下游坝面观测房内进行监测。

11.1.2 大坝表面位移观测

大坝表面设置垂直和水平位移监测网络。在坝顶和大坝下游坡面布置测点，测点同时具备水平位移和垂直位移监测功能，测点间距以 50 m 为宜。各测点上安装棱镜使用TCA2003 型全站仪实现全自动化监测，它具备人工和自动测量两种功能。在坝体下游左岸的山上建立工作基点。采用极坐标法监测坝面的水平位移。

坝面垂直位移监测采用水准测量的方法进行监测，垂直位移测点与水平位移测点共用一个观测墩。

11.1.3 渗透观测

为监测大坝渗透压力和渗透量，在坝体内 3 个断面设置了埋入式渗压计，这 3 个断面分别是坝左 0+075.00、坝左 0+130.00 及坝左 0+230.00。具体布置的部位是坝基灌浆帷幕前后、沿坝基及坝体内浸润线以下部位。其主要功能是监测坝基灌浆帷幕防渗效果、坝体内孔隙水压力及坝基渗流情况。

11.1.4 混凝土面板观测

采用电平器监测面板的变形，在对应剖面的面板顶端设标点，结合外部观测来确定面板的整体变形及位移。观测断面设在坝左 0+075.00、坝左 0+130.00，每个剖面布设电解质式(EL)单点倾斜仪(电平器)。

对于面板的应力、应变和温度监测，采用三向应变计组、无应力计、钢筋计及温度计，这些仪器分别布置在坝左 0+075.00、坝左 0+130.00、坝左 0+230.00 及 0+300.00 断面处。

11.1.5 面板接缝观测

大坝面板的主要接缝有周边缝和垂直缝，由于周边缝受力复杂，最容易出现问题，一般应对这些部位加强观测。设计对面板周边缝采用三向测缝计监测；而面板垂直接缝采用双向测缝计监测。对测缝计的技术要求是：分辨率 0.05 mm；观测精度 0.25%FS；耐水力≥2 MPa、量程不小于 200 mm、使用环境温度−20 ℃~+40 ℃、长期稳定性好，在类似工程有成功的应用记录。

11.1.6 左右岸高趾墙原型观测

对左右岸高趾墙的观测，主要是位移观测、渗透观测和应力应变观测。高趾墙自身垂直施工缝需进行接缝灌浆，采用测缝计及埋入式温度计监测缝开度及混凝土内部温度情况。

对于基础沉陷监测，左岸高趾墙采用静力水准法进行观测，右岸高趾墙采用水准测量法进行观测，基点采用电站进水口静力水准基点。

对于基础扬压力监测采用测压管，每个施工浇筑段布置 1 个，左岸布置 3 个，右岸布置 4 个。基础渗漏量左岸采用量水堰法监测，右岸由于渗水分散排入坝体无法单独监测。

坝体与高趾墙剪切位移采用大量程位移计监测，沿高趾墙不同高程布置，同时布置界面土压力计监测墙体受力情况，共布置 4 个断面。

11.2 主要观测仪器

主要观测仪器如表 11-1 和表 11-2 所示。

表 11-1 坝体和左右岸高趾墙仪器埋设工程量汇总

观测部位	观测项目	仪器名称	仪器型号	单位	设计数量	埋设数量
坝体内部	渗流观测	渗压计	GK–4500S	支	44	44
	应力观测	土压力计	YUB	支	82	76
	变形观测	电磁式沉降仪	CT–1	套	2	2
		水管式沉降仪	NSC–100 LN–WFS	套	26	26
		TSJ 位移计	TS–200	支	18	12
		钢丝引张线位移计	NYW–100	套	26	26
左右岸高趾墙	渗流观测	测压管	加工	个	7	7
	应力应变观测	测缝计	CF–12	支	32	32
		温度计	DW–1	支	45	45

表 11-2 大坝面板监测仪器埋设工程量汇总

监测项目	仪器名称	仪器型号	单位	合同数量	设计数量	埋设数量	仪器生产厂家
应力应变监测	三向应变计组	DI–25GY	套	30	26	26	南京电力自动化设备总厂
	无应力计	配 DI–10	套	60	26	26	南京电力自动化设备总厂
	钢筋计	BGK4911	支	60	42	42	美国基康公司（北京代理处）
温度监测	温度计	DW–1	支	30	7	7	南京电力自动化设备总厂
接缝变形监测	三向测缝计	3DM–200	套	42	17	17	南京南瑞公司
	两向测缝计	2DM–200	套	26	27	27	南京南瑞公司
面板挠度监测	测斜仪	ELIPI	套	2	41	41	美国达汉土公司
	电平器	EL	套	60	41	41	美国达汉土公司

11.3 观测仪器埋设质量控制程序

11.3.1 设计交底制度

鉴于大坝填筑过程中观测仪器安装是一项技术性很强的特殊工作，其安装过程中质量控制非常重要。在分部分项工作开工前，监理工程师组织设计单位进行设计交底，业主、监理和施工单位参加交底会议，设计交底包括以下内容：

(1)设代人员应总体说明设计原理、设计目的，并详细介绍设计图纸和设计文件，介绍观测仪器的名称、型号、功能以及监测的目的。

(2)设计对仪器施工的技术要求和质量检查验收标准。

(3)设计的主导思想和设计意图。

(4)仪器埋设过程中应注意的问题、施工难点等。

(5)施工方需要设计解答的问题。

(6)监理和业主对设计方案的优化建议等。

11.3.2 施工组织设计审查

观测仪器埋设工程是隐蔽性较强、精度和准确度要求较高的工程，同时它又贯穿在总体工程之中。因此，对施工组织设计的审查是一项十分重要的工作。审查时重点检查以下内容：

(1)在施工组织设计中，必须明确地确定它在工程施工中的特点，认真研究观测系统设计量和技术要求，并要研究现行的施工组织设计规范和有关施工规程、规范，以保证工程量。

(2)施工程序应符合主体工程总进度计划和施工程序的要求，要有与其协调平衡的措施，避免干扰、冲突，确保初期观测和施工期观测取得准确的初始状态值和时间与空间上连续的、全过程的资料，并确保仪器安装埋设的质量。

(3)施工进度应符合工程施工总进度的要求。在满足工程总体施工的前提下，制定各项工作的方案，方案的确定要有比较，择优选用。

(4)必须编制完整的观测工程施工技术规程，用以保证观测工程施工严格遵循有关规程、规范，达到观测系统设计标准和要求。

11.3.3 开工许可制度

仪器埋设前一周，施工单位必须向监理工程师提交开工申请单。待监理工程师对施工单位提交的开工申请中所附的仪器说明、仪器合格证、仪器埋设作业指导书等资料审核批准后，发布开工令。施工单位接到工程师的指令后，方可安装和埋设仪器。

11.3.4 仪器隐蔽工程检查验收制度

观测工程多属于隐蔽工程，观测仪器设备的安装埋设与观测质量，应按照规范和设计要求，一次达标，并有相应的维护和检验措施，确保完好率要求。必须坚持隐蔽工程覆盖前检查验收制度，未经监理认可或批准，承包人对工程任何部位不能覆盖。

11.3.5 埋设施工前质量控制

仪器埋设前的质量控制内容包括：审查承包人的质量保证体系、质量保证措施和质量管理机构，核实质量文件；审批承包人的技术措施；对材料入库进场进行检查。

11.3.6　对承包商专业人员资质、仪器安装进度的审查

施工单位应按规定提交专业人员的资质证明材料供监理工程师审查；与观测仪器设备安装有关的标定、调试、装配、安装和维护工作，应由具有在重点土木工程上多年从事土工仪器和其他仪器安装经验的人员来完成。观测仪器监管人员和承包商从事仪器安装的人必须得到监理工程师的准许，如不符合要求，应予更换。

11.3.7　仪器设备选型

严格按照设计图纸上的数量及型号来选型，与设计图纸型号不符的仪器坚决不用。由于仪器设备专业性很强，近年来各种新产品、新型号不断推出，市场上的产品也有一个新陈代谢的过程，在费用相差不大的情况下，与设计沟通后最好采用最新仪器。如仪器选型、量程有疑问、仪器实际性能与工作条件不完全相符时，与业主、设计和监理协商后确定。

11.3.8　仪器采购

观测仪器的采购由施工单位按照设计图纸提供的仪器型号、规格及数量，向业主方物资部门报送采购单，由物资公司统一采购。

采购回来的仪器设备按规范进行全面测试、校验、率定，并对电缆进行测试。施工单位领取仪器前，首先进行外观和通电检查，仪器外观应完好，结构完整，附件及随同技术文件齐全。技术文件包括：装箱清单、产品合格证、出厂检验卡、厂家仪器标定资料及使用说明书。如果在装卸、存放过程中发生损坏，立即进行更换并重新率定。对于达不到国家仪器行业标准的不合格产品均退回更换，对更换的产品重新率定，直到符合标准为止。施工单位对每支仪器均作详细记录，并建立每支仪器设备的技术档案资料。

11.3.9　开箱检查验收

每批仪器到达现场后，首先由业主物资公司进行验收，然后物资公司组织监理和施工单位进行验收。验收主要包括下列内容：

(1)核对到货清单。

(2)清点所到仪器的种类和数量。

(3)清点每类仪器是否附有使用说明书和/或操作说明书，每支仪器是否具备出厂率定资料，并核对与所到仪器是否相对应，并做好记录。

(4)清点每批仪器到货清单注明的或厂家提供的与仪器相关的其他物品和资料，有关情况做好记录。

11.3.10　仪器检查

11.3.10.1　外观检查

在清点每支仪器的同时，对每支仪器及其附件和电缆作外观检查，主要检查仪器是否受到碰撞引起变形、开裂，附件是否可顺利装配，仪器电缆是否开裂或破损等，且检

查情况做好记录。

11.3.10.2 读数测试

仪器的读数测试按规范和厂家的建议进行，主要是零读数及阻抗值的测量，而仪器电缆则主要作通电性测试，所有测试结果和存在的问题要做好记录。

11.3.10.3 标记

仪器开箱检查后，在监理工程师在场的情况下按设计图纸的要求做好仪器的编号。对每支仪器所做标记应与仪器厂家对应的编号一一对应，并做好记录。

11.3.11 观测仪器标定

为保证观测仪器的产品质量，在检测设备到位后，即根据现场施工进度分期分批地将有关的仪器仪表进行标定。标定按照国家标准或行业规范等的标准进行。对于标定检验合格的仪器方可埋设，埋设后将全部标定检验资料整理、存档。观测仪器标定参数如表 11-3 所示。

表 11-3 观测仪器标定参数

仪器名称	标定参数
钢铉式渗压计	分辨率、最小读数、额定输出、线性度、滞后、不重复度、综合误差、防水性
差动电阻式土压力计	灵敏度系数、额定输出、端基线性度误差、回差、重复性误差、绝缘特性、防水性
电磁式沉降仪	尺长改正数
电缆	充气检验、导线电阻测试
水管沉降仪导水管	充气检验
钢丝引张线位移计	钢丝伤痕检验

11.4 各种观测仪器埋设过程质量控制

质量控制程序如图 11-1 所示。

11.4.1 渗压计埋设

渗压计的埋设有两种情况，一种情况是在基础附近需要进行钻孔埋设，另一种情况是在坝体内部进行埋设。

11.4.1.1 渗压计钻孔埋设

渗压计钻孔埋设主要在趾板灌浆帷幕上下游进行。钻孔前应准确地进行放样，钻孔完成后应认真检查孔深、孔径和孔斜，检查合格后方能进行仪器埋设工作。首先测定管口高程，渗压计受压面向上放入孔内，至水面刚淹没受压面时，待半小时测读埋设前值，同时测读气压值，测定水面高程。然后把渗压计放至设计位置后，测读埋设后值，测定下放深度。按设计要求用中细砂、膨润土、膨胀水泥砂浆封孔。钻孔中渗压计埋设采用膨润土，确保封孔密实。单管内每支渗压计埋设时间间隔在 6 h 以上，确保透水石不被

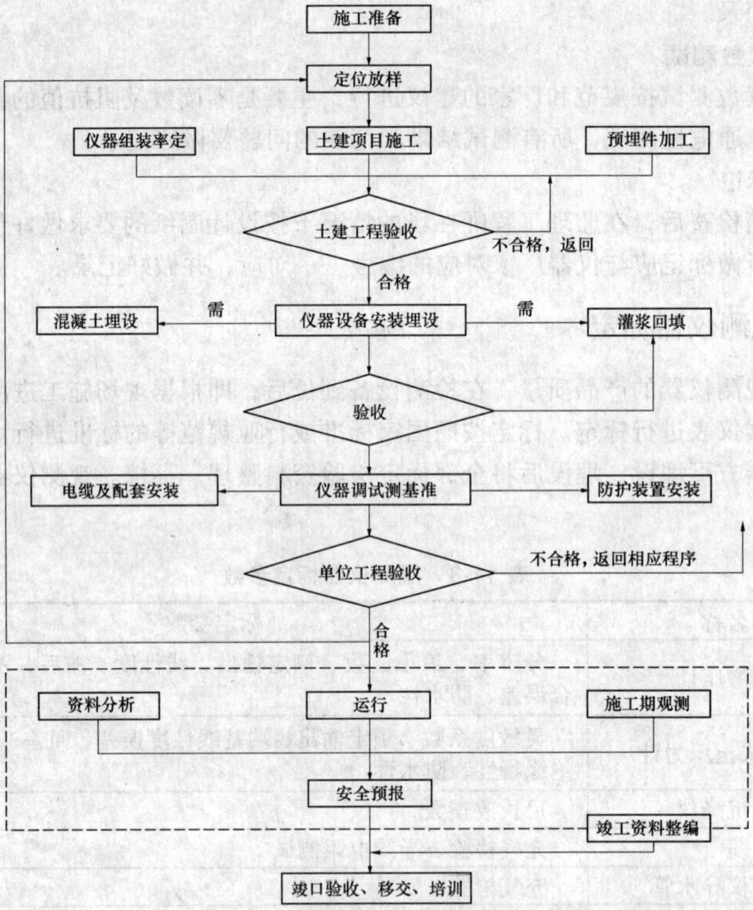

图 11-1　观测仪器埋设质量控制程序

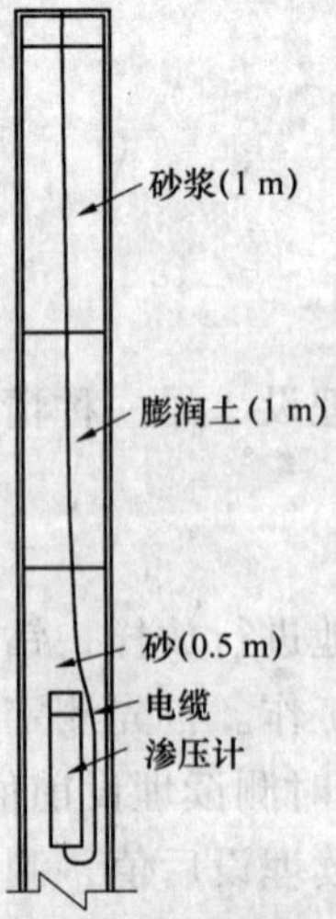

图 11-2　渗压计钻孔埋设示意图

水泥污染。帷幕下游电缆从挤压墙面电缆沟内延至坝顶，从坝顶进入观测房。帷幕上游电缆穿入钢管，由趾板向右岸上延。埋设示意图如图 11-2 所示。

11.4.1.2　渗压计坝体内埋设

坝体内渗压计埋设主要在垫层料中和河谷最大断面处进行。电缆从坝体内进入观测房。透水石排气与钻孔渗压计相同，回填饱和中砂。测定埋设前后值和埋设高程。埋设示意图如图 11-3 所示。

11.4.2　土压力计埋设

以级配良好的细料作为基础料，加入适量水，采用震动夯振实基础。认真修平各向受压面，用罗盘准确测定埋设角度，达到设计要求。仪器放置后用木槌小心夯实。埋设坑大面用震动夯振实，以避免发生空穴效应，确保土压力计工作正常。

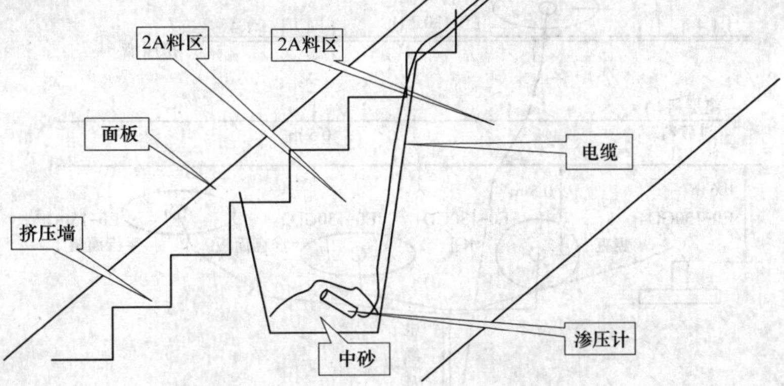

图 11-3　渗压计坝体内埋设示意图

11.4.2.1　挤压墙土压力计埋设

在挤压墙施工至埋设高程后立即进行埋设，保持受压面与挤压墙面齐平。电缆从坝体内进入观测房。埋设情况如图 11-4 所示。

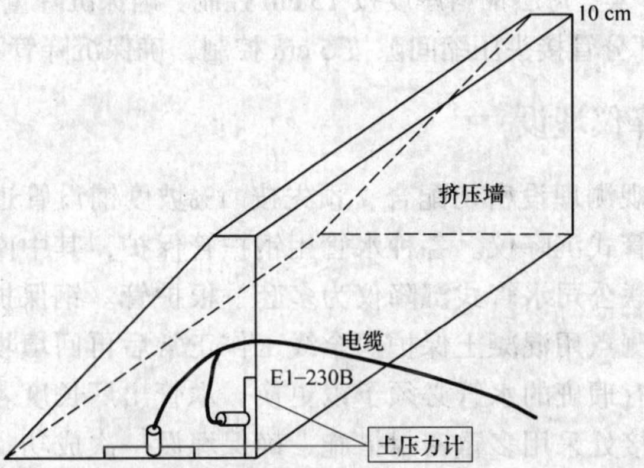

图 11-4　挤压墙内土压力计埋设示意图

11.4.2.2　过渡料以及坝轴线上土压力计埋设

坝料填至埋设高程时，开挖 0.5 m 深埋设坑，填铺级配良好、含水量适中、粒径小于 5 mm 的细料约 20 cm 厚，用震动夯振实。用地质罗盘控制并认真修理埋设面，使埋设角度符合设计要求。放置仪器后用木槌人工仔细夯实仪器面，再用铁夯夯实约 10 cm，其上用震动夯振实，确保不发生空穴效应。填料由细到粗逐步过渡到大料。电缆从坝体内进入观测房。其埋设如图 11-5 所示。

11.4.3　电磁式沉降管埋设

两套电磁式沉降管分别位于 0+140 断面上 15 m 和断面下 15 m 处。沉降管深入基岩 9.6 m，埋设时基岩按 ϕ130 钻孔，用水泥砂浆回填，管接头用无纺布包裹，管接头压缩间隙按 3 cm 控制。沉降管坝体部分采用非坑式埋设法，用 ϕ1.4 m 钢护管保护。埋设回填料在基岩面 5 m

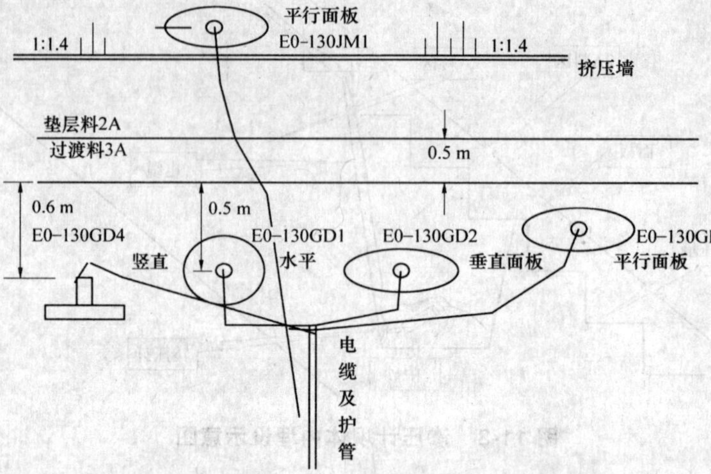

图 11-5　坝体内及挤压墙面土压力计埋设示意图

内选用垫层料与相应坝料细粒部分掺配料，其中各占 50%，基岩面 5 m 以上部分回填相应坝料。各种料均洒水夯实，每层铺料厚度按 15 cm 控制，确保沉降量测值的真实性。管接头用无纺布包裹。坝体部分管接头压缩间隙按 5 cm 控制，确保沉降管不被压坏。

11.4.4　水管式沉降仪埋设

坝体埋设施工与观测埋设密切配合，预先按 1%坡度铺设管道，在测点处垂直升至埋设高程后再埋设水管式沉降仪。各种水管用钢护管保护，其中南瑞公司水管式沉降仪为每套一根护管，木联公司水管式沉降仪为多套一根护管。钢保护管周围 0.5 m 内回填细料。水管式沉降仪测点用混凝土保护。全线工作正常后再回填坝料。埋设前认真检查各水管出厂质量，对有瑕疵的水管必须予以更换，水管出厂长度若不够，中途不可连接使用。水管与仪器连接处采用多重密封措施，确保埋设一次成功。埋设时做到细心缓慢操作，严防使尼龙管打折。回填料认真精选细料，人工回填。每天 24 小时专人看护，设置明显标志，严防机械撞坏。其埋设如图 11-6 所示。

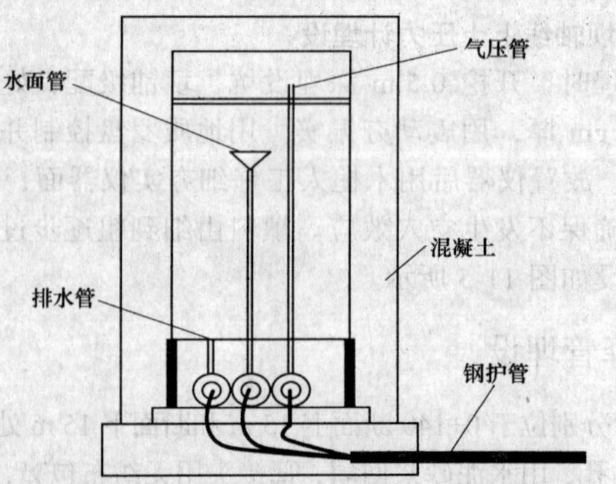

图 11-6　水管式沉降仪埋设示意图

11.4.5 钢丝引张线位移计埋设

严格检查铟钢丝出厂质量，检查钢丝是否有伤痕和硬折，对有瑕疵的钢丝必须予以更换。认真计算和裁剪铟钢丝，铟钢丝裁剪距离预留有 5 m 的富余量，应避免浪费。仔细操作铟钢丝，防止人为产生新的硬折，有硬折的铟钢丝必须更换。设置专用钢丝卷盘，从下游开始操作，管外设置标记，保持分线盘水平，设置专人用引线器穿引铟钢丝，严防钢丝缠绕。调平调直护管，尽量减少钢丝阻力。回填料认真精选细料，人工回填。每天 24 小时专人看护，设置明显标志，严防机械撞坏。测点锚板部位用混凝土保护，管接头处用石棉密封挡泥。全线安装完成后用经纬仪、水准仪调平调直管线，使之达到规范要求。钢保护管周围 0.5 m 内回填细料。其埋设如图 11-7 所示。

图 11-7 钢丝引张线位移计埋设示意图

11.4.6 TSJ 位移计埋设

TSJ 位移计为两支一组串联形式，其中一支位于垫层料内，量程 200 mm，另一支位于过渡料内，量程 100 mm，共埋设 6 组。1 965 m 高程三组，位于 0+075、0+130、0+230 断面；1 985 m 高程三组，位于 0+075、0+130、0+230 断面。仪器埋设时量程调至 1/2 处。垫层料内位移计标距 1.9 m；过渡料内位移计标距 3.9 m。仪器部分用钢护管保护。电缆通过坝体进入观测房。其埋设如图 11-8 所示。

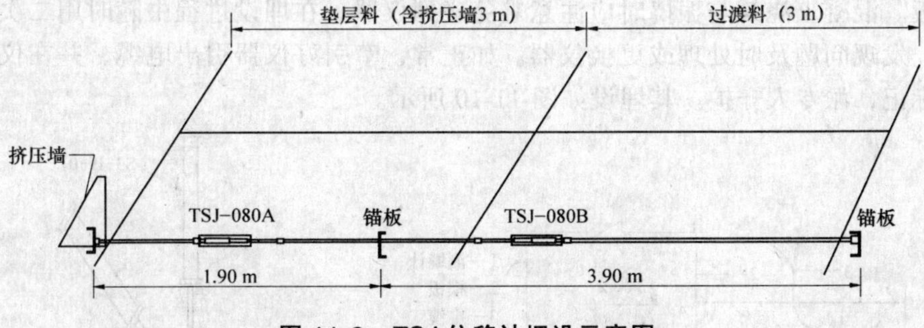

图 11-8 TSJ 位移计埋设示意图

11.4.7 电缆埋设

(1)仪器的电缆在使用前作浸水检查，要求浸泡 12 h，线与水之间的绝缘电阻应大于 200 MΩ，同时还应检查芯线有无折断，外皮有无破损。

(2)电缆的连接采用硫化方式，或采用热缩材料代替硫化。

(3)无论采取何种方法进行电缆连接，都要满足接头的防水、绝缘等要求。

(4)接头连接后须进行测试，如发现异常，立即检查原因，如果断线重新连接。

(5)多支仪器所连接的电缆，在连接之前要测量每根芯线的电阻，并做好记录，以便以后备查。

(6)面板内设置的观测仪器电缆通常埋设在挤压墙电缆沟内，并通过电缆沟爬至坝顶高程 2 005.5 m，穿过坝顶用钢管引到下游 1 980 m 高程观测房内。挤压墙内电缆沟尺寸为深 0.25 m、宽 0.25 m，电缆沟下部铺砂，砂上放置电缆，电缆上部覆盖无纺布，再上部覆盖砂浆。

11.4.8 左右岸高趾墙仪器埋设

11.4.8.1 温度计埋设

(1)当混凝土浇筑到设计要求埋设温度计的高程和位置时，直接将温度计固定在混凝土中。

(2)距温度计测点 0.6 m 以外处用振捣器振捣混凝土，以使温度计周围的混凝土密实。

11.4.8.2 测缝计埋设

(1)在先浇筑的混凝土块上预埋测缝计套筒，当电缆需从先浇块引出时在模板上设置储藏箱，用以储藏仪器和电缆。为了避免电缆受损，接缝处的电缆用布条包上。

(2)当浇筑的混凝土浇到高出仪器埋设位置 20 cm 时，振捣密实后挖去混凝土，露出套筒，打开套筒盖，取出填塞物，安装测缝计，最后慢慢回填混凝土，将测缝计覆盖。测缝计埋设见图 11-9。

11.4.9 面板应变计埋设

在面板仪器埋设位置处首先预埋锚杆。将仪器的支座固定于通过仪器埋设位置的锚杆上，然后插上支杆并准确地校正支杆方向。最后将应变计装于支杆上，并在仪器上方处盖上木板，以保护仪器在混凝土浇筑过程中免受损伤。当混凝土浇筑至仪器位置时再移去木板。混凝土浇筑与振捣时应注意避免碰到仪器。在埋设过程中随时用二次仪表进行检测，发现问题及时处理或更换仪器。如正常，牵引好仪器引出电缆，并在仪器埋设处做好标记，派专人守护。其埋设如图 11-10 所示。

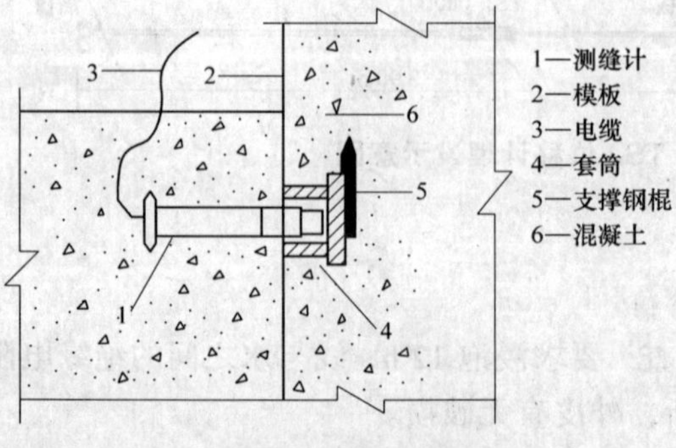

图 11-9　测缝计埋设示意图

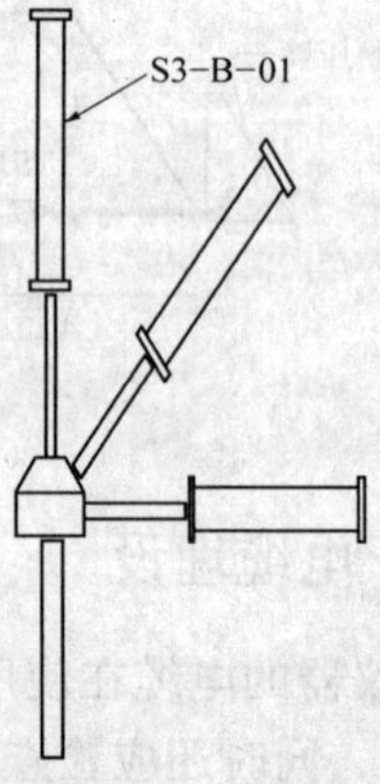

图 11-10　面板应变计埋设示意图

11.4.10 面板无应力计埋设

在埋设前，按无应力计筒的结构要求将无应力计筒准备好，用细铁丝将应变计悬于无应力计筒中心部位。当混凝土浇筑到仪器埋设高程时，将无应力计筒大口朝上固定在埋设位置，然后在筒内填满应变计附近的混凝土，人工捣实。用二次仪表进行检测，发现问题及时处理或更换仪器。如正常，牵引好仪器引出电缆，并在仪器埋设处做好标记，派专人守护。其埋设如图 11-11 所示。

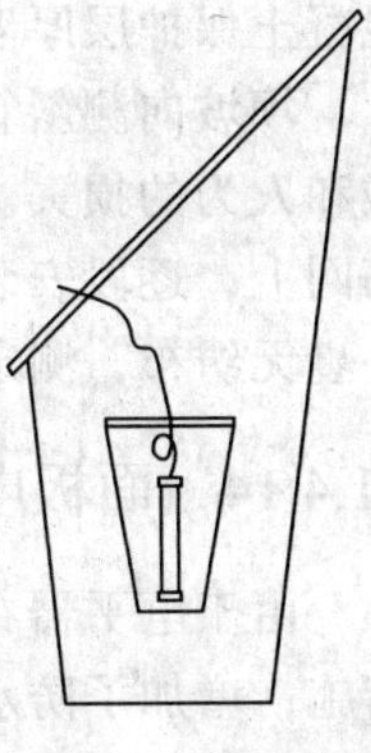

图 11-11 面板无应力计埋设示意图

11.4.11 面板测缝计埋设

测缝计主要是观测混凝土和面板伸缩缝的开度、切向、垂直向变化，包括两向测缝计和三向测缝计，其中两向测缝计位于两块相邻面板之间的伸缩缝处，三向测缝计位于面板周边缝处。两向测缝计坐标板统一规定布设在竖向缝的右岸方向面板上，坐标点布设在竖向缝的左岸方向面板上。三向测缝计坐标板统一规定布设在趾板一边，坐标点布设在面板一边。测缝计埋设时采用专用模具，将测缝计垂直横跨在测缝上进行埋设。其埋设如图 11-12 所示。

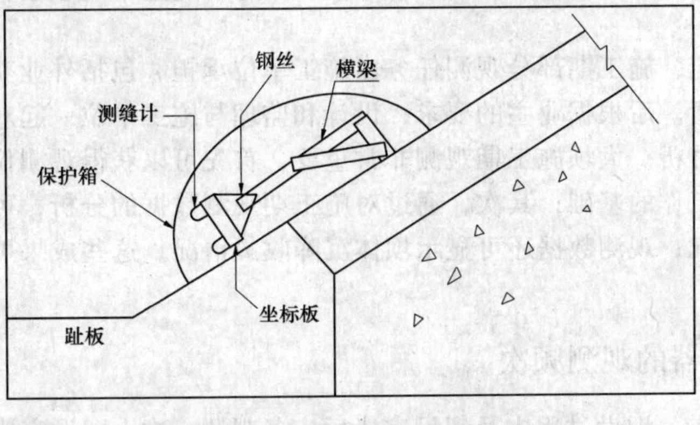

图 11-12 面板测缝计埋设示意图

11.4.12 面板钢筋计埋设

对焊的钢筋计安装时，将观测部位的钢筋按照钢筋计对焊长度裁开，然后将与钢筋计两端连接的钢筋对焊在相应位置的钢筋上，注意用水降温。经现场监理工程师检测合格后，浇筑混凝土，仪器周围人工振捣密实。混凝土固化后测量基准值。其埋设如图 11-13 所示。

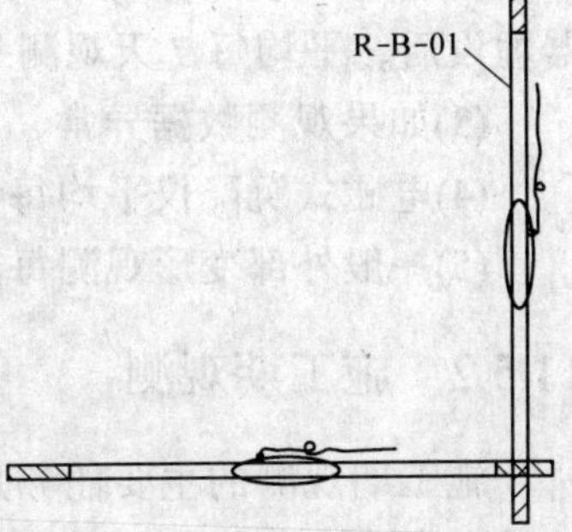

图 11-13 面板钢筋计埋设示意图

11.4.13 面板测斜仪埋设

面板测斜仪设计为三个断面，分别在 0+070、0+120、0+230 断面上，因测斜管面板混凝土保护层厚度不够，设计最终改在 0+066.8、0+114.8、0+230 断面上。

坝坡向测斜管的埋设采用钢筋网固定方法进行埋设，主要应注意有效地防止施工机械和人为的损失。当面板钢筋架立后测量定位，测量定出管线，用铁丝固定测斜管于钢筋网上，逐段安装。埋设时每三根管测量一次导槽方向，确保导槽铅直。连接管接头后外裹无纺布，测定直线度，然后浇筑混凝土。

11.4.14 面板电平器埋设

由于电平器在进场验货时确认属于不防水型，经验货各方研究，要求厂房完善防水措施，增加了防水罩。电平器埋设时调至水平，埋设后增加多层防水措施。电平器外部浇筑混凝土，用以保护电平器电缆。

11.4.15 面板温度计埋设

面板温度计位于 0+121.5 断面上，埋设高度在面板表面以下 10 cm 处，温度计电缆埋设在挤压墙沟槽内。

11.5 施工期、竣工初期观测及成果整理分析

根据合同规定，施工期部分观测任务由施工单位承担，包括外业获取观测数据和内业对数据整理分析。后根据业主的要求，设计和监理与施工单位一起对施工期的观测资料进行了整理和分析。大坝施工期观测非常重要，首先可以获得观测仪器的初始值，该值是今后进一步工作的基础；其次，通过对施工期观测数据的分析，可以大致地推测大坝施工的质量情况；观测数据还可显示坝体沉降收敛情况。这些成果可以为大坝后续施工提供技术支持。

11.5.1 观测仪器的观测频次

(1)仪器埋设前、埋设过程中及埋设完毕后应各观测一次，埋设完毕后应尽快获得初始值。初始值是在仪器读数基本稳定的条件下获得的。

(2)不同仪器的观测频次是不同的，要严格按照仪器说明书进行观测。一般情况下仪器埋设后，平均每 7 天观测一次。

(3)如果观测数据异常，应进行加密观测，加密观测期间不受仪器观测频次的限制。

(4)电磁式沉降仪平均每 15 天观测一次，坝前充水期间每 7 天观测一次。

(5)一般外部变形观测每 7 天进行一次。

11.5.2 施工期观测

施工期观测的主要任务是大坝坝体沉降观测，用于坝体沉降观测的仪器有两种：一种是电磁式沉降仪器，另一种是水管式沉积仪器。原设计的意图是用这两种沉降观测仪器相互印证，而实际情况是水管式沉降仪安装的时间相对滞后，不能同步观测，因此很难起到两组观测数据彼此印证的作用。实际施工中由于电磁式沉降仪埋设得较早，

能够比较真实地反映大坝沉降的情况，则多用该数据说明大坝沉降，而水管式沉降仪观测的数据则起辅助说明作用。电磁式沉降仪施工期观测任务由施工单位负责，所观测的资料及时上报参建各方。而坝体内其他观测仪器，由陕工局负责埋设，之后移交建设公司测量中心。观测资料分析任务由建设公司、设计、监理和施工单位共同完成。

现对坝体 0+140 断面上 15 m、下 15 m 电磁式沉降仪及高趾墙埋设仪器观测资料作简要说明及分析。

11.5.2.1 基岩变形量

(1)0+140 上 15 m 填料厚度 111.5 m，基岩变形 6 mm，基岩压缩率为 0.1%。

(2)0+140 下 15 m 填料厚度 121 m，基岩变形 16 mm，基岩压缩率为 0.29%。

11.5.2.2 坝体变形量

施工期 0+140 上 15 m 处坝体沉降量 520 mm，总体沉降率为 0.47%；施工期 0+140 下 15 m 处坝体沉降量 600 mm，总体沉降率为 0.50%。均属于较小的水平，证明坝体填筑质量是可靠的。

11.5.2.3 坝体沉降量沿高程分布情况

坝体最大沉降量发生在高程 1 930 m 附近，位于 1/2 坝高以下和 1/3 坝高以上部位，符合同类工程一般沉降规律，表明最大沉降量发生部位正常，也间接表明坝体没有发生明显的拱效应现象。

11.6 左右岸高趾墙埋设仪器施工期观测资料说明

11.6.1 左右岸高趾墙混凝土接缝观测

在左右岸高趾墙共安装埋设了 32 支测缝计。经过 2 个多月的冷却，缝展度都增大了 1 ~ 2 mm，温度由 20 ℃左右下降到 12 ℃左右。在灌浆处理过程中，随灌浆压力缝展度变化较大，右岸高趾墙灌浆后缝展度没有再发展的趋势，较稳定。左岸高趾墙只对溢 0 ~ 20.0 缝进行灌浆处理，在灌浆前后缝展度变化量在 0.1 ~ 0.2 mm，自灌浆后至 3 月 21 日缝展度都增大，测缝计 J–ZGZ–07 增大最大值达到 1.119 mm。

在左岸高趾墙与溢洪道接缝处布置了 5 支测缝计，裂缝展开情况见表 11-4。

由表 11-4 可见，随高程增大缝展度增大，由 3 月 21 日测值可见缝展度有所减小，但测值仍然很大。

表 11-4 左岸高趾墙裂缝展开情况统计

设计编号	高程(m)	埋设日期(年·月·日)	最大值(mm)	3 月 21 日测值(mm)
J–ZGZ–01	2 005.00	2003.05.09	14.308	11.485
J–ZGZ–02	1 995.00	2003.03.28	8.586	7.524
J–ZGZ–03	1 985.00	2003.01.03	7.582	6.522
J–ZGZ–04	1 985.00	2003.01.03	5.035	4.948
J–ZGZ–05	1 964.75	2002.11.01	2.109	1.979

11.6.2 左右岸高趾墙温度观测

左右岸高趾墙共埋设了 45 支温度计，其中左岸高趾墙 15 支、右岸高趾墙 30 支，于 2003 年 11 月全部埋设完毕。从观测成果看，夏季混凝土入仓温度在 15 ℃左右，经过 10 天左右水化温度达到最大值，一般在 34 ℃左右，然后温度逐渐下降。冬季混凝土入仓温度在 10 ℃左右，经过 10 天左右水化温升达到最大值，一般在 24℃左右。左右岸高趾墙混凝土冷却于 12 月 19 日开始，冷却前混凝土温度在 20 ℃左右，经过 2 个多月的冷却，混凝土温度达到 12℃左右，开始进行接缝灌浆。

11.7 结　语

混凝土面板堆石坝及高趾墙监测主要内容有：坝面垂直、水平位移监测，坝体内部垂直、水平位移监测(包括永久和施工期)，面板变形(挠度)、应力应变和温度监测，接缝位移监测(包括周边缝、面板伸缩缝等)，坝基渗透压力、坝体渗流量监测，地震反应监测，上下游水位及环境监测。共埋设内外观测仪器设备 654 套，目前完好率为 95.7%。

截至 2007 年 5 月观测资料表明，坝体位移分布规律及量值合理，基本趋于稳定。水管式沉降仪观测结果：坝体垂直最大位移为 493 mm，约为坝高的 0.37%，沉降变形较小。大坝竣工初期，电磁式沉降仪反映的沉降过程线如图 11-14 和图 11-15 所示，分层压缩过程见图 11-16 和图 11-17。此时大坝沉降尚未收敛，但有趋缓的倾向，符合一般沉降规律。

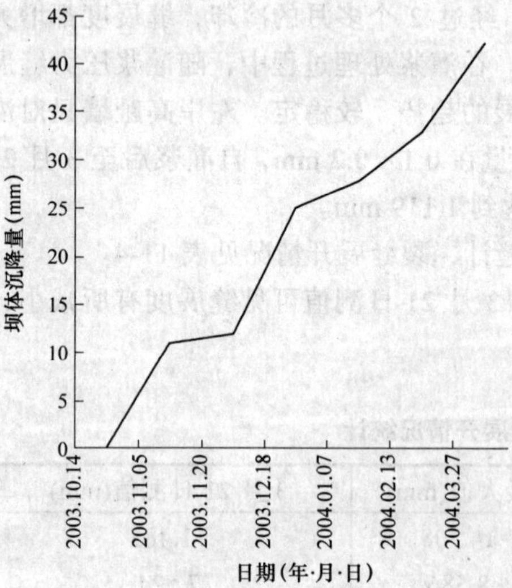

图 11-14　ES1 电磁式沉降仪测得竣工初期坝体沉降过程

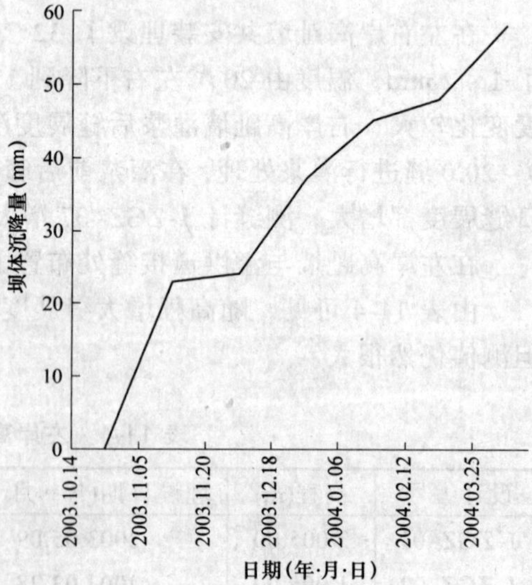

图 11-15　ES2 电磁式沉降仪测得竣工初期坝体沉降过程

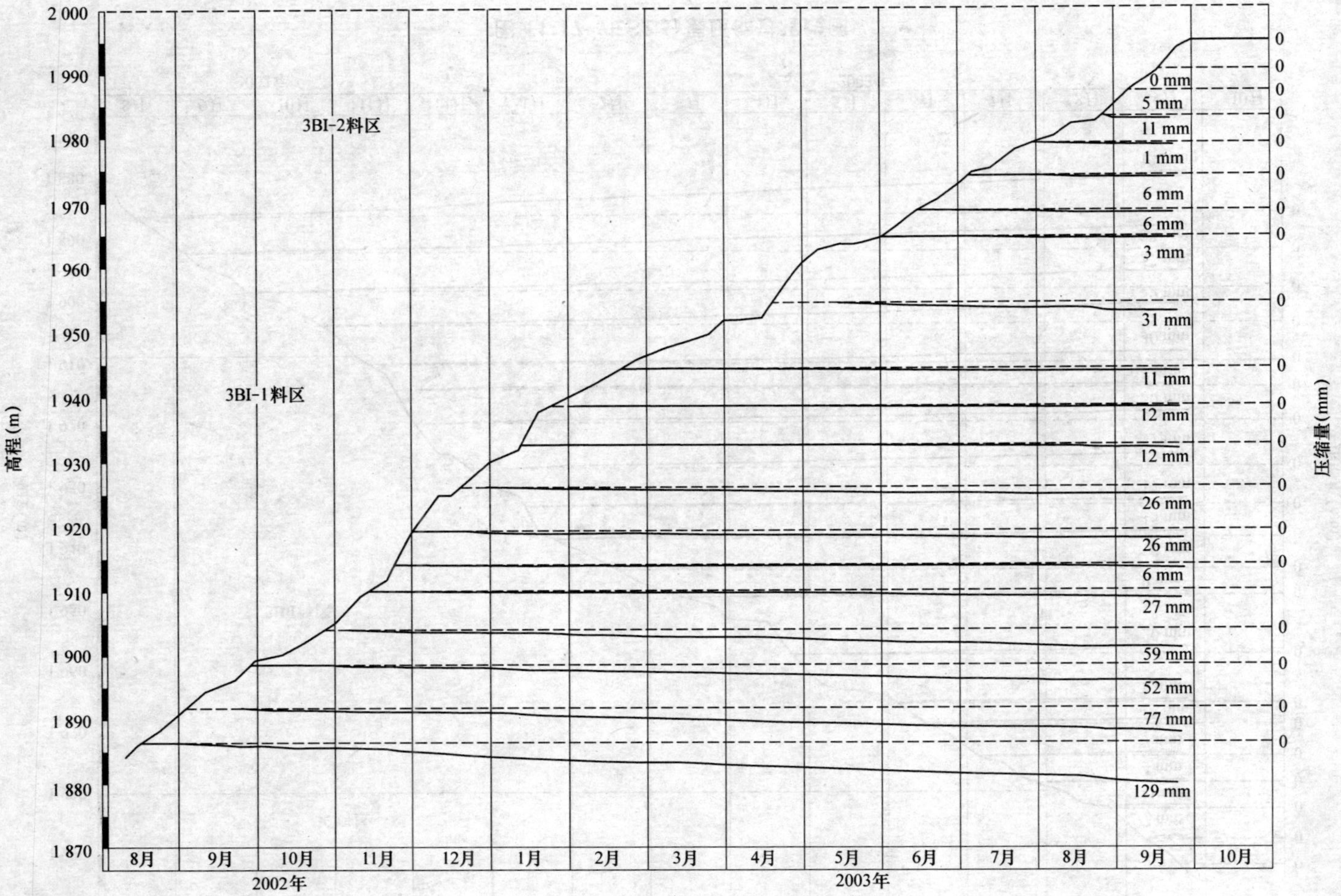

图 11-16　ES1 分层压缩过程线图

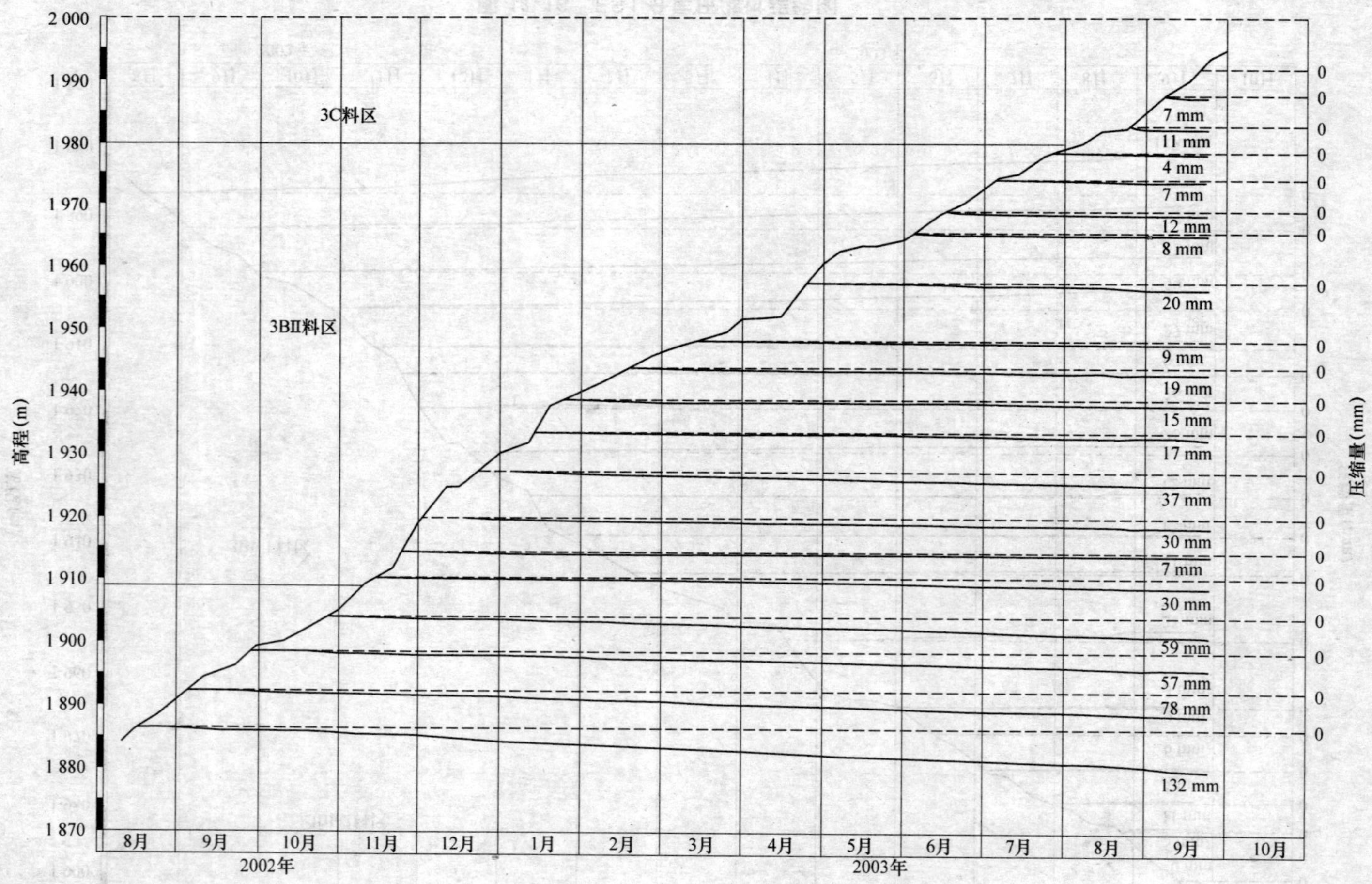

图 11-17　ES2 分层压缩过程线图

坝体最大沉降量和坝高比值与国内外面板堆石坝相比较小，表明公伯峡大坝堆石填筑密实，坝体填筑质量好。混凝土面板应变、钢筋应力和周边缝变形监测数据基本合理。蓄水后周边缝大部分区域都呈张开状态，最大值分别为：张拉 2.690 cm、沉降 4.841 cm、剪切 2.138 cm，多个测点变形超过设计值，但仍在止水材料和止水结构变形能力范围内，周边缝止水并没有发生破坏。蓄水运行两年多，坝体渗漏量基本稳定在 17 L/s，渗漏量很小；坝体浸润线较低，说明大坝混凝土面板、接缝止水系统和坝基防渗效果良好。大坝工作性态基本正常。

大坝周边缝变形较大，多个测点超过设计允许值，虽然目前周边缝止水没有发生破坏，但为工程安全计，建议在长期运行过程中结合坝体渗流量变化继续加强检测。

公伯峡大坝工程埋设了多套观测仪器，由于施工中采用了严格的管理措施，仪器安装合格率很高。通过对施工期观测数据分析，可基本了解大坝施工质量和坝体沉降规律，为大坝面板施工提供了技术支持。通过对完工后观测资料分析，可以了解大坝运行情况，是否存在质量隐患。根据目前观测数据分析，公伯峡大坝运行正常、安全可靠。

参 考 文 献

[1] 潘家铮，等. 中国大坝 50 年[M]. 北京：中国水利水电出版社，2000.

[2] 张光斗. 混凝土面板堆石坝的设计与施工[J]. 水利发电学报，1994(1).

[3] 蒋国澄，等. 混凝土面板堆石坝工程[M]. 武汉：湖北科学技术出版社，1997.

[4] 殷保合. 黄河小浪底水利枢纽工程[M]. 北京：中国水利水电出版社，2004.

[5] 徐泽平. 混凝土面板堆石坝技术文集(译)[C]. 郑州：黄河水利出版社，2003.

[6] 徐泽平. 混凝土面板堆石坝应力变形特性研究[M]. 郑州：黄河水利出版社，2005.

[7] 冷元宝. 混凝土面板坝实用检测技术[M]. 郑州：黄河水利出版社，2003.

[8] 蒋国澄，等编译. 库克纪念文集——混凝土面板堆石坝[G]. 北京. 2000.

[9] 刘瑛珍. 中国混凝土面板堆石坝图册[OL]. 北京：水利水电土石坝工程信息网，1998.

[10] 石四存，武选正. 公伯峡面板堆石坝止水设计与机械化施工[J]. 水力发电，2004(8).

[11] 洪镝，武选正. 公伯峡水电站混凝土面板浇筑技术讨论[J]. 水力发电，2004(8).

[12] 马伊民，等. 公伯峡水电站混凝土配合比试验研究及应用[J]. 水力发电，2004(8).

[13] 陈念水，等. 公伯峡水电站混凝土面板堆石坝分区设计[J]. 水力发电，2004(8).

[14] 郭庆国. 土石坝建设实用技术研究及应用[M]. 郑州：黄河水利出版社，2004.

[15] 赵志仁. 大坝安全监测设计[M]. 郑州：黄河水利出版社，2003.

[16] 林昭. 碾压式土石坝设计[M]. 郑州：黄河水利出版社，2004.

[17] 彭立海. 大体积混凝土温控与防裂[M]. 郑州：黄河水利出版社，2007.

[18] 戴会超. 国内外水利枢纽工程混凝土裂缝及其防治技术研究[M]. 郑州：黄河水利出版社，2005.

[19] 张启岳. 砂卵石料的强度与应力—应变特性[J]. 水利水运科学研究，1958(3).

[20] 蒋国澄. 软岩堆石料在混凝土面板堆石坝中的应用[J]. 面板堆石坝通讯，1994(2).

[21] 柏树田，等. 堆石的力学性质[J]. 水利发电学报，1997(3).